C언어로 구현하는

디지털제어 기술 및 실습

Technology and Practice of
DIGITAL CONTROL
in C language

고경철 지음

홍릉과학출판사

머리말

최근 급속하게 발전하는 전자 정보통신 기술의 발달에 따라 우리 주변의 거의 모든 제어가 디지털화되고 컴퓨터화 되고 있다. 따라서 제어이론 또한 아날로그 제어에서 디지털제어로 옮겨가고 있다. 그동안 많은 디지털제어 관련 서적이 출판되었지만, 대부분 복잡하고 난해한 이론서에 그치고 있다.

그리고 내용 또한 산업현장에서 실제로 적용이 어려운 현대제어 이론에 치중하고 있다. 본 서에는 대학에서 학부생이면 쉽게 이해할 수 있도록, 실용적이고, 알기 쉽게 디지털제어 이론을 다루고자한다. 또한 서보모터를 적용대상으로하여, 디지털 제어이론을 보다 쉽게 이해할 수 있도록 하였다.

본 서는 다음을 목표로 집필되었다.

1) 디지털제어 이론을 제어 입문자에게 보다 이해하기 쉽게 설명하고 제어 원리를 공부하는 데 적절한 책
2) 실제 제어 응용 프로그램을 개발할 수 있도록, 서보 모터를 대상으로 실제 제어예를 보여줌으로서, 보다 실용적으로 제어기술을 터득하는데, 길잡이가 될 수 있는 책
3) 디지털 제어이론을 보다 체계적으로 정리하고, 제어 원리를 물리적으로 이해함으로서 보다 제어 전문가를 전문지식을 전달하는 책
4) 실제 모터제어의 예를 통해, 이론을 실제 응용으로 연결시키도록 하는 실용적인 책
5) 다가오는 미래 자동화사회에 핵심이 되는 제어 전문가 되기위한 제어 기술을 제공하는 책
6) 모든 제어 분야에서 컴퓨터를 이용하여 C언어 또는 MFC기반 제어 시뮬레시션 SW를 작성하는데 도움이 될 수 있는 실제적 제어 원리를 설명하는 책

본 서를 통해, 보다 친숙하게 제어이론과 응용기술을 습득할 수 있기를 기대한다.

2016년 3월

고경철

차례

Chapter 01 서론

Chapter 02 Z 변환

Chapter 05 디지털 PID 제어기

Chapter 06 시간응답 분석

Chapter 07 정상 상태 오차분석

Chapter 13 MotorConrol을 이용한 제어 시뮬레이션

Chapter 14 모션제어 보드를 이용한 제어 실험

Chapter 15 제어 시스템의 안정도 해석

Chapter

01 서론

먼저 이산 시스템 및 디지털 제어 이론을 공부하기 전에, 기술 현황 및 용어 정의에 대해 알아본다.

1.1 디지털 제품

지금 우리는 "디지털(digital)"이란 용어가 키워드가 된 디지털 시대에 살고 있다. "디지털(digital)"은 숫자의 자리수를 뜻하는 디지트(digit)에서 유래된다. 시침과 분침으로 이루어 진 시계를 아날로그 시계에서, 7-세그먼트(7-segment)의 숫자로 표시되는 디지털 시계로의 변화가 디지털화 된 제품의 좋은 예라고 볼 수 있다. 이 밖에 숫자로 몸무게를 표시해주는 전자식 체중계, 물의 온도를 숫자로 보여주는 디지털 온도계, 원하는 방의 온도를 숫자로 지정하는 마이크로 컴퓨터로 제어되는 에어컨 등 이제 우리는 주위에서 디지털화 된 제품의 예를 매우 쉽게 찾을 수 있게 되었다. 이러한 디지털화 된 제품에는 아날로그적 물리량을 디지털 물리량으로 바꾸어 주는 AD 변환기와 물리량을 제어하기는 디지털 컴퓨터가 내장된다. 전자공학과 반도체 기술의 발달로 이러한 디지털 소자와 컴퓨터는 더욱 값싸게 소형화, 집적화 되어 우리 주위의 모든 제품의 디지털화를 가속 시키고 있다.

1.2 디지털 제어기

최근 들어 제어 시스템에서도 디지털 제어기의 사용이 급증하고 있다. 디지털 제어기는 생산성(productivity), 이윤(profit), 제조 원가(manufacturing cost), 전력 소모량(energy consumption) 측면에서 많은 장점을 갖는다. 컴퓨터로 제어되는 기계 제품의 예로는 지능형 산업용 로봇, 최적의 상태로 연료를 분사하는 엔진 제어

유닛(ECU, engin control unit), 마이크로 프로세서를 내장한 정밀 가전제품 등을 들 수 있다. 또 다른 디지털 제어의 장점은 유연한 판단을 하는 지능성(intelligence)을 갖는다는 점과 프로그램 변경으로 다양한 제어 조건을 설정할 수 있는 유연성(flexibility)을 갖는다는 점이다. 이러한 장점들로 인해, 차츰 동적 시스템(dynamic systems)의 제어는 아날로그 제어에서 디지털 제어로 바뀌어 가고 있으며, 따라서 시스템에서의 제어신호 또한 연속신호(continuous signal)에서 디지털신호(digital signal)로 바뀌고 있는 것이다. 그림 1.1과 그림 1.2는 이러한 지능성과 유연성을 가진 대표적 디지털 제품인 자동화 로봇 제품들의 예를 보여 준다.

그림 1.1 **지능형 산업용 로봇의 예**

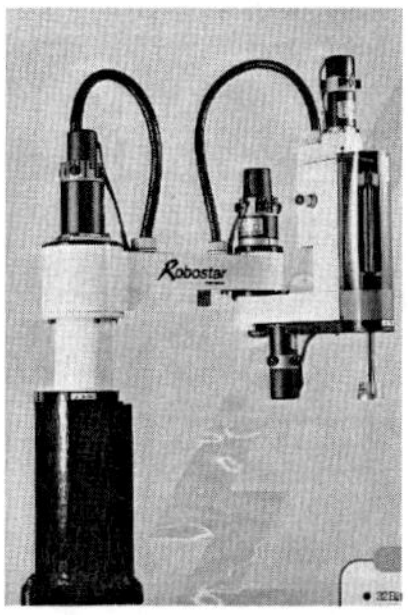

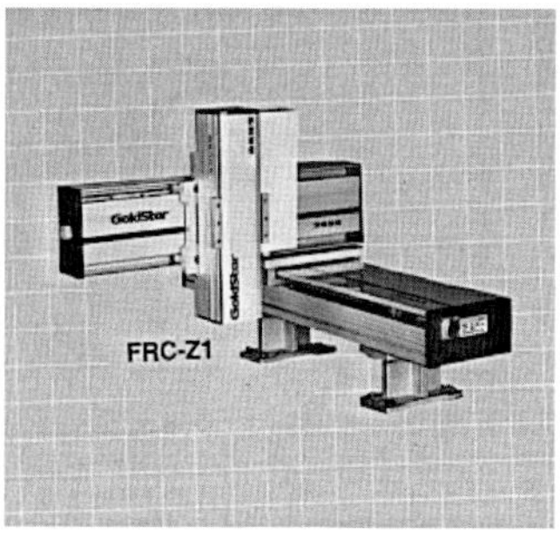

그림 1.2 **디지털 제어기로 제어되는 산업용 로봇**

1.3 신호의 분류

제어 신호는 크게 다음의 4가지로 분류된다. 먼저 그림 1.3(a)와 같이 연속 시간 아날로그 신호(continuous-time analogue signal)이다. 이 신호는 연속 시간(continuous time) 영역에서 정의되고, 그 크기는 연속적이다. 보통 우리가 알고 있는 실세계(real world)의 물리량(온도, 전압, 전류, 압력 등)은 이러한 신호로 표현될 수 있다. 두 번째는 그림 1.3(b)와 같이 연속 시간 양자화 신호(continuous-time quantised signal)이다. 이 신호는 연속 시간 영역에서 정의되나, 신호의 크기는 양자화(quantization)되어 제한된 수(finite number)의 영역에서 정의된다. 제한된 수로는 32비트 정수, 64비트 정수 등을 예로 들을 수 있다. 세 번째는 그림 1.3(c)와 같이 샘플링 된 연속신호(sampled analogue signal)이다. 마지막으로 네 번째 분류로 그림 1.3(d)와 같이 신호도 양자화되고, 시간에 대해 샘플링되는 디지털 신호이다.

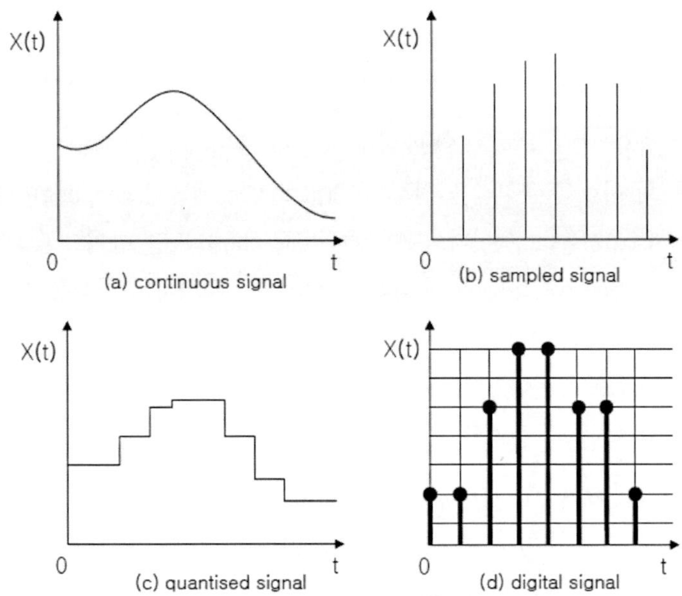

그림 1.3 제어신호의 분류

1.4 용어정의

- 선형 시스템(linear system)

  이 시스템은 선형성(linearity)을 갖는 시스템이다.

- 시변 시스템(time variant system)

  이 시스템은 시스템 변수(system parameters)의 값이 시간에 따라 바뀌지 않는 시스템이다.

■ **시불변 시스템**(time invariant system)

이 시스템은 시스템 변수(system parameters)의 값이 시간에 따라 바뀌는 시스템이다. 이 시스템의 예로는 로켓 제어 시스템을 들 수 있다. 로켓의 시스템 변수 중의 하나인 질량은 연료를 소모하면서 시간에 따라 줄어들므로, 시간에 따라 시스템 변수가 바뀌는 것이다.

■ **연속 시간 제어 시스템**(continuous time control system)

연속 시간 제어 시스템이란 제어 동작(control action)이 거의 제로(zero)에 가까운 시간에 이루어지는 즉, 수학적으로 0의 시간 내에 제어 동작이 이루어지는 시스템이다. 이론적으로 디지털 컴퓨터를 쓰는 디지털 제어기에서는 실현될 수 없는 제어 시스템이다. 따라서 아날로그 회로를 사용하는 아날로그 제어기를 사용하는 제어 시스템이 연속 시간 제어 시스템이라고 볼 수 있다.

■ **이산 시간 제어 시스템**(discrete time control system)

이 시스템은 시간을 일정 주기(period)로 샘플링(sampling)하여 이산화(discretised)한 시스템이다. 보통 원칩(one chip)화 된 마이크로 제어기(micro controller)에 의해 구현된 제어 시스템에서, 제어 알고리즘을 실행하는 연산 시간을 고려하여 샘플링 주기가 정해진다. 이러한 샘플링 주기는 짧을수록 제어 안정도가 높아지나, 이는 제어 컴퓨터의 연산 속도가 빨라지는 것을 의미함으로, 비용의 증가를 불러온다.

■ **서보 제어 시스템**(serve control system)

서보(servo)라는 말은 노예(servant)에서 유래된 것으로, 원하는 입력(desired input)을 추종(tracking)하는 제어 시스템을 말한다. 예를 들어 모터의 서보 제어 시스템은 제어되는 대상에 따라 다음과 같이 나누어진다.

1) 속도 제어 시스템 - 모터의 속도가 주어진 속도 프로파일을 따르도록 제어한다.
2) 위치 제어 시스템 - 모터의 각 위치(angular position)를 제어한다.
3) 토크 제어 시스템 - 모터의 토크를 제어한다.

■ **개루프 제어**(openloop control)

개루프 제어는 그림 1.4와 같이 제어대상과 제어기가 직렬의 형태로 배치되는 구조를 갖는 제어를 말한다. 이러한 개루프 제어에서는 시스템 출력이 외부 노이즈(disturbance)가 없고, 플랜트의 매개변수가 변하지 않는 한 입력을 충

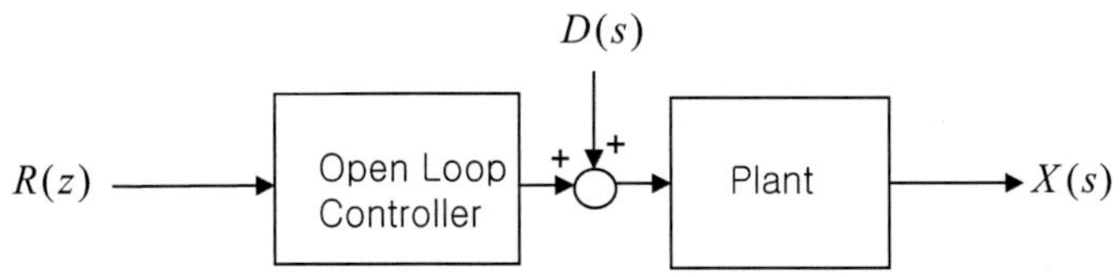

그림 1.4 **개루프 제어**

실히 따른다.

- **폐루프 제어**(closed loop control)

  폐루프 제어는 그림 1.5와 같이 출력이 다시 입력으로 되먹임(feedback)되는 구조를 갖는 제어를 말한다. 이러한 구조는 인간의 몸과 같은 생체(biological system)에서 쉽게 찾아 볼 수 있는 구조로, 예를 들면 체온 조절, 혈당량 조절 시스템과 같은 메커니즘(mechanism)이 이러한 되먹임 제어를 기반으로 하고 있다. 이 제어 시스템에서는 입력과 출력의 차이, 즉 편차(error)가 제어기에 입력되고, 제어기는 이 편차를 줄이게 된다. 따라서 이 방식의 제어는 시스템의 변수들의 변화나 외부 노이즈에도 불구하고, 출력이 원하는 입력을 추종하도록 한다. 이러한 개루프 제어에서는 시스템 출력이 외부 노이즈(disturbance)가 없고, 플랜트의 매개변수가 변하지 않는 한 입력을 충실히 따른다. 그러나 폐루프 제어 시스템은 플랜트의 모델과 제어기의 게인에 따라 시스템을 불안정하게 만들 수 있으므로, 적절한 제어기의 선택이 필요하다.

- **보간**(interpolation)

  이는 이산 신호를 연속 신호로 변환될 때 사용하는 것으로, 제어 시스템에서 쓰이는 보간법으로는 0차 보간과 1차 보간이 있다.

- **미분 방정식**(differential equation)

  이는 변수를 시간에 대한 미분 값으로 사용하는 방정식으로 연속 시간 동적

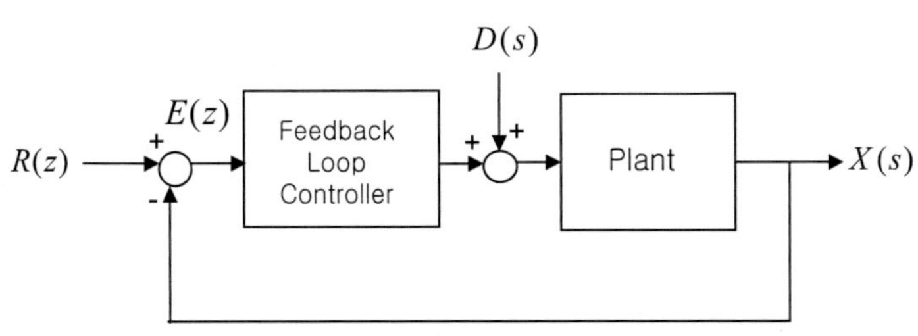

그림 1.5 **되먹임 제어**

시스템의 거동을 다루는 데 주로 사용된다.

- **차분 방정식(difference equation)**
  이는 반복적(iterative) 수식으로 표현되는 방정식으로 이산 시간 동적 시스템의 거동을 다루는데 주로 사용된다.

- **샘플링 동작(sampling process)**
  이는 연속 신호가 이산 신호로 변환될 때 사용되는 동작으로, 이산화(discretization)라고도 하며, 일정 주기마다 연속 신호를 샘플링하여, 다음 샘플링 순간까지 샘플링된 값을 보간하여 기억하는 동작이다. 샘플링 주기는 제어 대상 시스템의 동적 거동에 따라 결정된다. 예를 들면 레이더 추적 시스템과 같은 경우, 추적 성능을 높이기 위해, 샘플링 주기를 빠르게 할 필요가 있고, 플랜트 공정 제어와 같이 매우 느린 시스템의 경우 비교적 느린 샘플링 주기만으로 제어될 수 있다.

- **플랜트(plant)**
  서보 메커니즘(servo mechanism), 항공기(aircraft), 기계장치(mechanical devices)와 같은 일반적인 제어 대상을 의미한다.

- **프로세스(process)**
  보통 용광로(furnace), 화학 공정, 경제 시스템, 생물학적 공정과 같이 동적 거동이 비교적 느린 제어 대상을 의미한다.

- **트랜스듀서(transducer)**
  일종의 에너지 변환 장치로서 에너지의 형태(전기, 기계, 열, 화학 등)가 바뀌는 변환 장치이다. 센서와 모터가 이에 해당한다.

- **트랜스래이터(translator)**
  일종의 에너지 변환 장치로서 에너지의 형태가 바뀌지 않는 변환 장치이다. 변압기는 전기적 트랜스포머의 예이고 기어(gear system)가 기계적 트랜스포머에 해당한다.

1.5 양자화

그림 1.4와 같은 신호의 크기를 양자화(quantization)하는 과정은 다음의 식과 같

이 가장 가까운 양자화 된 값으로 근사화하는 것으로 설명할 수 있다.

$$y(t) = Q(x(t)) \tag{1.1}$$

$$nq \le x(t) < (n+1)q \tag{1.2}$$

여기서 q는 양자화 분해능으로 다음과 같이 정의된다.

$$q = \frac{v_{FSR}}{2^n} \tag{1.3}$$

그리고 v_{FSR}은 전체 스케일(full scale) 값으로 양자화될 신호의 전체 신호 범위이다. n은 AD 변환기의 비트(bit) 수이다. 예를 들어 8비트 AD 변환기의 n값은 8이 되며, 따라서 분해능 q는 식(1.3)에 전체 신호 범위를 256으로 나눈 값이 된다.

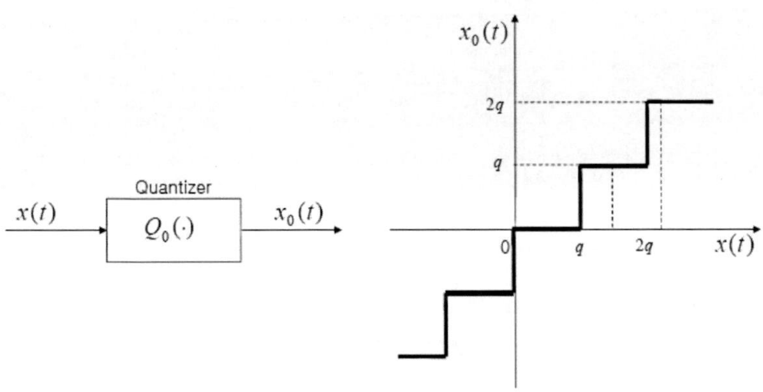

그림 1.6 양자화 과정

양자화 과정에서 그림 1.7과 같이 양자화 오차가 발생한다. 이 오차를 다음과 같이 표시하면,

$$e(t) = x(t) - y(t) \tag{1.4}$$

이 오차는 분해능 이하의 값을 버리는 트렁케이션(truncation)인 경우, 다음 식과 같이 되고,

$$0 \le |e(t)| < q \tag{1.5}$$

반올림하는 라운드오프(round-off)의 경우, 다음과 같다.

$$0 \le |e(t)| \le q/2 \tag{1.6}$$

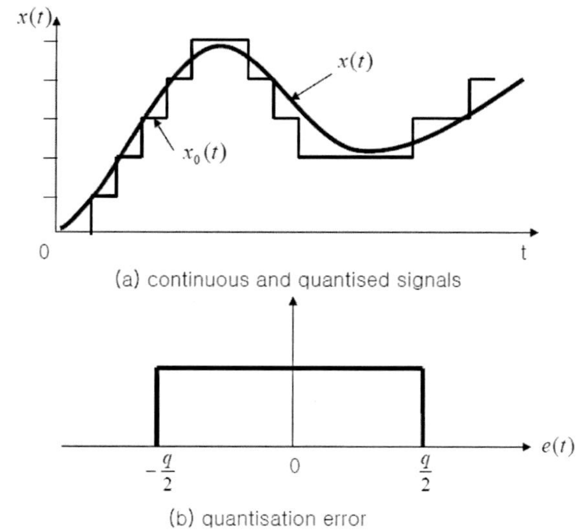

그림 1.7 양자화 오차

1.6 디지털 제어 시스템

디지털 제어 시스템(digital control system)은 그림 1.6과 같이 샘플링 동작에 의해, 제어 대상의 출력을 계측하여 얻은 신호를 이산화하고, 양자화하여 디지털 제어기에 입력하고, 제어 대상의 동적 거동을 차분 방정식으로 해석하여 얻은 제어 알고리즘을 통해 구현한 제어 시스템이다.

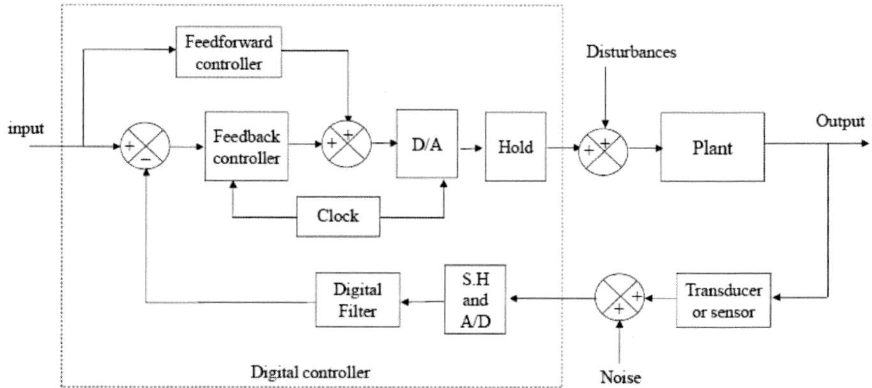

그림 1.8 디지털 제어 시스템의 구조

디지털 제어 시스템 이루어지는 신호 변환은 그림 1.9와 같이 먼저 이산화와 데이터 홀드(data hold)가 이루어지는 샘플링(sampling)과 아날로그 신호를 디지털 신호로 변환하여 디지털 값으로 엔코딩(encoding)하는 AD 변환과정으로 이루어진다. AD 변환기에서는 양자화와 샘플 홀드가 실행된다. 샘플 홀드(sample hold) 회로는 샘플링주기 사이에서 샘플링된 신호를 보간하여 유지시켜는 역할을 한다. DA 변환기는 디코더(decoder)로서 디지털 신호를 다시 아날로그 신호로 복원시켜 준다.

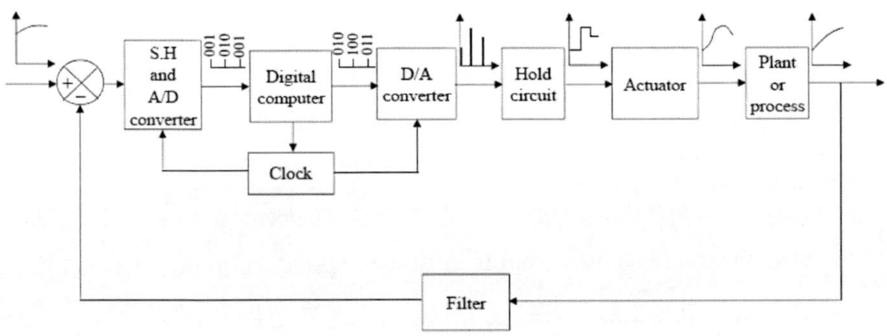

그림 1.9 디지털 제어 시스템의 신호 변환

1.7 디지털 신호처리

디지털 제어 시스템(digital control system)에서 물리적 신호의 정보가 디지털 제어기가 처리할 수 있는 디지털 신호로 바뀌기 위해서는 그림 1.10(a)과 같은 여러 가지 신호 처리기를 거친다. 물리적인 정보를 미약한 전기적 신호로 바꾸는 트랜스듀서(transducer)가 있고, 미약한 전기신호를 증폭하는 증폭기(amplifier), 잡음을 제거하는 저주파수 통과 필터(low pass filter), 그리고 일종의 전기적 스위치인 멀티플렉서(multiplexer), 이산화와 보간 역할을 하는 샘플 홀드(sample and hold) 회로를 거쳐, 마지막으로 이를 통과한 신호를 디지털 부호화하는 AD 변환기(analogue to digital converter)로 들어간다. 이와는 반대로 디지털 제어기의 출력인 디지털 부호값은 반대의 과정을 거치는데, 그림 1.10(b)와 같이 먼저, 디지털 부호값을 임시 저장하는 레지스터(register), 이 값을 여러 개의 신호채널용 레지스터로 분배하는 디멀티플렉서(demultiplexer), 디지털 부호값을 아날로그 신호로 변환하는 DA 변환기(digital to analogue converter), 그리고 그 신호를 샘플링 구간동안 유지시켜주는 일종의 래치 회로(latch circuit)인 홀드(hold)를 거쳐 구동기(actuator)로 들어간다.

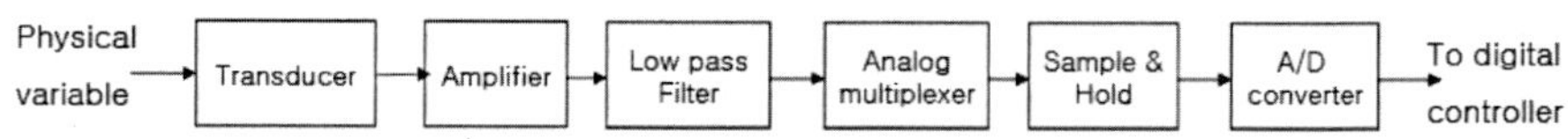

(a) A/D conversion process

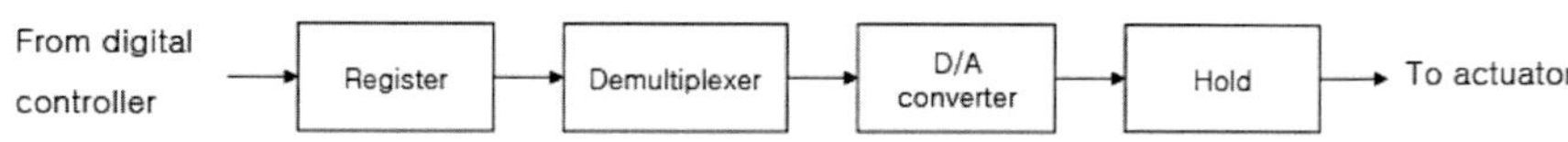

(b) D/A conversion process

그림 1.10 **디지털 신호 처리기**

이 중 멀티플렉서는 일종의 전기적 스위치(electrical switch)로서, 그림 1.11과 같이 TV 수신기의 방송 신호를 선택하는 채널 스위치(channel switch)와 같이 여러 개의 아날로그 입력 라인 중 하나를 선택하여 샘플러에게 연결하는 기능을 한다.

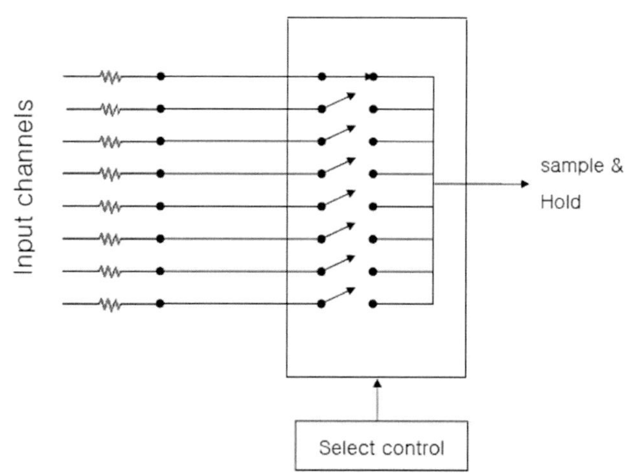

그림 1.11 **멀티플렉서**

샘플 홀드 회로는 그림 1.12와 같이 일정 주기마다 아날로그 신호값을 샘플링하는 샘플러와 샘플링 순간의 신호의 레벨을 전기적으로 저장하는 홀드 커패시터(hold capacitor), 그리고 입력 임피던스(input impedance)를 높게 해주는 버퍼(buffer) 등으로 구성된다.

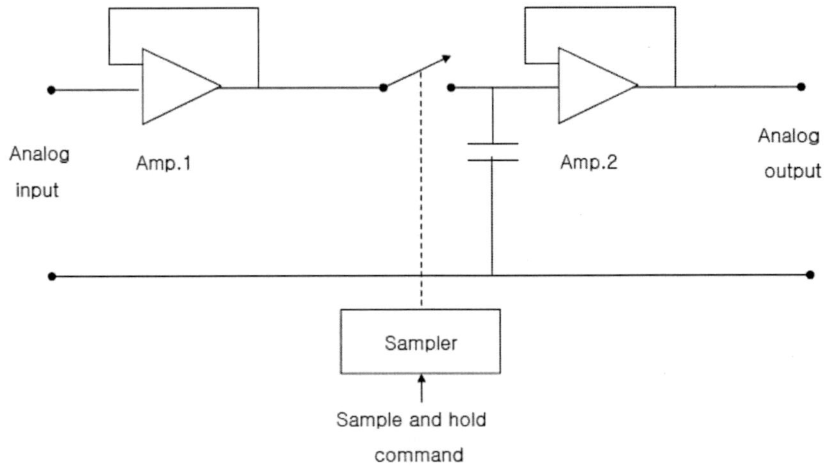

그림 1.12 샘플 홀드 회로

샘플 홀드 회로에서는 추종 모드(tracking mode)와 홀드 모드(hold mode)의 2가지 동작모드가 작동한다. 샘플링 순간에 홀드 명령이 떨어지면, 동작 모드는 추종 모드에서 홀드 모드로 절환된다. 이후 샘플 홀드 회로의 출력 신호는 샘플링 순간의 입력 신호의 값으로 유지되는데, 커패시터의 방전 특성 때문에 그림 1.13과 같이 시간이 흐를수록 서서히 그 값이 저하된다.

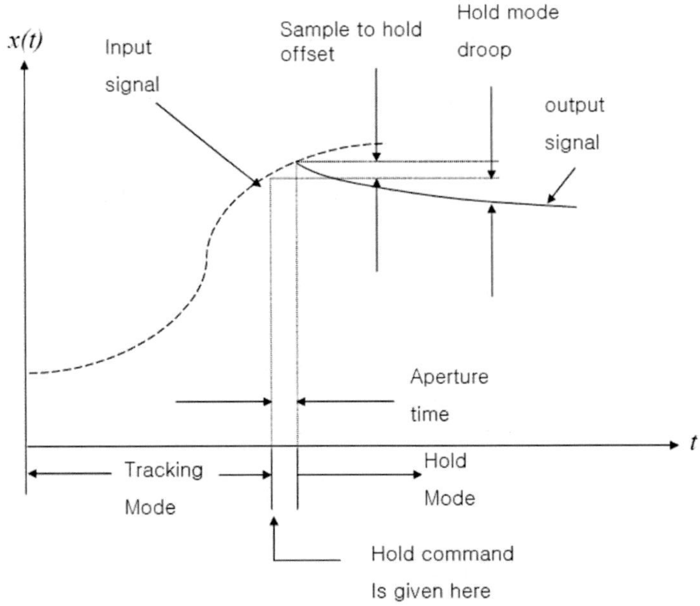

그림 1.13 샘플 홀드 회로의 동작모드

AD 변환기는 그림 1.14와 같이 내부 DA 변환기와 비교기로 구성된다. AD 변환기는 아날로그 신호의 값을 양자화시키는데, 양자화 방식으로는 연속적 근사화(successive approximation) 방식이 가장 많이 사용된다. 이 방식은 MSB에서 LSB로 비교해 나가는 방식으로 비교적 빠른 시간에 근사화를 할 수 있고 근사화 시간이 비교적 일정한 장점을 지닌다.

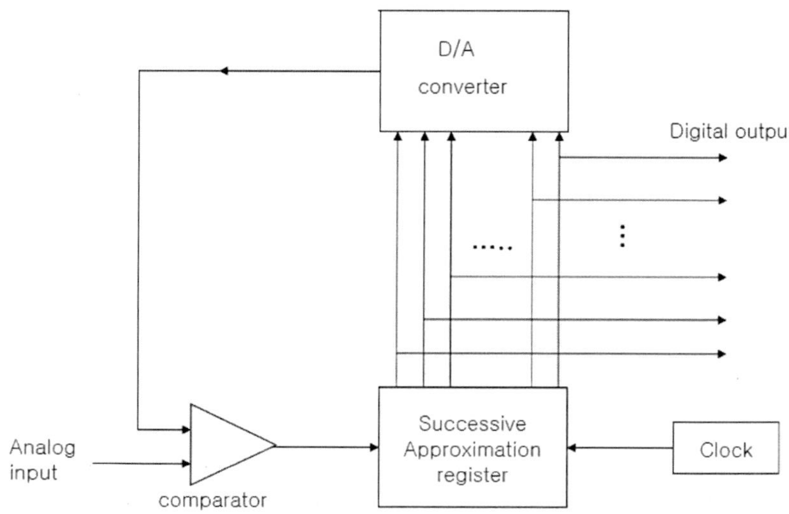

그림 1.14 AD 변환기 회로

AD 변환 오차는 그림 1.15와 같이 편차(offset), 비선형(non-linearity), 이득 오차(gain error) 등의 원인으로 발생한다.

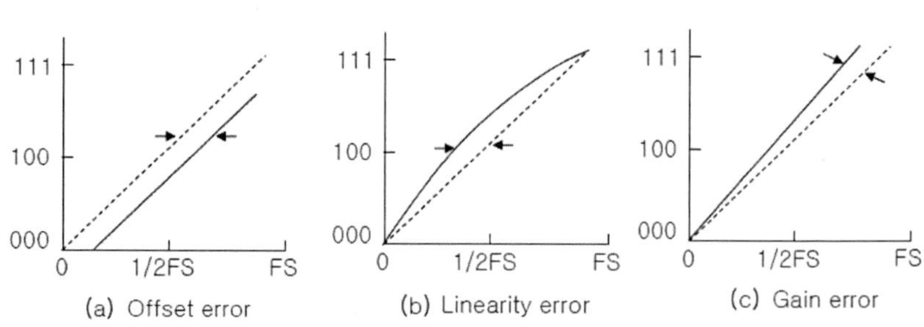

그림 1.15 AD 변환 오차

DA 변환기는 그림 1.16과 같은 이진 레지스터(binary register) 회로와 그림 1.17과 같은 R-2R 사다리 회로로 구현될 수 있다. 이진 레지스터 회로는 구현이 간단

한 반면, 다음 식과 같이

$$V_0 = \frac{R_0}{R}(b_3 + b_2/2 + b_1/4 + b_0/8) \tag{1.7}$$

저항값이 2의 배수로 기하급수적으로 늘어나기 때문에, 저항오차에 의해 변환 오차가 커지는 단점이 있다. R-2R 사다리꼴 방식은 다음식과 같이

$$V_0 = \frac{1}{2}(\mathrm{b}_{n-1} + \frac{1}{2}\mathrm{b}_{n-2} + \cdots\cdots + \frac{1}{2^{n-1}}\mathrm{b}_0) \tag{1.8}$$

출력 전압이 결정되며, 변환기의 비트의 수에 관계없이 저항 값이 R 또는 2R이므로 변환기의 오차가 상대적으로 작은 장점을 지닌다. 따라서 대부분의 상용화된 DA 변환기는 그림 1.17과 같은 R-2R 변환 회로를 사용한다.

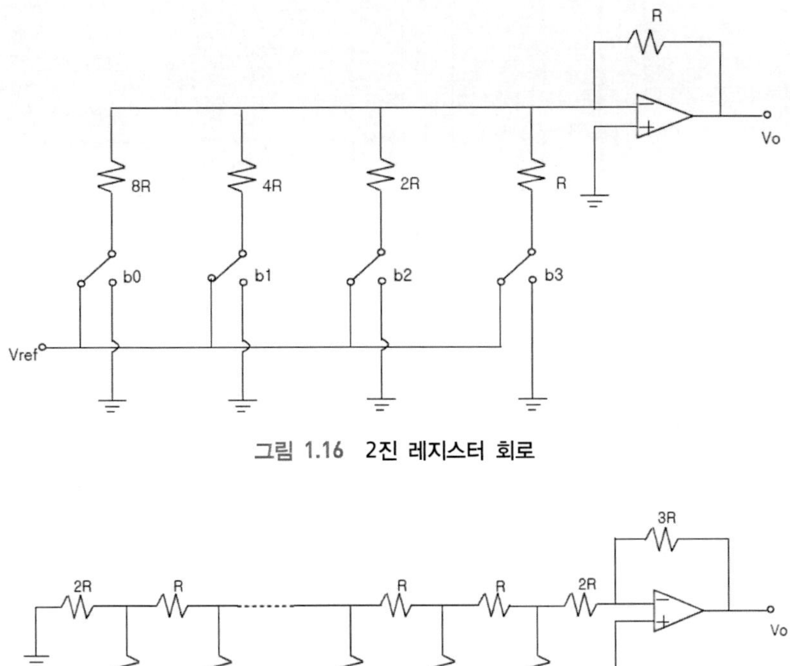

그림 1.16 2진 레지스터 회로

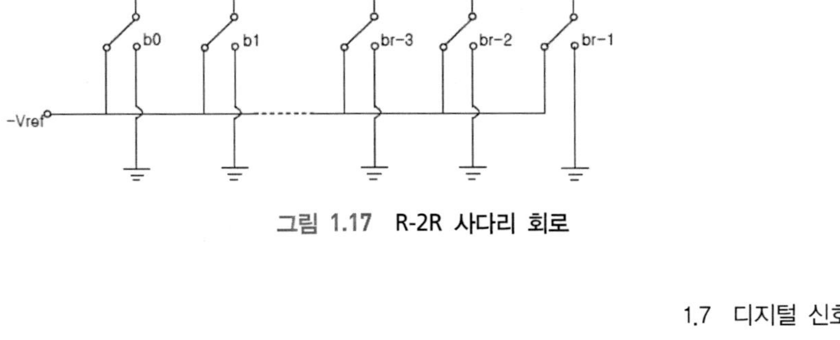

그림 1.17 R-2R 사다리 회로

1.8 홀드 회로의 방식

0차 홀드 회로는 샘플링 순간의 값을 그대로 유지하는 것으로 그림 1.18과 같은 형태를 지닌다. 반면 그림 1.19와 같은 1차 홀드 회로는 느리게 변하는 신호에 효율적인 회로로서, 비교적 아날로그 신호에 근접하나, 빠르게 변하는 고주파 성분의 신호에는 오히려 많은 리플(ripple)발생하는 역효과가 있다. 그림 1.20과 같은 다각형 홀드(polygonal hold) 회로의 경우, 이러한 리플을 없앨 수 있으나, 시간지연으로 인한 불안정 문제를 야기할 수 있다.

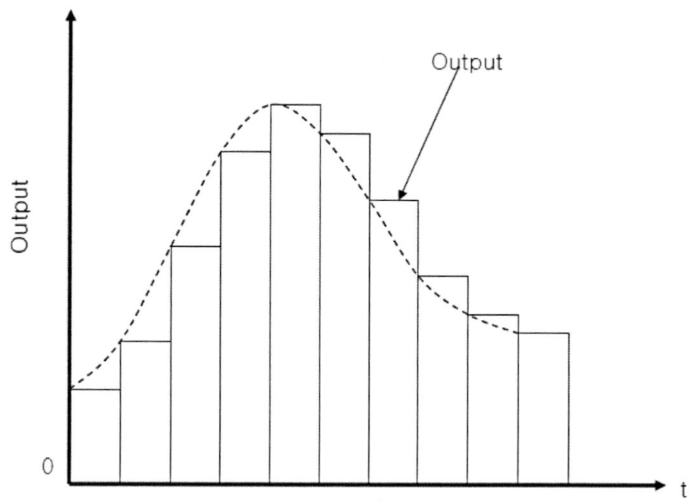

그림 1.18 0차 홀드(ZOH) 회로의 신호변환 형태

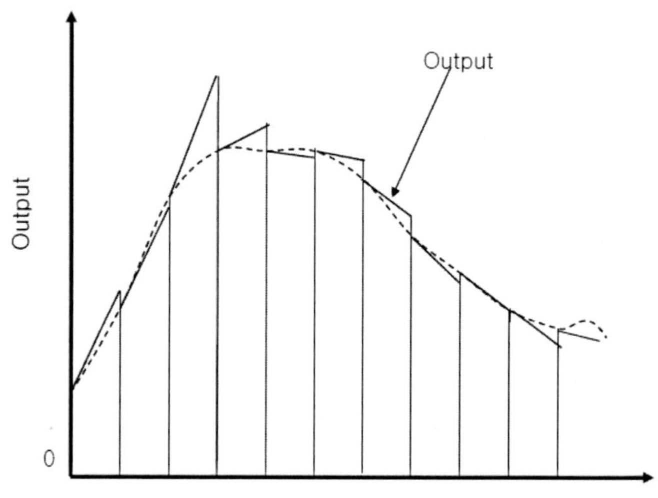

그림 1.19 1차 홀드(FOH) 회로의 신호변환 형태

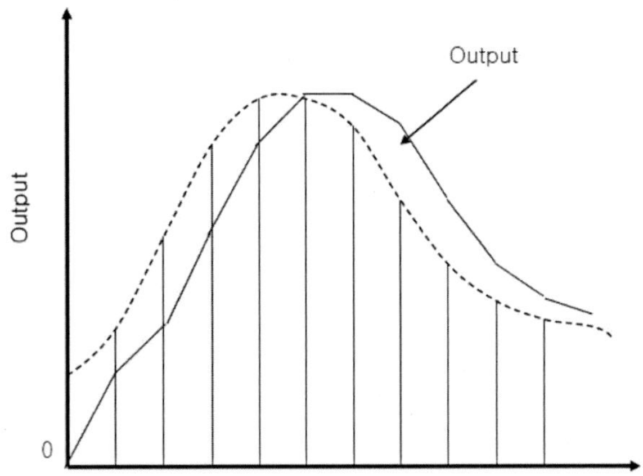

그림 1.20 다각형 홀드 회로의 신호변환 형태

1.9 디지털 제어 시스템의 미래

앞으로의 제어 시스템은 그림 1.21과 같이 보다 유연해지고, 고도의 자동화가 이루어 질 것으로 예상된다. 컴퓨터 비전과 같은 시각 센서의 발달로 자동화되어, 인간의 간섭은 점차 줄어들 것이며, 지능화된 로봇 시스템들이 반복적이고 위험한

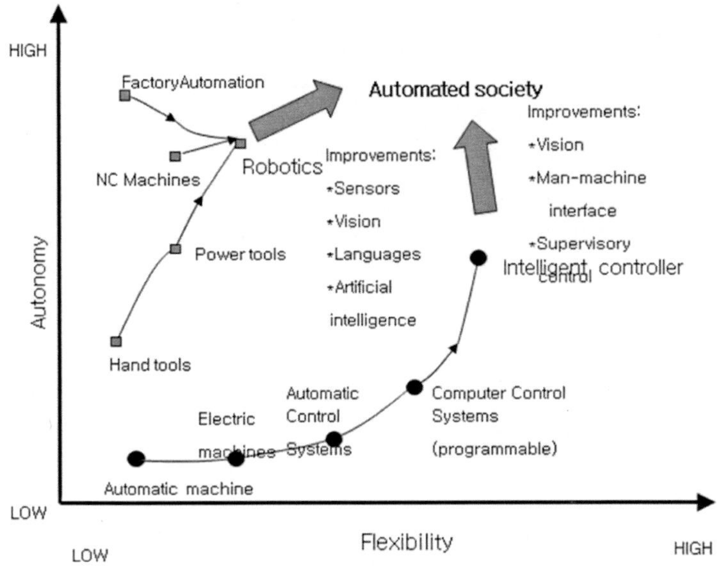

그림 1.21 디지털 제어 시스템의 발전 방향

인간의 작업을 대신하게 될 것이다. 인공 지능과 센서 융합기술이 발전하여 제어 시스템은 더욱 더 지능화될 것이며, 인간과 기계의 인터페이스 기술도 발달하여, 보다 원활한 작동이 될 것이다. 이러한 지능 시스템에 있어서, 디지털 제어 기술은 핵심적 역할을 할 것으로 기대된다.

연습문제

1.1 디지털 시스템 설계에서 디지털 제어기의 핵심이 되는 마이크로프로세서의 선정은 매우 중요하다. 이때,

(a) 아날로그 신호를 디지털화하는 과정에서 A/D 변환기의 비트수, 마이크로프로세서의 비트수가 양자화(quantization)에 미치는 영향을 설명하시오.

(b) 샘플링타임을 결정하는 요소는 CPU의 계산속도, 제어대상의 Bandwidth 등에 따른 Alising 효과 등을 고려하여 결정된다. 여기서 Bandwidth, Alising 효과 등을 설명하고 샘플링타임 또는 샘플링주기를 결정하는 방법을 설명하시오.

1.2 0~5V 범위를 갖는 온도센서의 출력을 12bit A/D 변환기를 사용하여 양자화할 때, 양자화 오차의 크기의 범위를 구하시오. (10)

1.3 연속근사형 A/D 변환기와 계수형 A/D 변환기의 변환원리를 비교하여 설명하시오.

1.4 연속근사형 A/D 변환 알고리즘을 C프로그램으로 구현하시오.

Chapter

02 Z 변환

디지털 시스템 설계에 앞서, 먼저 이산 시스템 및 디지털 제어 이론의 배경이 되는 Z 변환에 대해 알아본다. Z 변환은 이산 시스템을 이해하는데 매우 도움이 된다. 이 장에서는 Z 변환(Z transformation)의 정의를 알아보고, Z 변환에 적용되는 기본적인 정리를 알아본다.

2.1 Z 변환의 정의

Z 변환은 라플라스(Laplace) 변환과 유사하다. 선형 연속 시간 시스템의 동적 모델이 미분 방정식(differential equation)으로 표현되는 반면, 선형 이산 시스템은 차분 방정식(difference equation)으로 표현된다. Z 변환을 통해, 선형 차분 방정식은 대수학적으로 조작될 수 있다. 이산 시간 신호는 그림 2.1과 같이 연속 시간 신호를 일정 주기로 샘플링하여 얻어진다.

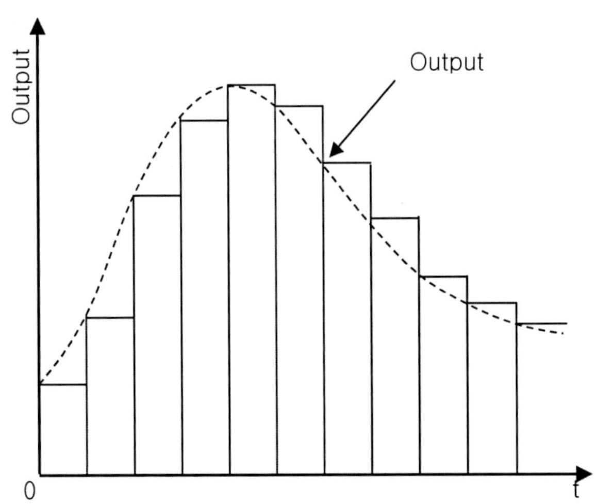

그림 2.1 연속 시간 신호의 샘플링

이 샘플링 과정을 수학적으로 표현하면 다음과 같다.

$$x^*(t) = \sum_{k=0}^{\infty} x(t)\delta(t-kT) \tag{2.1}$$

여기서 $\delta(t)$는 다음과 같이 정의되는 크로네커 델타(Kronecker delta) 함수이다.

$$\begin{aligned} \delta(t) &= 1 \quad \text{for } t=0 \\ \delta(t) &= 0 \quad \text{for } t \neq 0 \end{aligned} \tag{2.2}$$

식(2.1)에서 $x^*(t)$는 연속 신호 $x(t)$를 일정 주기(T)로 샘플링하여 얻어진 신호이다. 이 $x^*(t)$는 그림 2.1과 같이, $t=0$, T, $2T$, $3T$, …에서만 얻어진 값들의 모임이다. 이 연속 신호 $x(t)$를 샘플링한 값들을 수열로 표현하면 다음과 같다.

$$\{x(0), x(T), x(2T), \cdots \cdots\cdots, x(kT)\} \tag{2.3}$$

이와 같이 디지털 샘플링을 통해 얻은 수열을 이산 신호라 정의하며, k번째 샘플링 신호를 $x(kT)$ 또는 줄여서 $x(k)$라고 표기한다. Z 변환은 이산 시스템을 다루는데 효과적인 작용을 한다. Z 변환은 연속 시간 함수 $x(t)$나 수열 $x(kT)$에 대해 적용될 수 있다. 연속 시간함수 $x(t)$나 수열 $x(kT)$의 Z 변환은 다음과 같이 정의된다.

$$X(z) = Z[x(t)] = Z[x(kT)] = \sum_{k=0}^{\infty} x(kT)Z^{-k} \tag{2.4}$$

식(2.4)의 오른쪽 항을 다시 쓰면 다음과 같다.

$$X(z) = \sum_{k=0}^{\infty} x(k)Z^{-k} = x(0) + x(T)z^{-1} + x(2T)z^{-2} + \cdots + x(kT)z^{-k} + \cdots \tag{2.5}$$

이렇게 정의되는 Z 변환은 이산 시스템(discrete systems)을 다루는 데 매우 효과적이다. 이 정의에 의해, 수열(number sequence)이나 시간에 대한 함수를 Z 변환하는 것이 가능하다. 연속 시간에서 정의된 함수는 일정 주기(T)의 샘플링을 통해, 수열로 변환한 후 Z 변환을 적용한다. 이러한 정의를 이용하여 여러 가지 기본 함수들에 대해 Z 변환을 한다.

2.2 기본 시험 신호의 Z 변환

제어 시스템의 성능을 시험하기 위한 시험 신호(test signal)는 단위 계단 함수

(unit step function), 단위 경사 함수(unit ramp function), 지수 함수(exponential function), 사인 함수 (sinusoidal function) 등 여러 가지 기본 함수들을 이용하여 만들어 진다. 이들 함수들에 대해 Z 변환하여 본다.

2.2.1 단위 계단 함수 (unit step function)의 Z 변환

먼저 단위 계단 함수는 수학적으로 다음과 같이 정의된다.

$$\begin{aligned} x(t) &= 1, \quad t \geq 0 \\ &= 0, \quad t < 0 \end{aligned} \tag{2.6}$$

그리고 이 단위 계단 함수의 Z 변환은 Z 변환 정의에 의해, 다음과 같이 구할 수 있다.

$$\begin{aligned} X(z) &= Z[x(k)] = \sum_{k=0}^{\infty} Z^{-k} \\ &= 1 + z^{-1} + z^{-2} + z^{-3} + \cdots \\ &= \frac{1}{1 - z^{-1}} \end{aligned} \tag{2.7}$$

2.2.2 단위 경사 함수 (unit ramp function)의 Z 변환

단위 경사 함수는 수학적으로 다음과 같이 정의된다.

$$\begin{aligned} x(t) &= t, \quad t \geq 0 \\ &= 0, \quad t < 0 \end{aligned} \tag{2.8}$$

그리고 이 단위 경사 함수의 Z 변환은 Z 변환 정의에 의해, 다음과 같이 구할 수 있다.

$$\begin{aligned} X(z) &= Z[t] = \sum_{k=0}^{\infty} kTZ^{-k} \\ &= T(z^{-1} + 2z^{-2} + 3z^{-3} + \cdots) \\ &= T[z^{-1} + (z^{-2} + z^{-2}) + (z^{-3} + z^{-3} + z^{-3}) \cdots] \\ &= T[(z^{-1} + z^{-2} + z^{-3} + \cdots) + (z^{-2} + z^{-3} + \cdots) + (z^{-3} + \cdots) + \cdots] \\ &= T(z^{-1}\sum_{k=0}^{\infty} z^{-k} + z^{-2}\sum_{k=0}^{\infty} z^{-k} + z^{-3}\sum_{k=0}^{\infty} z^{-k} + \cdots) \end{aligned}$$

$$= T\sum_{k=0}^{\infty} z^{-k}(z^{-1} + z^{-2} + z^{-3} + \cdots)$$

$$= T\frac{1}{1-z^{-1}}\frac{z^{-1}}{1-z^{-1}}$$

$$= \frac{Tz^{-1}}{(1-z^{-1})^2} \tag{2.9}$$

2.2.3 단위 포물선 함수(unit parbolic function)의 Z 변환

단위 포물선 함수는 수학적으로 다음과 같이 정의된다.

$$\begin{aligned} x(k) &= 0 \quad \text{for } k < 0 \\ &= (kT)^2 \quad \text{for } k \geq 0 \end{aligned} \tag{2.10}$$

일단 샘플링시간 $T = 1$로 가정하고, 식(2.10)의 단위 포물선 함수의 Z 변환을 식(2.5)의 Z 변환 정의에 의해 구하면, 다음과 같다.

$$X(z) = z^{-1} + 4z^{-2} + 9z^{-3} + 16z^{-4} + 25z^{-1} + \cdots \tag{2.11}$$

식(2.11)의 양변에 z^{-1}을 곱하면, 그 결과는 다음과 같다.

$$z^{-1}X(z) = z^{-2} + 4z^{-3} + 9z^{-4} + 16z^{-5} + \cdots \tag{2.12}$$

식(2.11)-식(2.12)하면, 그 결과는 다음과 같다.

$$(1-z^{-1})X(z) = z^{-1} + 3z^{-2} + 5z^{-3} + 7z^{-4} + \cdots \tag{2.13}$$

식(2.13)의 양변에 z^{-1}을 곱하면, 그 결과는 다음과 같다.

$$z^{-1}(1-z^{-1})X(z) = z^{-2} + 3z^{-3} + 5z^{-4} + 7z^{-5} + \cdots \tag{2.14}$$

식(2.13)-식(2.14)하면, 그 결과는 다음과 같다.

$$(1-z^{-1})^2 X(z) = z^{-1} + 2z^{-2} + 2z^{-3} + 2z^{-4} + \cdots \tag{2.15}$$

식(2.15)를 풀면, 그 과정은 다음과 같다.

$$(1-z^{-1})^2 X(z) = z^{-1} + 2z^{-2} / (1-z^{-1})$$

$$= \frac{(1-z^{-1})z^{-1} + 2z^{-2}}{(1-z^{-1})}$$

$$= \frac{z^{-1}(1+z^{-1})}{(1-z^{-1})} \tag{2.16}$$

따라서 식(2.16)으로부터, 최종 Z 변환식은 다음과 같이 쓸 수 있다.

$$X(z) = \frac{z^{-1}(1+z^{-1})}{(1-z^{-1})^3} \tag{2.17}$$

그리고 샘플링시간(T)이 1이 아닌 경우는 다음과 같다.

$$X(z) = \frac{T^2 z^{-1}(1+z^{-1})}{(1-z^{-1})^3} \tag{2.18}$$

2.2.4 다항식 함수(polynomial function)의 Z 변환

다항식 함수(polynomial function)는 수학적으로 다음과 같이 정의된다.

$$\begin{aligned} x(k) &= a^k, \quad & k \geq 0 \\ &= 0, \quad & k < 0 \end{aligned} \tag{2.19}$$

그리고 이 급수 함수의 Z 변환은 Z 변환 정의에 의해, 다음과 같이 구할 수 있다.

$$\begin{aligned} X(z) &= Z[a^{-k}] = \sum_{k=0}^{\infty} a^{-k} Z^{-k} \\ &= 1 + az^{-1} + a^2 z^{-2} + \cdots \\ &= \frac{1}{1-az^{-1}} \end{aligned} \tag{2.20}$$

2.2.5 지수 함수(exponential function)의 Z 변환

지수 함수(exponential function)는 수학적으로 다음과 같이 정의된다.

$$\begin{aligned} x(kT) &= e^{-akT}, \quad & k \geq 0 \\ &= 0, \quad & k < 0 \end{aligned} \tag{2.21}$$

이 다항식 함수의 Z 변환은 Z 변환 정의에 의해, 다음과 같이 구할 수 있다.

$$X(z) = Z[e^{-akT}] = \sum_{k=0}^{\infty} e^{-akT} Z^{-k}$$

$$= 1 + e^{-aT} z^{-1} + e^{-2aT} z^{-2} + e^{-3aT} z^{-3} \cdots$$

$$= \frac{1}{1 - e^{-aT} z^{-1}} \tag{2.22}$$

2.2.6 사인 함수(sinusoidal function)의 Z 변환

사인 함수(sinusoidal function)는 수학적으로 다음과 같이 정의된다.

$$\begin{aligned} x(kT) &= \sin(\omega kT), \qquad k \geq 0 \\ &= 0, \qquad\qquad\quad\; k < 0 \end{aligned} \tag{2.23}$$

사인 함수에 대한 오일러 공식(Euler equation)은 다음과 같다.

$$\sin(\omega kT) = \frac{1}{2j}(e^{j\omega kT} - e^{-j\omega kT}) \tag{2.24}$$

이 지수 함수의 Z 변환은 오일러 공식과 Z 변환 정의에 의해, 다음과 같이 구할 수 있다.

$$X(z) = Z[\sin \omega kT]$$

$$= \frac{1}{2j} Z[(e^{j\omega kT} - e^{-j\omega kT})]$$

$$= \frac{1}{2j}\left(\frac{1}{1 - e^{j\omega T} z^{-1}} - \frac{1}{1 - e^{-j\omega T} z^{-1}}\right)$$

$$= \frac{z^{-1} \sin \omega T}{1 - 2z^{-1} \cos \omega T + z^{-2}} \tag{2.25}$$

2.3 라플라스 함수의 Z 변환

라플라스 변환된 시스템 $X(s)$의 Z 변환은 다음과 같이 3단계로 이루어진다. 먼저 역 라플라스 변환(inverse Laplace transformation)을 통해 시간 영역의 함수 $x(t)$로 변환하고, 다음 단계로 앞에서 구한 기본 함수의 Z 변환 식을 공식으로 이용하여 시간 영역의 함수 $x(t)$를 Z 변환한다. 다음의 라플라스 변환 식을 예로 하여 라플라스 함수의 Z 변환에 대해 알아본다.

$$X(s) = \frac{a}{s(s+a)} \tag{2.26}$$

이 식의 역 라플라스 변환은 다음과 같다.

$$x(t) = 1 - e^{-at} \tag{2.27}$$

그리고 시간영역으로 변환된 함수 $x(t)$는 앞 절의 단위 계단 함수의 Z 변환식 식(2.7)과 지수함수의 Z 변환식 식(2.22)를 이용하여, 다음과 같이 Z 변환될 수 있다.

$$\begin{aligned} X(z) &= Z[1 - e^{-at}] \\ &= \frac{1}{1-z^{-1}} - \frac{1}{1-e^{-aT}z^{-1}} \\ &= \frac{(1-e^{-aT})z^{-1}}{(1-z^{-1})(1-e^{-aT}z^{-1})} \end{aligned} \tag{2.28}$$

지금까지 구한 Z 변환을 정리하면, 표 2.1과 같다.

표 2.1 Z 변환 표

	$X(s)$	$x(t)$	$x(k)$	$X(z)$
1	$\frac{1}{s}$	1	1	$\frac{1}{1-z^{-1}}$
2	$\frac{1}{s^2}$	t	kT	$\frac{Tz^{-1}}{(1-z^{-1})^2}$
3	$\frac{1}{s^3}$	t^2	$(kT)^2$	$\frac{T^2z^{-1}(1+z^{-1})}{(1-z^{-1})^3}$
4	$\frac{1}{s+a}$	e^{-at}	e^{-akT}	$\frac{1}{1-e^{-aT}z^{-1}}$
5	$\frac{a}{s(s+a)}$	$1-e^{-at}$	$1-e^{-akT}$	$\frac{(1-e^{-aT})z^{-1}}{(1-z^{-1})(1-e^{-aT}z^{-1})}$
6	$\frac{\omega^2}{s^2+\omega^2}$	$\sin \omega t$	$\sin \omega kT$	$\frac{z^{-1}\sin \omega T}{1-2z^{-1}\cos \omega T + z^{-2}}$
7			a^k	$\frac{1}{1-az^{-1}}$

2.4 Z 변환 정리

라플라스 변환과 같이 Z 변환에도 여러 가지 중요한 특징이 있다. 이러한 특징을 정리(theorem)의 형태로 알아본다. 이러한 정리를 이용해서, 기본 함수의 변형에 대한 Z 변환을 간단히 구할 수 있다.

2.4.1 선형성 정리 (linearity theorem)

기본 함수에 상수가 곱해질 때, 곱해진 함수의 Z 변환은 다음과 같다.

$$Z[ax(t)] = aZ[x(t)] = aX(z) \tag{2.29}$$

Z 변환은 다음과 같은 선형성 정리(linearity theorem)를 갖는다. 이산 신호 $x(k)$가 다음과 같이 주어질 때,

$$x(k) = \alpha f(k) + \beta g(k) \tag{2.30}$$

이 신호의 Z 변환은 다음과 같다.

$$X(z) = \alpha F(z) + \beta G(z) \tag{2.31}$$

2.4.2 이동정리 (shifting theorem)

또한 Z 변환은 다음과 같은 지연 이동정리(backward shifting theorem)를 갖는다.

$$Z[x(t-nT)] = z^{-n}X(z) \tag{2.32}$$

이 지연 이동정리는 후에 차분 방정식의 계산과 이산 시스템 펄스 전달함수를 구하는데 기반이 되는 매우 중요한 정리이다. 식(2.32)의 정리는 다음과 같이 증명된다. $Z[x(t-nT)]$는 Z 변환 정의에 의해 다음과 같이 전개될 수 있다.

$$\begin{aligned} Z[x(t-nT)] &= \sum_{k=0}^{\infty} x(kT-nT)z^{-k} \\ &= z^{-n}\sum_{k=0}^{\infty} x(kT-nT)z^{-(k-n)} \\ &= z^{-n}\sum_{m=-n}^{\infty} x(mT)z^{-m} \end{aligned} \tag{2.33}$$

여기서 $m=k-n$이다. $m<0$에 대해서는 $x(mT)=0$이므로, 식(2.24)는 다음과 같이 다시 쓸 수 있다.

$$Z[x(t-nT)] = z^{-n}\sum_{m=0}^{\infty} x(mT)z^{-m} \tag{2.34}$$

따라서 $Z[x(t-nT)] = z^{-n}X(z)$이다. 식(2.32)의 이동정리는 다음과 같이, 앞섬 이동정리(forward shifting theorem)로 확장된다.

$$Z[x(t+nT)] = z^{n}[X(z) - \sum_{k=0}^{n-1} x(kT)z^{-k}] \tag{2.35}$$

식(2.32)의 지연 이동정리로부터, 다음과 같은 식들을 유도할 수 있다.

$$Z[x(t-T)] = z^{-1}X(z)$$
$$Z[x(t-2T)] = z^{-2}X(z)$$
$$Z[x(t-3T)] = z^{-3}X(z) \tag{2.36}$$

그리고 식(2.35)의 앞섬 이동정리로부터, 다음과 같은 식들을 유도할 수 있다.

$$Z[x(t+T)] = z\ X(z) - zx(0)$$
$$Z[x(t+2T)] = z^{2}X(z) - z^{2}x(0) - zx(1)$$
$$Z[x(t+3T)] = z^{3}X(z) - z^{3}x(0) - z^{2}x(1) - zx(2) \tag{2.37}$$

식(2.36)~(2.37)들은 앞으로 차분 방정식을 다루는데 사용된다.

예제 2.1

식(2.32)을 이용하여 그림 2.2와 같이 계단 함수를 각각 1T 및 4T만큼 지연(delay)시킨 함수를 Z 변환시켜 본다.

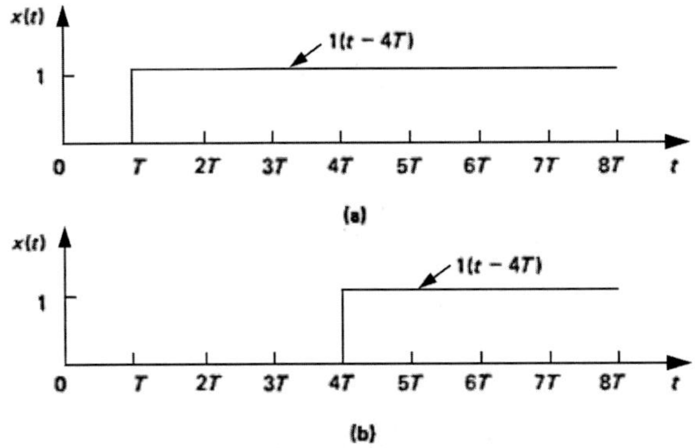

그림 2.2 계단파 함수의 시간 지연 이동

[풀이]

계단 함수 $x(kT)$를 1T만큼 지연시킨 함수 $x(k-T)$는 다음과 같이 정의된다.

$$\begin{aligned} x(kT-T) &= 1, \qquad k \ge 1 \\ &= 0, \qquad k < 1 \end{aligned} \tag{2.38}$$

이 함수의 Z 변환을 식(2.32)의 지연 이동정리를 이용하여 구하면, 다음과 같다.

$$\begin{aligned} Z[x(kT-T)] &= z^{-1}Z[x(kT)] \\ &= \frac{z^{-1}}{1-z^{-1}} \end{aligned} \tag{2.39}$$

계단 함수 $x(kT)$를 4T만큼 지연시킨 함수 $x(kT-4T)$는 다음과 같이 정의된다.

$$\begin{aligned} x(kT-4T) &= 1, \qquad k \ge 4 \\ &= 0, \qquad k < 4 \end{aligned} \tag{2.40}$$

이 함수의 Z 변환을 식(2.32)의 지연 이동정리를 이용하여 구하면, 다음과 같다.

$$\begin{aligned} Z[x(kT-4T)] &= z^{-4}Z[x(kT)] \\ &= \frac{z^{-4}}{1-z^{-1}} \end{aligned} \tag{2.41}$$

2.4.3 누적 정리 (sum theorem)

다음은 Z 변환의 누적 정리(sum theorem)이다. 다음과 같이 주어지는 누적함수에 대한

$$y(k) = \sum_{h=0}^{k} x(h) \tag{2.42}$$

Z 변환은 다음과 같다.

$$Y(z) = \frac{1}{1-z^{-1}} X(z) \tag{2.43}$$

식(2.43)의 유도 과정은 다음과 같다.

$$y(k) = x(0) + x(1) + x(2) + \cdots + x(k)$$

$$y(k) = y(k-1) + x(k)$$

$$Y(z) = z^{-1}Y(z) + X(z)$$

$$Y(z) = \frac{1}{1 - z^{-1}} X(z) \tag{2.44}$$

2.4.4 차분 정리 (difference theorem)

다음은 Z 변환의 차분 정리(difference theorem)이다. 다음과 같이 주어지는 차분 함수에 대해,

$$\Delta x(k) = x(k) - x(k-1) \tag{2.45}$$

Z 변환을 구하면 다음과 같다.

$$\Delta X(z) = (1 - z^{-1}) X(z) \tag{2.46}$$

2차 차분 함수에 대해 식(2.46)의 Z 변환 차분 정리를 확장하여 본다. 2차 차분 함수는 다음과 같이 정의된다.

$$\begin{aligned} \Delta^2 x(k) &= \Delta x(k) - \Delta x(k-1) \\ &= x(k) - x(k-1) - (x(k-1) - x(k-2)) \\ &= x(k) - 2x(k-1) - x(k-2) \end{aligned} \tag{2.47}$$

식(2.47)의 2차 차분 함수의 Z 변환을 식(2.32)의 지연 이동정리를 이용하여 구하면, 다음과 같다.

$$\begin{aligned} \Delta^2 X(z) &= X(z) - 2z^{-1} X(z) + z^{-2} X(z) \\ &= (1 - z^{-1})^2 X(z) \end{aligned} \tag{2.48}$$

식(2.48)의 2차 차분 정리를 n차로 일반화시키면 다음과 같다.

$$\Delta^n X(z) = (1 - z^{-1})^n X(z) \tag{2.49}$$

2.4.5 최종값 정리 (final value theorem, FVT)

이산 함수 $x(kT)$의 최종값은 Z 변환의 최종값 정리를 이용하여 구할 수 있다. 최종값 정리는 다음과 같다.

$$\lim_{k \to \infty} x(k) = \lim_{z \to 1} [(1 - z^{-1}) X(z)] \tag{2.50}$$

이 최종값의 정리는 6장에서 이산 제어 시스템의 정상 상태 오차를 해석할 때,

사용된다. 이 정리는 다음과 같은 과정을 통해 증명될 수 있다.

$$Z[x(k)] = \sum_{k=0}^{\infty} x(k)z^{-k}$$

$$Z[x(k-1)] = \sum_{k=0}^{\infty} x(k-1)z^{-k}$$

$$\sum_{k=0}^{\infty} x(k)z^{-k} - \sum_{k=0}^{\infty} x(k-1)z^{-k} = X(z) - z^{-1}X(z)$$

$$\lim_{k\to\infty} x(k) = \lim_{z\to 1}[X(z) - z^{-1}X(z)] \tag{2.51}$$

예제 2.2

다음 식으로 주어지는 $X(z)$ 함수의 최종값을 식(2.41)의 최종값의 정리를 이용하여 구해 보자.

$$X(z) = \frac{1}{1-z^{-1}} - \frac{1}{1-e^{-aT}z^{-1}} \tag{2.52}$$

[풀이]

$$\begin{aligned} x(\infty) &= \lim_{z\to 1}[(1-z^{-1})X(z)] \\ &= \lim_{z\to 1}[(1-z^{-1})(\frac{1}{1-z^{-1}} - \frac{1}{1-e^{-aT}z^{-1}})] \\ &= \lim_{z\to 1}(1 - \frac{1-z^{-1}}{1-e^{-aT}z^{-1}}) \\ &= 1 \end{aligned}$$

2.4.6 지수 정리 (exponential theorem)

다음과 같이 어떤 함수에 지수함수가 곱해진 함수에 대해, Z 변환을 구하면 다음과 같다.

$$Z[e^{-akT}x(k)] = X(e^{aT}z) \tag{2.53}$$

식(2.53)의 유도과정은 다음과 같다.

$$Z[e^{-akT}x(k)] = x(0) + e^{-aT}x(1)z^{-1} + e^{-2aT}x(2)z^{-2} + e^{-3aT}x(3)z^{-3}\cdots$$

$$= \sum_{k=0}^{\infty} e^{-akT} x(k) z^{-k}$$

$$= \sum_{k=0}^{\infty} x(k)(e^{aT} z)^{-k}$$

$$= X(e^{aT} z)$$

지금까지 알아본 Z 변환 정리를 표로 정리하면, 표 2.2와 같다.

표 2.2 Z 변환 정리

	$x(k)$	$X(z)$
1	$ax(T)$	$aX(z)$
2	$\alpha f(k)+\beta g(k)$	$\alpha F(z)+\beta G(z)$
3	$x(k-n)$	$z^{-n} X(z)$
4	$x(k+n)$	$z^{n}[X(z)-\sum_{k=0}^{n-1} x(kT) z^{-k}]$
5	$x(k-1)$	$z^{-1} X(z)$
6	$x(k+1)$	$z\ X(z)-zx(0)$
7	$\sum_{h=0}^{k} x(h)$	$\frac{1}{1-z^{-1}} X(z)$
8	$\Delta^{n} x(k)$	$(1-z^{-1})^{n} X(z)$
9	$\lim_{k\to\infty} x(k)$	$\lim_{z\to1}[(1-z^{-1})X(z)]$
10	$e^{-akT} x(k)$	$X(e^{aT} z)$

2.5 요약

이 장에서는 이산 시스템 해석의 기초가 되는 Z 변환에 대해 알아보았다. Z 변환은 라플라스 변환과 마찬가지로 여러 가지 초월 함수를 대수적으로 다룰 수 있는 형태로 변환한다. 또한 Z 변환 정리를 통해 Z 변환의 특징을 알아보았다. 이러한 Z 변환 정리를 이용하여 여러 가지 복합적인 이산 시스템을 다룰 수 있다.

연습문제

2.1 Z 변환 정의를 사용하여 다음과 같이 정의되는 Kronecker delta 함수의 Z 변환을 구하라.

$$x(k)=1, \quad k=0$$
$$=0, \quad k\neq 0$$

2.2 Z 변환 정의를 사용하여 다음과 같이 정의되는 3차 곡선 함수의 Z 변환을 구하라.

$$x(k)=(kT)^3$$

2.3 Z 변환 정의를 사용하여 다음과 같이 정의되는 3차 함수의 Z 변환을 구하라.

$$x(k)=(kT)^4$$

2.4 Z 변환 정의를 사용하여, 다음과 같이 정의되는 함수의 Z 변환을 구하라.

$$y(k)=\sum_{m=0}^{k}x(m)$$

여기서

$$x(k)=0 \quad \text{for k} < 0$$
$$=\text{k} \quad \text{for k} \geq 0$$

2.5 표 2.1의 Z 변환 공식을 사용하여 다음의 라플라스 함수의 Z 변환을 구하라.

$$x(kT)=\cos(\omega kT), \quad k\geq 0$$
$$=0, \quad k<0$$

2.6 표 2.1의 Z 변환 공식을 사용하여 다음의 라플라스 함수의 Z 변환을 구하라.

$$\frac{b-a}{(s+a)(s+b)}$$

2.7 표 2.1의 Z 변환 공식을 사용하여 다음의 라플라스 함수의 Z 변환을 구하라.

$$\frac{1}{(s+a)^2}$$

2.8 표 2.1의 Z 변환 공식을 사용하여 다음의 라플라스 함수의 Z 변환을 구하라.

$$\frac{s}{(s+a)^2}$$

2.9 표 2.1의 Z 변환 공식을 사용하여 다음의 라플라스 함수의 Z 변환을 구하라.

$$X(s) = \frac{2}{(s+a)^3}$$

2.10 표 2.1의 Z 변환 공식을 사용하여 다음의 라플라스 함수의 Z 변환을 구하라.

$$X(s) = \frac{a^2}{s^2(s+a)}$$

2.11 표 2.1의 Z 변환 공식을 사용하여 다음 함수의 Z 변환을 구하라.

$$x(k) = e^{-akT} \sin \omega kT$$

2.12 표 2.1의 Z 변환 공식을 사용하여 다음 함수의 Z 변환을 구하라.

$$x(k) = e^{-akT} \cos \omega kT$$

2.13 Z 변환 정리를 이용하여 다음 함수의 Z 변환을 구하라.

$$\begin{aligned} x(n) &= 1, \quad \mathrm{n} = k \\ &= 0, \quad \mathrm{n} \neq k \end{aligned}$$

2.14 수식(2.35)의 앞섬 이동정리를 Z 변환 정의를 이용하여 유도하라.

2.15 다음 식을 갖은 함수 $x(k)$의 Z 변환을 Z 변환정리를 사용하여 구하시오

(a) $x(k) = 0 \ \text{for k} < 1$

$x(k) = \frac{1}{4} \ \text{for k} \geq 1$

(b) $x(k) = 0 \ \text{for k} < 1$

$x(k) = \frac{1}{4} \ \text{for k} \geq 1 \text{ AND k} == \text{odd}$

$x(k) = -\frac{1}{4} \ \text{for k} \geq 1 \text{ AND k} == \textit{even}$

(c) $x(k) = 0 \ \text{for k} < 0$

$x(k) = \frac{1}{2}\text{k} \ \text{for k} \geq 0$

2.16 다음 식으로 표현되는 디지털 신호 $x(k)$를 수열로 표시하시오.

$$x(k) = 0 \ \text{ for k} < 1$$
$$x(k) = \frac{1}{4}\{1 + (-1)^{k-1} + 2\text{k}\} \ \text{ for k} \geq 1$$
$$X(k) = \{x(k) | \ k = 0,1,2,\cdots\}$$

2.17 $X(z) = \dfrac{z^2}{(z+1)(z-1)^2}$ 의 최종값 $x(\infty)$를 최종값 정리(Finite Value Theorem)를 이용하여 구하시오.

2.18 다음 식을 갖은 함수 $x(k)$의 Z 변환을 구하시오.

$$x(k) = ka^k$$

2.19 다음의 값을 갖는 수열함수 $x(k)$의 Z 변환을 구하시오.

$$x(0)=1, \ x(1)=3, \ x(2)=3, \ x(3)=1, \ x(k)=0 \ \text{ for } k > 3$$

2.20 최종값 정리를 이용하여 다음과 같은 Z 변환 신호를 갖는 $x(k)$의 최종 값을 구하시오.

$$X(z) = \frac{z}{(z-1)(z-0.5)^2}$$

2.21 Z 변환 정리를 사용하여, 다음과 같이 정의되는 함수의 Z 변환을 구하라.

$$y(k) = \sum_{m=0}^{k} x(m)$$

여기서

$$\begin{aligned} x(k) &= 0 \qquad \text{for k} < 0 \\ &= \text{k} \qquad \text{for k} \geq 0 \end{aligned}$$

Chapter

03 역 Z 변환

이번에는 Z 변환 함수를 다시 시간 영역의 함수로 환원하는 방법에 대해 알아본다.

3.1 직접 나눗셈 법

일반적인 Z 변환 함수는 다음과 같이 Z 다항식의 분수식으로서 표현할 수 있다.

$$X(z) = \frac{b_0 z^n + b_1 z^{n-1} + \cdots + b_m z^{n-m}}{z^n + a_1 z^{n-1} + \cdots + a_n} \tag{3.1}$$

여기서, $m \le n$이다. 식(3.1)의 분모와 분자를 각각 인수 분해하면 식(3.1)은 다음과 같이 다시 쓸 수 있다.

$$X(z) = \frac{b_0 z^{n-m}(z - z_1)(z - z_2)\cdots(z - z_m)}{(z - p_1)(z - p_2)\cdots(z - p_n)} \tag{3.2}$$

여기서 분모를 영으로 하는 식의 해를 극점(poles)이라 하고, 분자를 영으로 하는 식의 해를 영점(zeros)이라 한다. 따라서 식(3.2)와 같은 표현을 극점-영점 식이라 한다. 식(3.1)의 오른쪽 항의 분모와 분자의 식을 분자식의 최고차 항인 z^n으로 각각 나누면, 식(3.1)을 z^{-1}의 다항식의 분수식으로 다음과 같이 다시 쓸 수 있다.

$$X(z) = \frac{b_0 + b_1 z^{-1} + \cdots b_n z^{-n}}{1 + a_1 z^{-1} + \cdots a_n z^{-n}} \tag{3.3}$$

따라서 Z 변환 함수는 식(3.1)의 Z 다항식의 분수식, 식(3.2)의 극점-영점 식, 식(3.3)의 z^{-1}의 다항식의 분자식 등으로 다양하게 표현될 수 있다. 극점-영점 식은 주로 시스템의 안정성 등을 분석하는데 유용하고(7장 참조), z^{-1}의 다항식의 분자식은 차분 방정식으로 전개하는 데 유용하다.

예제 3.1

다음의 식으로 표현되는 함수 $X(z)$를 극점-영점 표현식으로 다시 쓰시오.

$$X(z) = \frac{z^2 + z}{z^2 + 5z + 6} \tag{3.4}$$

식(3.4)의 분모와 분자식을 각각 인수분해하여, 다시 쓰면 다음과 같다.

$$X(z) = \frac{z(z+1)}{(z+2)(z+3)} \tag{3.5}$$

예제 3.2

식(3.3)을 z^{-1}의 다항식의 분자식으로 다시 쓰시오.

식(3.3)의 분모의 최고차 항인 z^2으로 식(3.3)의 분모의 항과 분자의 항을 각각 나누면, 다음과 같이 단위 지연 연산자의 식을 구할 수 있다.

$$X(z) = \frac{1 + z^{-1}}{1 + 5z^{-1} + 6z^{-2}} \tag{3.6}$$

직접 나눗셈 방법(direct division method)은 Z 변환 함수를 z^{-1}의 다항식의 분자식으로 표현하였을 때, 직접 나눗셈을 하여, 이산 함수 $x(k)$를 구하는 방법이다. 먼저 $X(z)$의 정의에서, 무한급수를 전개하면 다음과 같다.

$$X(z) = \sum_{k=0}^{\infty} x(k) z^{-k} = x(0) + x(T)z^{-1} + x(2T)z^{-2} + \cdots + x(kT)z^{-k} + \cdots \tag{3.7}$$

식(3.6)을 예로 하여 직접 나눗셈 방법을 설명한다. 식(3.6)의 분자식을 분모식으로 나누어 전개하면 다음과 같다.

$$\begin{array}{r l}
 & 1 - 4z^{-1} + 14z^{-2} - \\
X(z) = 1 + 5z^{-1} + 6z^{-2} \big) & 1 + z^{-1} \\
 & \underline{1 + 5z^{-1} + 6z^{-2}} \\
 & -4z^{-1} - 6z^{-2} \\
 & \underline{-4z^{-1} - 20z^{-2} - 24z^{-3}} \\
 & \qquad 14z^{-2} + 24z^{-3} \\
 & \qquad \underline{14z^{-2} + 70z^{-3}} \\
 & \qquad\qquad -46z^{-3}
\end{array} \tag{3.8}$$

식(3.8)의 나눗셈은 나누어 떨어지지 않고, 무한대로 계속 나누기를 계속해야 한다. 이때, 몫을 계속 구하여 나가면 다음과 같다.

$$X(z) = 1 - 4z^{-1} + 14z^{-2} - 46z^{-3} + 146z^{-4} + \cdots \tag{3.9}$$

식(3.9)을 식(3.7)과 비교하면, $x(k)$는 다음과 같은 수열로 표현할 수 있다.

$$\{x(k)|k = 0,1,2,\cdots\} = \{1, -4,\ 14,\ -46,\ 146,\cdots\} \tag{3.10}$$

예제 3.3

다음과 표현되는 Z 변환 함수의 역변환을 구하시오.

$$X(z) = \frac{1}{1 - z^{-1} - z^{-2}} \tag{3.11}$$

식(3.11)를 직접 나누어 전개하면, 다음과 같다.

$$X(z) = 1 + z^{-1} + 2z^{-2} + 3z^{-3} + 5z^{-4} + \cdots \tag{3.12}$$

따라서 $x(k)$는 다음과 같은 수열로 표현할 수 있다.

$$\{x(k)|k = 0,1,2,\cdots\} = \{1,\ 1,\ 2,\ 3,\ 5,\ 8,\ 13,\cdots\} \tag{3.13}$$

이 수열은 앞의 두 항의 값을 더해, 다음 항을 반복적으로 만들어 나가는 무한 수열로서, 피보나치 수열(Fibonacci sequance)이라 불리운다.

3.2 차분 방정식 계산법

이 방법은 Z 변환식을 지연 이동정리를 이용하여, 차분 방정식의 형태로 바꾼 후, 이 방정식에 초기값을 부여하여, Z 역변환을 구하는 방법이다. Z 변환식은 다음과 같이 이산 시스템의 전달 함수 형태로 표현할 수 있다.

$$X(z) = G(z)U(z) \tag{3.14}$$

그리고 이 시스템의 입력 $u(k)$를 다음과 같이 정의되는 크로네커 델타(Kronecker delta) 함수 입력으로 하면,

$$\begin{aligned} u(k) &= 1 \qquad \text{at } k = 0 \\ &= 0 \qquad \text{at } k \neq 0 \end{aligned} \tag{3.15}$$

식(3.15)의 Z 변환은 Z 변환 정의로부터 다음과 같이 구할 수 있다.

$$U(z)=\sum_{k=0}^{\infty}u(k)z^{-k}=u(0)+u(1)z^{-1}+u(2)z^{-2}+.....=1 \tag{3.16}$$

따라서 식(3.14)의 $G(z)$가 식(3.3)과 같은 z^{-1}의 다항식의 분자식으로 주어지면,

$$X(z)=\frac{b_0+b_1z^{-1}+\cdots+b_mz^{-m}}{1+a_1z^{-1}+\cdots+a_nz^{-n}}\quad U(z) \tag{3.17}$$

지연 이동정리를 이용하여 다음과 같이 $X(z)$의 Z 역변환을 구할 수 있다.

$$x(k)=-a_1x(k-1)-a_2x(k-2)-\cdots a_nx(k-n)+b_0u(k)+b_1u(k-1)+\cdots+b_mu(k-m) \tag{3.18}$$

식(3.18)과 같은 형태의 식을 차분 방정식(difference equation)이라 한다. 이 식은 다음과 같이 자동회귀 이동평균(Auto Regressive Moving Average, ARMA)형태로 다시 표현할 수 있다.

$$x(k)=-\sum_{i=1}^{n}a_ix(k-i)+\sum_{i=0}^{m}b_iu(k-i) \tag{3.19}$$

이와 같은 차분 방정식은 초기값만 주어지면, 반복 계산에 의해 $x(k)$의 계산이 가능하다.

예제 3.4

피보나찌 수열의 Z 변환 함수를 차분 방정식 계산법을 이용하여 역 Z 변환을 구하시오.

$$X(z)=\frac{1}{1-z^{-1}-z^{-2}} \tag{3.20}$$

식(3.20)은 다음과 같이 다시 쓸 수 있다.

$$(1-z^{-1}-z^{-2})X(Z)=U(Z) \tag{3.21}$$

여기서 $U(z)$는 식(3.15)의 크로네커 델타(Kronecker delta) 함수 입력이다. 따라서 식(3.21)에 지연 이동정리를 적용하면, 다음과 같이 차분 방정식을 유도할 수 있다.

$$x(k)=x(k-1)+x(k-2)+u(k) \tag{3.22}$$

따라서 $x(k)$는 식(3.18)의 차분 방정식을 다음의 표와 같이 반복 계산하여 구할

수 있다.

표 3.1 차분 방정식 반복계산에 의한 피보나찌 수열계산

k	$x(k)=x(k-1)+x(k-2)+u(k)$	$x(k)$
0	$x(0)=x(-1)+x(-2)+u(0)$	1
1	$x(1)=x(0)+x(-1)+u(1)$	1
2	$x(2)=x(1)+x(0)+u(2)$	2
3	$x(3)=x(2)+x(1)+u(3)$	3
4	$x(4)=x(3)+x(2)+u(4)$	5
5	$x(5)=x(4)+x(3)+u(5)$	8

3.3 컴퓨터를 이용한 차분 방정식 계산

차분 방정식 계산법에 의한 Z 역변환 방법은 간단한 계수를 갖는 Z 변환된 함수의 경우, 쉽게 적용할 수 있다. 이번에는 계수가 다음과 같이 복잡한 실수 값으로 주어지는 Z 함수에 대해, 차분 방정식을 다시 적용하여 본다.

$$G(z)=\frac{0.8767z^{-1}-0.5593z^{-2}}{1-1.2328z^{-1}+0.8805z^{-2}} \tag{3.23}$$

$G(z)=\dfrac{X(z)}{U(z)}$ 으로 보고, 식(3.23)를 차분 방정식으로 변환하면 다음과 같다.

$$x(k)-1.2328x(k-1)+0.8805x(k-2)=0.8767u(k-1)-0.5593u(k-2) \tag{3.24}$$

여기서 $u(k)$는 식(3.15)로 정의되는 크로네커 델타 함수이다. 식(3.24)을 다시 정리하면, 다음과 같다.

$$x(k)=1.2328x(k-1)-0.8805x(k-2)+0.8767u(k-1)-0.5593u(k-2) \tag{3.25}$$

식(3.25)를 이용하여, 다음과 같이 반복적 계산에 의해 $x(0)$, $x(1)$, $x(2)$, $x(3)$, $\cdots$, $x(k)$ 값들을 계산할 수 있다.

$$x(0)=1.2328*x(-1)-0.8805x*(-2)+0.8767*\delta(-1)-0.5593*\delta(-2)=0$$

$$x(1)=1.2328*x(0)-0.8805x*(-1)+0.8767*\delta(0)-0.5593*\delta(-1)=0.8767$$

$$x(2)=1.2328*0.8767-0.8805*0+0.8767*0-0.5593*1=0.5214$$

$$x(3) = 1.2328 * 0.5214 - 0.8805 * 8767 + 0.8767 * 0 - 0.5593 * 0 = -0.1290$$

$$x(4) = 1.2328 * (-0.1290) - 0.8805 * 0.5214 + 0.8767 * 0 - 0.5593 * 0 = -0.6182$$

그러나 앞과 같이 계수가 복잡한 실수값을 가지는 경우, 차분 방정식 계산법은 매우 시간 낭비적이다. 따라서 차분 방정식의 계산과 같은 반복적 계산은 컴퓨터 프로그램을 통하여 수행하는 것이 효과적이다. 방법이다. 다음의 리스트는 식 (3.25)의 차분 방정식을 계산하는 C 프로그램이다.

리스트 3.1 차분 방정식을 이용하여 Z 역변환 계산

list3-1_Difference_eq090315.cpp

```
#include <stdio.h>
double difference_eq(double);
void main()
{
	int k;
	double x[100], u[100];
	// initialize u(k) by Kronecker delta input
	for (k=0;k<100;k++)
	{
		if (k==0) u[k]=1.0;
		else u[k]=0.0;
	}
	//Calculate y(k) using difference equation
	for (k=0;k<100;k++)
	{
		x[k]=difference_eq(u[k]);
	}
	// Output y(k)
	for (k=0;k<10;k++)
		printf("Output x[%d]=%10.6f\n",k,x[k]);
} // end of main()
double difference_eq(double u)
{
	static double x,x1,x2,u1,u2;
	x=1.2328*x1-0.8805*x2+0.8767*u1-0.5593*u2;
	u2=u1;
	u1=u;
```

```
28:     x2=x1;
29:     x1=x;
30:     return x;
31: }
```

이 프로그램에서 8~12번 줄의 코드가 크로네커 함수를 갖는 입력 *u*(*k*)를 계산하여 주는 부분이고, 22~31번 줄의 함수 difference_eq()이 식(3.25)를 계산하여 주는 부분이다. 여기서 24번 줄의 static 자료형을 갖는 변수 선언은 과거의 값을 기억하기 위함이고, 26~29번 줄은 현재 샘플링 순간의 값을 x라 할 때, 1 샘플링 시간 이전의 값 x1, u1과 2 샘플링 시간 이전의 값들 x2, u2를 계산하는 부분이다. 이 프로그램의 실행결과는 다음과 같다.

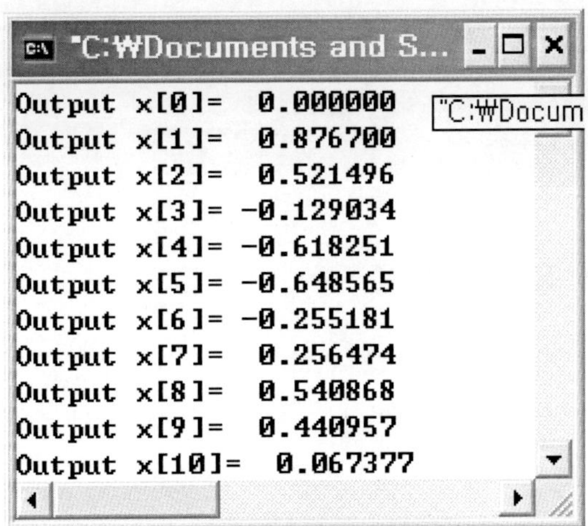

그림 3.1 리스트 3.1의 실행결과

그리고 x(0)~x(99)의 결과값들을 그림으로 표시하면 다음과 같다.

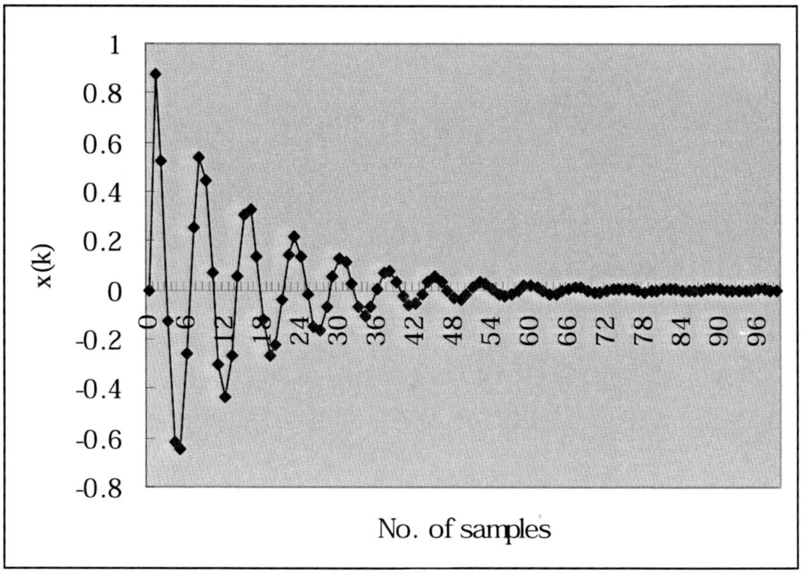

그림 3.2 그림으로 출력한 리스트 3.1의 실행결과

3.4 Z 변환 공식 이용법

이번 절에서는 표 2.1의 Z 변환 공식과 표 2.2의 Z 변환 정리를 이용하여 역 Z 변환을 하는 방법을 알아본다. 먼저 다음식의 역 Z 변환을 한다.

$$X(z) = \frac{z^{-1}}{1 - az^{-1}} \tag{3.26}$$

표 2.1의 6번 공식에 의하면, 다음과 같은 식이 성립함을 알 수 있다.

$$Z^{-1}[\frac{1}{1 - az^{-1}}] = a^k \tag{3.27}$$

다시 표 2.2의 5번 공식에 의해, 식(3.27)을 다음과 같이 다시 쓸 수 있다.

$$Z^{-1}[\frac{z^{-1}}{1 - az^{-1}}] = a^{k-1} \tag{3.28}$$

따라서 다음 식을 최종적으로 얻을 수 있다.

$$x(k) = a^{k-1} \tag{3.29}$$

이를 차분 방정식 계산법과 비교하여 같은 결과가 나오는지 확인해 본다. 식(3.26)을 차분 방정식이 형태로 쓰면, 다음과 같이 쓸 수 있다.

$$x(k) = ax(k-1) + \delta(k-1) \tag{3.30}$$

차분 방정식 계산법에 의해 반복계산한 결과를 표에 정리하면, 다음과 같다.

표 3.1 차분 방정식 계산법에 의한 결과

k	$x(k) = ax(k-1) + \delta(k-1)$	$x(k)$
0	$x(0) = ax(-1) + \delta(-1)$	0
1	$x(1) = ax(0) + \delta(0)$	1
2	$x(2) = ax(1) + \delta(1)$	a
3	$x(3) = ax(2) + \delta(2)$	a^2
…	…………………………….	…
k	$x(k) = x(k-1) + \delta(k-1)$	a^{k-1}

표 3.1의 결과와 식(3.29)의 결과식을 비교해 보면, 같은 것을 알 수 있다. 이러한 Z 변환 공식을 이용하는 방법은 식(3.29)와 같이 직접 해를 구할 수 있는 장점이 있다. 그러나 표 3.1의 공식을 이용할 수 Z 변환 함수 식은 한정적이므로, 항상 이 방법을 이용할 수 없다.

3.5 부분분수 분해법

부분분수 분해법은 다음 예제를 가지고 설명한다.

$$X(z) = \frac{(1-e^{-aT})}{(z-1)(z-e^{-aT})} \tag{3.31}$$

식(3.31)의 양변에 z를 곱하면 다음과 같다.

$$zX(z) = \frac{(1-e^{-aT})z^{-1}}{(1-z^{-1})(1-e^{-aT}z^{-1})} \tag{3.32}$$

식(3.32)를 부분분수로 분해하면 다음과 같다.

$$zX(z) = \frac{1}{1-z^{-1}} - \frac{1}{1-e^{-aT}z^{-1}} \tag{3.33}$$

따라서 다음과 같이 다시 쓸 수 있다.

$$X(z) = \frac{z^{-1}}{1-z^{-1}} - \frac{z^{-1}}{1-e^{-aT}z^{-1}} \tag{3.34}$$

식(3.34)를 표 2.1의 Z 변환 공식과 표 2.2의 Z 변환 정리를 이용하여 역 Z 변환을 하면 다음과 같다.

$$x(k) = 1(k-1) - e^{-a(k-1)T} \tag{3.35}$$

여기서 $1(k-1)$는 다음과 같이 정의되는 단위 계단 함수(unit step function)이다.

$$\begin{aligned} 1(k-1) &= 0 \qquad \text{for k} < 1 \\ &= 1 \qquad \text{for k} \geq 1 \end{aligned} \tag{3.36}$$

다른 예를 가지고 부분분수 분해법에 의한 역 Z 변환을 연습한다.

$$X(z) = \frac{1}{2z^2 - 3z + 1} \tag{3.37}$$

식 (3.37)을 z^{-1}의 다항식의 분수식 형태로 다시 쓰면, 다음과 같다.

$$X(z) = \frac{0.5z^{-2}}{1-1.5z^{-1}+0.5z^{-2}} \tag{3.38}$$

식(3.38)의 양변에 z를 곱하면(이는 부분분수 분해시 표 2.1의 유형이 나오도록), 다음과 같다.

$$zX(z) = \frac{0.5z^{-1}}{1-1.5z^{-1}+0.5z^{-2}} \tag{3.39}$$

이제 식(3.39)의 분모항을 인수분해하여, 부분분수로 전개한다.

$$zX(z) = \frac{1}{1-z^{-1}} - \frac{1}{1-0.5z^{-1}} \tag{3.40}$$

따라서 $X(z)$를 다음과 같은 형태로 표현할 수 있다.

$$X(z) = \frac{z^{-1}}{1-z^{-1}} - \frac{z^{-1}}{1-0.5z^{-1}} \tag{3.41}$$

식(3.41)을 표 2.1의 Z 변환 공식과 표 2.2의 Z 변환 정리를 이용하여 역변환한다.

$$x(k) = 1(k-1) - 0.5^{k-1} \tag{3.42}$$

3.6 역 Z 변환을 이용한 차분 방정식의 해

이번 절에서는 역 Z 변환을 이용하여 차분 방정식의 직접 해(explicit solution)를 구하는 방법을 설명한다. 차분 방정식은 다음의 4단계로 풀 수 있다.

[단계 1] 차분 방정식을 Z 변환 한다.

[단계 2] Z 변환 함수를 z^{-1}의 다항식의 분수식 형태로 고친다.

[단계 3] 부분분수로 분해한다.

[단계 4] Z 변환 공식과 정리를 사용하여 역 Z 변환한다.

다음의 예에 대해 이 4단계 해법을 적용한다.

$$x(k+2)+4x(k+1)+3x(k)=0,\ x(0)=0,\ x(1)=2 \tag{3.43}$$

2.4.2절의 Z 변환의 이동정리와 식(2.37)의 초기조건에 의해, 다음식이 성립된다.

[단계 1] 차분 방정식을 Z 변환 한다.

$$Z[x(k+2)]+4Z[x(k+1)]+3X(z)=0 \tag{3.44}$$

그리고 표 2.2의 이동정리를 적용하면, $Z[x(k+2)]$와 $Z[x(k+1)]$은 다음과 같이 표현될 수 있다.

$$Z[x(k+2)]=z^2X(z)-z^2x(0)-zx(1)=z^2X(z)-2z \tag{3.45}$$

$$Z[x(k+1)]=zX(z)-zx(0)=zX(z) \tag{3.46}$$

식(3.45)와 식(3.46)을 식(3.44)에 대입하여 정리하면 다음과 같은 식을 얻는다.

$$X(z)=\frac{2z}{z^2+4z+3} \tag{3.47}$$

[단계 2] Z 변환 함수를 z^{-1}의 다항식의 분수식 형태로 고친다.

$$X(z)=\frac{2z^{-1}}{1+4z^{-1}+3z^{-2}} \tag{3.48}$$

[단계 3] 부분분수로 분해한다.

$$X(z)=\frac{1}{1+z^{-1}}-\frac{1}{1+3z^{-1}} \tag{3.49}$$

[단계 4] Z 변환 공식과 정리를 사용하여 역 Z 변환한다.

최종적으로 식(3.48)을 표 2.1의 공식을 적용하여, 다음과 같이 역 Z 변환을 한다.

$$x(k) = (-1)^k - (-3)^k \tag{3.50}$$

3.7 요약

이 장에서는 나눗셈법과 차분 방정식 계산법, 그리고 컴퓨터 계산을 위한 C프로그램 작성 등을 이용하여 역 Z 변환을 하는 방법을 다루었다. 또한 표 2.1의 Z 변환표와 표 2.2의 Z 변환정리를 사용하는 역 Z 변환 방법도 다루었으며, 표 2.1의 변환 공식과 표 2.2의 정리를 적용하기 위해, Z 변환 식을 부분분수로 분해하는 방법도 설명하였다. 마지막으로 차분 방정식의 해를 Z 변환과 역 Z 변환을 통해 구하는 방법도 연습하였다. 이러한 역 Z 변환은 앞으로 디지털 시스템의 출력과 디지털신호를 처리하는 데, 중요한 기반이 된다.

연습문제

3.1 직접 나눗셈 방법을 이용하여, 다음의 Z 변환 함수를 역변환 하시오.

(1) $X(z) = \dfrac{1}{z+1}$

(2) $X(z) = \dfrac{2(z+1)}{2z^2 - 2z + 1}$

(3) $X(z) = \dfrac{1}{1 - z^{-1}}$

(4) $X(z) = \dfrac{z^{-1}}{(1 - z^{-1})^2} = \dfrac{z^{-1}}{1 - 2z^{-1} + z^{-2}}$

(5) $X(z) = \dfrac{z^{-1}(1 + z^{-1})}{(1 - z^{-1})^3} = \dfrac{z^{-1} + z^{-2}}{1 - 3z^{-1} + 3z^{-2} + 1}$

3.2 문제 3.1을 차분 방정식 계산법에 의해, $x(1)$~$x(5)$의 값들을 구하시오.

3.3 차분 방정식 계산법에 의해, $x(1)$~$x(5)$의 값들을 구하시오.

(1) $X(z)=\dfrac{1+z^{-1}}{1+5z^{-1}+6z^{-2}}$

(2) $X(z)=\dfrac{1}{1-z^{-1}-z^{-2}}$

(3) $X(z)=\dfrac{10z^{-1}+5z^{-2}}{1-1.2z^{-1}+0.2z^{-2}}$

(4) $X(z)=\dfrac{z^{-1}}{1-0.8z^{-1}}$

(5) $X(z)=\dfrac{0.5z^{-2}}{1-1.5z^{-1}+0.5z^{-2}}$

(6) $X(z)=\dfrac{2z^{-1}}{1+4z^{-1}+3z^{-2}}$

(7) $X(z)=\dfrac{z^{-1}+z^{-2}}{1-z^{-1}+0.5z^{-2}}$

3.4 문제 3.3을 직접나눗셈을 통해 다시 푸시오.

3.5 문제.1의 예들을 컴퓨터 계산법을 통해, $x(100)$까지 구하고, 그 결과를 도시하시오.

3.6 리스트 1의 프로그램에 파일쓰기기를 추가하여 계산결과인 $x(0)$~$x(100)$을 파일에 쓰고, 이를 스프레드 시트프로그램인 엑셀을 이용하여, 그림으로 그려보시오.

3.7 디지털신호 $x(k)$가 초기값 $x(0)=0$, $x(1)=1$, $x(2)=1$을 갖고, 다음과 같이 계산될 때때,

$x(3)=x(2)+x(1)-x(0)$

$x(4)=x(3)+x(2)-x(1)$

$x(5)=x(4)+x(3)-x(2)$

(a) $x(k)$를 $k=1$~10까지 구하시오

(b) $x(k)$를 차분 방정식 형태로 쓰시오

3.8 다음 식으로 표현된 $X(z)$를

$$X(z)=\frac{z^2}{(z+1)(z-1)^2}$$

(a) z^{-1}의 다항식 형태로 다시 쓰시오(10).

(b) $X(z)$의 역변환 $x(k)$를 나눗셈법으로 구하시오(10).

(c) $X(z)$의 역변환 $x(k)$를 부분분수법과 Z 변환표를 사용하여 역함수 $x(k)$를 닫힌 형태로 구하시오.

(d) $X(z)$의 역변환 $x(k)$를 차분 방정식 형태로 구하시오(10).

(e) $X(z)$의 역변환 $x(k)$를 Computational method로 구하려고 한다. $k=0$에서 $k=100$까지 구하는 C프로그램을 작성하시오.

(f) (최종값정리) $x(\infty)$를 최종값정리(Finite Value Theorem)을 이용하여 구하시오(10).

3.9 다음의 식에 대해 부분분수법을 이용하여 역변환 $x(k)$를 구하시오.

$$X(z)=\frac{z}{(z-1)(z-0.5)^2}$$

3.10 다음의 식의 역변환 $e(k)$를 나눗셈법을 이용하여 구하시오.

$$E(z)=\frac{z}{(z-1)(z-2)}$$

3.11 위의 문제 3.10을 부분분수법을 이용하여 다시 구하여 같은 결과가 나오는지 확인하시오.

3.12 다음 차분 방정식을 풀어서 $u(4)$를 구하시오.

$$\begin{aligned}&u(k)=-u(k-1)+e(k)-e(k-1)\\&where\ \ u(-1)=e(-1)=0\\&and\ e(k)=\begin{cases}1, & k=even\\0, & k=odd\end{cases}\end{aligned}$$

3.13 위의 문제 3.12에서 $u(100)$을 구하는 C프로그램을 작성하시오.

3.14 위의 문제 3.13에서 z-변환을 취하여, $\dfrac{U(z)}{E(z)}$를 구하고, $E(z)$도 Z 변환을 통해 구하여, $U(z)$를 구하시오.

3.15 위의 문제 3.14의 최종 결과인 $U(z)$의 역변환을 나눗셈법을 이용하여 $u(k)$를 구한 후, 최종적으로 문제 3.12의 결과와 같은지 비교하시오.

3.16 식(3.50)의 결과를 식(3.43)을 차분 방정식 계산법으로 계산한 결과와 비교하여 보시오.

Chapter

04 이산 시간 시스템의 디지털 모델

이 장에서는 앞 장에서 배운 Z-변환을 이용하여, 이산 시스템의 모델을 구하는 방법을 다룬다. Z 변환 방법은 특히 단일 입력 단일 출력(SISO, Single Input Single Output)의 선형 시불변 이산 시간 제어 시스템(linear time-invariant discrete time control system)을 해석하고 설계하는데 매우 유용하다. Z 변환을 사용함으로써, 연속 시간 영역(continuous time domain)에서의 설계 방법을 그대로 이산 시간 시스템에 적용할 수 있다.

4.1 샘플링과 펄스 전달함수

어떤 연속 신호(continuous signal)를 디지털 샘플링(sampling)하여 얻은 신호는 다음과 같이 수학적으로 표현할 수 있다.

$$x^*(t) = \sum_{k=0}^{\infty} x(kT)\delta(t-kT) \tag{4.1}$$

이 식은 다음과 같이 다시 쓸 수 있다.

$$x^*(t) = x(0)\delta(t) + x(T)\delta(t-T) + x(2T)\delta(t-2T) + \cdots + x(kT)\delta(t-kT) \tag{4.2}$$

식(4.2)를 라플라스 변환을 하면 다음과 같다.

$$\begin{aligned} X^*(S) &= x(0)L[\delta(t)] + x(T)L[\delta(t-T)] + \cdots + x(kT)L[\delta(t-kT)] + \cdots \\ &= x(0) + x(T)e^{-Ts} + \cdots + x(kT)e^{-kTs} + \cdots \end{aligned} \tag{4.3}$$

만약 $e^{Ts} = z$ 이라고 가정하면, 다음과 같은 식이 성립한다.

$$X^*(S) = \sum_{k=0}^{T} x(kT)z^{-k} = X(z) \tag{4.4}$$

따라서 샘플링된 신호의 라플라스 변환 $X^*(s)$은 원래 신호의 Z 변환 $X(z)$와 같다는 결론에 도달한다. 그림 4.2는 이러한 개념을 보여준다. 이는 디지털 샘플링과 Z 변환의 물리적 관계를 설명해 주는 매우 중요한 개념이다. 식(4.3)의 개념에서 여기서 $X(z)$를 $X(s)$의 펄스 전달함수라 부른다.

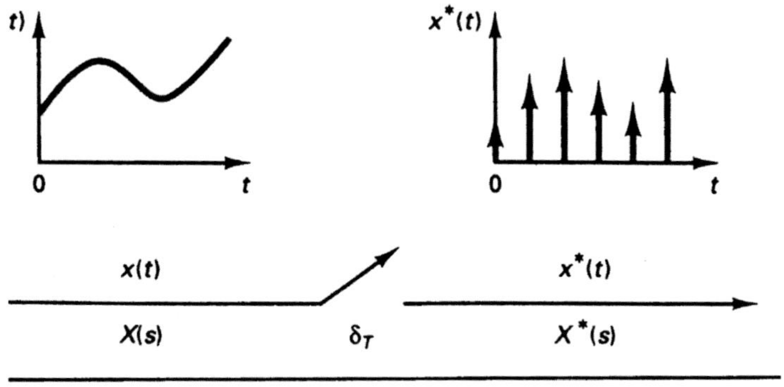

그림 4.1 연속신호의 샘플링

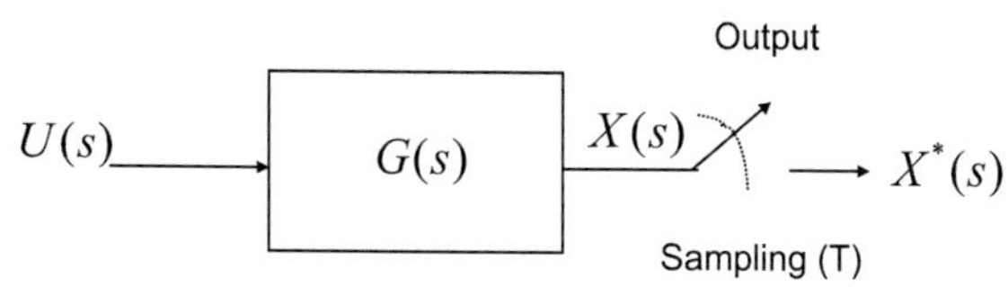

(a) Sampling of G(s)

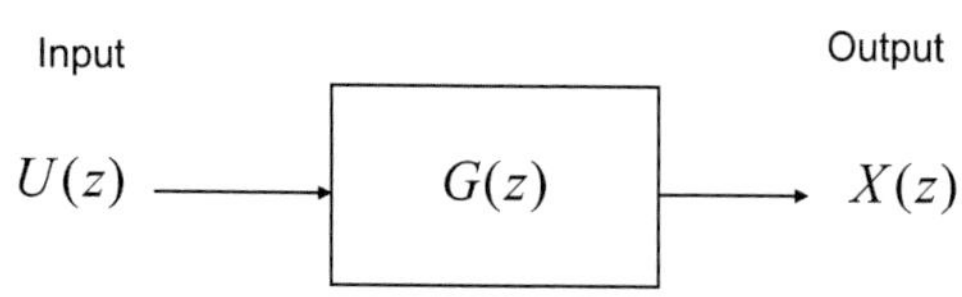

(b) Pulse Transfer Function

그림 4.2 펄스 전달함수의 물리적 개념

예제 4.1

다음 식과 같이 주어지는 $G(s)$의 펄스 전달함수를 구하라.

$$G(s) = \frac{1}{s+a} \tag{4.5}$$

[풀이] G(s)의 임펄스 응답은 다음과 같다.

$$g(t) = \mathcal{L}^{-1}[G(s)] = e^{-at} \tag{4.6}$$

그리고 이 신호를 샘플링하여 얻은 신호는 다음과 같다.

$$g^*(t) = e^{-akT} \tag{4.7}$$

이 신호의 Z 변환은 다음과 같은 과정을 거쳐 구할 수 있다.

$$
\begin{aligned}
G(z) &= \sum_{k=0}^{\infty} g(kT) z^{-k} \\
&= \sum_{k=0}^{\infty} e^{-akT} z^{-k} \\
&= \frac{1}{1-e^{-aT} z^{-1}} \qquad (4.8)
\end{aligned}
$$

4.2 0차 홀드 회로의 전달함수

0차 홀드(ZOH, Zero Order Hold) 회로의 출력신호는 그림 4.3과 같이 연속시간 신호를 샘플링한 값을 높이 값으로 하는 펄스 함수들의 합으로 볼 수 있다. 이를 수식으로 옮기면 다음과 같다.

$$
\begin{aligned}
h_0(t) &= x(0)[1(t)-1(t-T)] + x(T)[1(t-T)-1(t-2T)]\delta(t-T) + \\
&\quad \cdots + x(kT)[1(t-kT)-1(t-(k+1)T)] \\
&= \sum_{k=0}^{\infty} x(kT)[1(t-kT)-1(t-(k+1)T)] \qquad (4.9)
\end{aligned}
$$

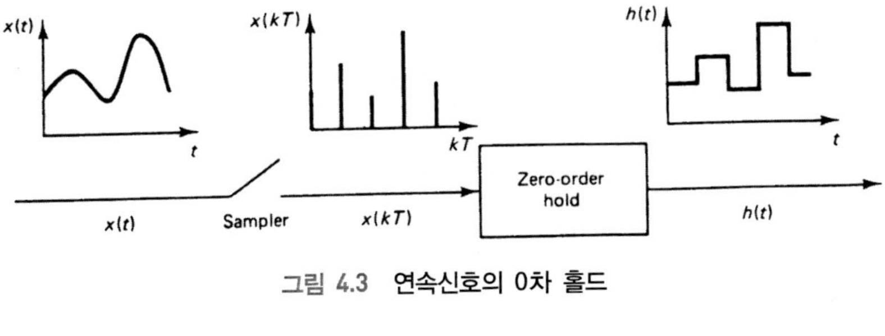

그림 4.3 연속신호의 0차 홀드

식(4.9)를 라플라스 변환해 본다. $L[1(t-kT)] = \dfrac{e^{-Ts}}{s}$ 이므로, 다음식이 성립한다.

$$
\mathcal{L}[h_0(t)] = H_0(s) = \sum_{k=0}^{\infty} x(kT) \frac{e^{-kTs} - e^{-(k+1)Ts}}{s}
$$

$$= \frac{1-e^{-Ts}}{s} \sum_{k=0}^{\infty} x(kT) e^{-kTs}$$

$$= \frac{1-e^{-Ts}}{s} X^*(s) \tag{4.10}$$

따라서, 0차 홀드 회로의 전달 함수를 구하면 다음과 같다.

$$G_{h0}(s) = \frac{H_0(s)}{X^*(s)} = \frac{1-e^{-Ts}}{s} \tag{4.11}$$

4.3 0차 홀드 회로를 포함하는 연속 시간 시스템의 이산화

디지털 제어 시스템은 그림 4.4와 같이 0차 홀드 회로를 포함한다.

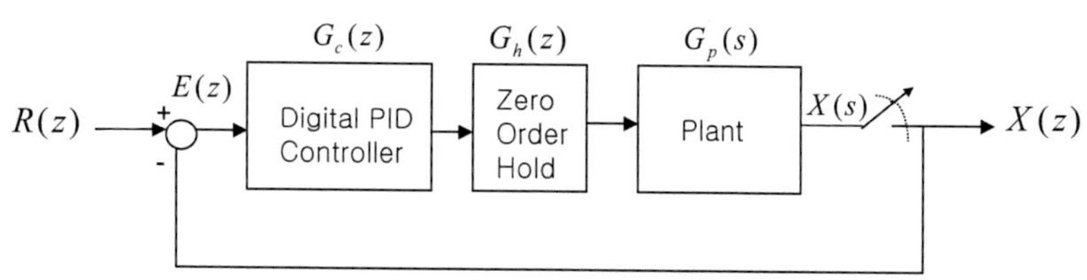

그림 4.4 디지털 제어 시스템의 블록도

이와 같이 디지털 제어 시스템이 0차 홀드 회로를 포함할 때, 그 시스템 전달함수는 식(4.10)으로부터 다음과 같이 쓸 수 있다.

$$G(s) = G_h(s) G_p(s) = \frac{1-e^{-Ts}}{s} G_p(s) \tag{4.12}$$

그리고 식(4.12)와 같이 0차 홀드 회로를 포함하는 연속 시간 시스템의 펄스 전달함수는 다음과 같이 구할 수 있다.

$$G(z) = Z[\frac{1-e^{-Ts}}{s} G_p(s)] = (1-z^{-1}) Z[\frac{G_p(s)}{s}] \tag{4.13}$$

식(4.13)은 $e^{Ts} = z$ 이라고 가정하여 유도할 수 있으나, 수학적으로 그 과정이 다소 복잡하므로 자세한 유도과정은 생략한다. 그러나 이 식은 앞으로 연속 시간 모델을 이산화하는데, 매우 중요한 공식이 된다. 그림 4.4는 식(4.10)의 이산화 과정을 개념적으로 보여 준다.

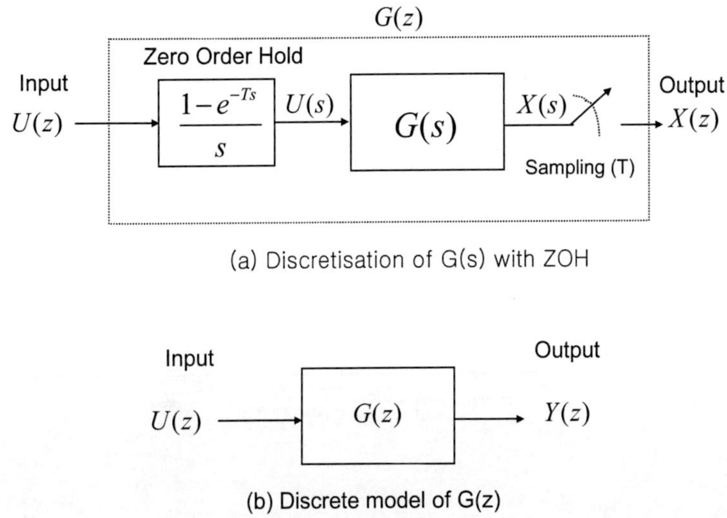

그림 4.5 ZOH를 갖는 G(s)의 이산화 모델

예제 4.2

식(4.13)을 이용하여, 다음 식으로 주어지는 시스템의 펄스 전달함수를 구하라.

$$G(s) = \frac{1-e^{-Ts}}{s}\frac{1}{s+1} \tag{4.14}$$

[풀이] 식(4.13)를 적용하면, 식(4.14)의 Z 변환 과정을 나열하면 다음과 같다.

$$\begin{aligned} X(z) &= (1-z^{-1})Z[\frac{1}{s(s+1)}] \\ &= (1-z^{-1})Z[\frac{1}{s}-\frac{1}{s+1}] \\ &= (1-z^{-1})(\frac{1}{1-z^{-1}}-\frac{1}{1-e^{-T}z^{-1}}) \\ &= \frac{(1-e^{-T})z^{-1}}{1-e^{-T}z^{-1}} \end{aligned} \tag{4.15}$$

예제 4.3

다음의 식을 Z 변환 하라.

$$G(s) = \frac{1-e^{-Ts}}{s}\frac{1}{s(s+1)} \tag{4.16}$$

[풀이] 식(4.13)를 적용하여, 식(4.16)을 Z 변환하는 과정은 다음과 같다.

$$\begin{aligned} G(z) &= (1-z^{-1})Z[\frac{1}{s^2(s+1)}] \\ &= (1-z^{-1})Z[\frac{1}{s^2} - \frac{1}{s} + \frac{1}{s+1}] \\ &= (1-z^{-1})(\frac{Tz^{-1}}{(1-z^{-1})^2} - \frac{1}{1-z^{-1}} + \frac{1}{1-e^{-T}z^{-1}}) \\ &= \frac{(T-1+e^{-T})z^{-1} + (1-e^{-T}-Te^{-T})z^{-2}}{(1-z^{-1})(1-e^{-T}z^{-1})} \end{aligned} \tag{4.17}$$

예제 4.4

다음과 같이 주어진 시스템을 샘플링 시간 1초의 디지털 샘플 홀드 회로를 사용하여 이산 시스템화 할 경우, 전체 펄스 전달함수를 구하라.

$$G_p(s) = \frac{1}{s(s+1)} \tag{4.18}$$

[풀이] 먼저, 샘플링 시간 T=1의 샘플 홀드 회로의 전달함수는 다음과 같다.

$$G_h(s) = \frac{1-e^{-s}}{s} \tag{4.19}$$

따라서 이 홀드 회로를 포함하는 전체 펄스 전달함수는 예제 4.3에서 T=1의 결과와 같으므로, 다음과 같이 쓸 수 있다.

$$G(z) = Z[\frac{1-e^{-s}}{s}\frac{1}{s(s+1)}] = \frac{e^{-1}z^{-1} + (1-2e^{-1})z^{-2}}{(1-z^{-1})(1-e^{-1}z^{-1})} \tag{4.20}$$

식(4.20)을 z^{-1}의 다항식의 분수식으로 정리하면, 다음과 같다.

$$G(z) = \frac{e^{-1}z^{-1} + (1-2e^{-1})z^{-2}}{1-(1+e^{-1})z^{-1} + e^{-1}z^{-2}} \tag{4.21}$$

여기서, e^{-1}=0.3679를 이용하여 식(4.21)의 계수를 계산하면, 다음과 같다.

$$G(z) = \frac{0.3679z^{-1} + 0.2642z^{-2}}{1 - 1.3679z^{-1} + 0.3679z^{-2}} \qquad (4.22)$$

4.4 DC 모터의 모델링

이 장에서는 메카트로닉스 시스템에 가장 많이 쓰이는 구동기인 전기식 모터의 모델을 이산시스템으로 해석하여, 펄스 전달함수 형태로 구하는 법을 다룬다.

4.4.1 연속 시간 모델

일반적으로 DC(Direct Current) 모터(motor)는 그림 4.6과 같은 구조를 하고 있다.

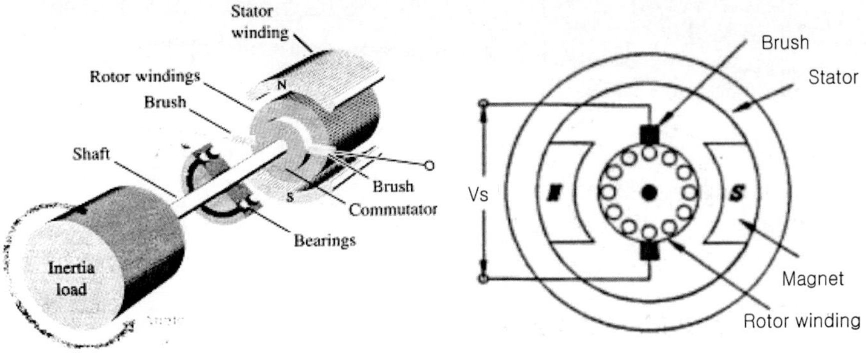

그림 4.6 DC 모터의 구조

DC(Direct Current) 모터(motor)는 그림 4.6과 같이 입력으로 전압(voltage)을 인가하면, 관성 부하(inertial load)의 회전 속도가 출력되는 단일 입력 단일 출력(SISO, Single Input Single Output) 시스템의 모델(model)을 갖는다.

로봇과 같은 정밀 기계제어 시스템에서 서보 모터 제어기는 인가 전압을 변화시켜 이 DC 모터의 회전 속도(angular velocity) 또는 회전 위치(angular position)를 제어한다. 모터는 전기적 시스템과 기계적 시스템이 결합된 대표적 전기-기계적 시스템(electromechanical system)이다. 모터의 모델은 전기적 모델과 기계적 모델 그리고 전자기적 모델로 구성된다. 전기적 모델은 전기 저항(R), 모터 내부의 권선(armature)의 자기 유도 계수(self-inductance, L)로 표현된다. 이상적 동적 모델

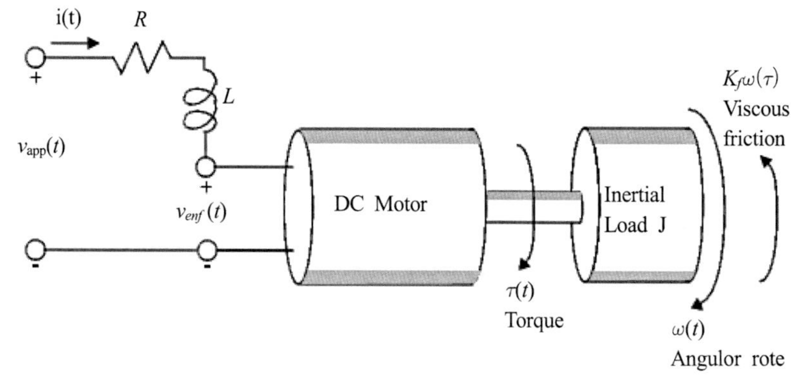

그림 4.7 **DC 모터의 모델**

(Ideal Dynamics)에서는 자기장(magnetic field)이 일정하다고 가정한다. 이 모델로부터, 이 전기-기계적 시스템의 동적 거동을 표현하는 미분 방정식을 이 모델로부터 세울 수 있다. 전자기적 모델에서는 자기장을 통하여 도체를 움직이는 힘의 원리를 설명하는 패러데이 법칙을 이용하여 전기적 에너지가 기계적 에너지로 변환되는 관계가 표현된다.

그림 4.7에서 보이는 바와 같이 모터 회전축에서의 토크(tongue)는 다음식과 같이 인가된 전압으로 발생하는 전류에 비례한다.

$$T_m(s) = K_t I(s) \tag{4.23}$$

여기서 K_t은 토크 상수로서 자기장의 강도, 권선 코일의 감은 수 등과 같은 모터의 전자기적 물리량과 관계가 있다. 또한 모터 축이 회전하게 되면, 역기전력(back electromotive force) 전압이 발생하는데, 이는 다음 식과 같이 모터의 회전 속도에 비례한다.

$$V_e(s) = K_e \omega(s) \tag{4.24}$$

여기서, K_e은 역기전력 상수로서 이 역시 자기장의 강도, 권선 코일의 감은 수 등과 같은 모터의 물리량과 관계가 있다. 토크 상수 K_t와 역기전력 상수 K_e는 단위를 각각 [N · m/A]와 [V · sec/rad]을 사용할 때는 $K = K_t = K_e$이 성립한다.

모터의 기계적 동적 방정식은 다음과 같이 뉴턴의 운동 방정식으로부터 유도되는 라플라스 방정식으로 표현된다.

$$Js\omega(s) = -b\omega(s) + T_m(s) \tag{4.25}$$

여기서, J는 회전 관성(rotational inertia of mass) 계수로서 회전자의 질량과 기하학적형상, 즉 길이, 지름 등에 의해 정해진다. 이는 모터의 동적 특성에 매우 큰 영향을 미치는 모터의 기계적 물리량이다. b는 점성 마찰(viscous friction) 계수로서 베어링 등의 기계적 마찰에 의하여 모터의 회전 속도에 비례하여 손실 토크를 발생시킨다. 식(4.25)를 $\omega(s)$에 대해 풀면 다음과 같다.

$$\omega(s) = \frac{1}{Js+b} T_m(s) \tag{4.26}$$

모터의 전기적 모델은 다음과 같이 표현될 수 있다.

$$V(s) - V_e(s) = RI(s) + LsI(s) \tag{4.27}$$

식(4.27)을 $I(s)$에 대해 풀면, 다음과 같다.

$$I(s) = \frac{V(s) - V_e(s)}{Ls+R} \tag{4.28}$$

식(4.23), 식(4.24), 식(4.26) 그리고 식(4.28)을 서로 연결하여, 하나의 블록도로 표시하면 그림 4.8과 같다.

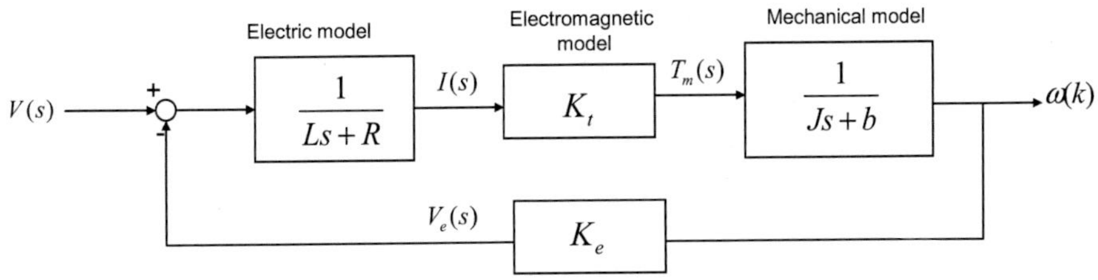

그림 4.8 Block diagram of dynamic model of motor

그림 4.8로부터, 시스템 입력을 $V(s)$으로 하고 출력을 $\omega(s)$하는 전체 전달함수를 구하면 다음과 같다.

$$\frac{\omega(s)}{V(s)} = \frac{K_t}{(R+Ls)(Js+b)+K_eK_t} \tag{4.29}$$

그런데 다음과 같이 실제 모터의 인덕턴스 값은 내부 저항값에 비해 매우 작다.

$$L << R \tag{4.30}$$

따라서 식(4.29)는 다음과 같이 1차 모델로 간단화 할 수 있다.

$$\frac{\omega(s)}{V(s)} = \frac{K_t}{RJs + Rb + K_e K_t} \tag{4.31}$$

그리고 식(4.31)을 다음과 같은 시정수 모델로 다시 쓸 수 있다.

$$\frac{\omega(s)}{V(s)} = \frac{K}{\tau s + 1} \tag{4.32}$$

여기서 시정수(τ)와 게인(K)은 다음과 구할 수 있다.

$$\tau = \frac{RJ}{Rb + K_e K_t} \tag{4.33}$$

$$K = \frac{K_t}{Rb + K_e K_t} \tag{4.34}$$

그림 4.9는 이와 같은 1차 시스템이 갖는 단위 계단 입력에 대한 과도 시간 반응을 보여 준다.

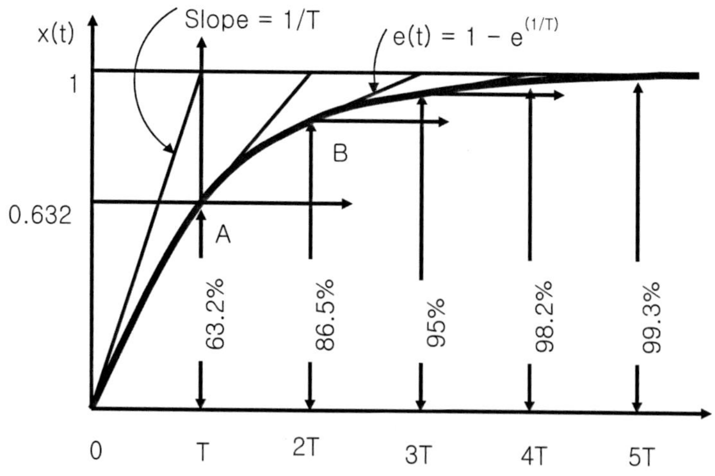

그림 4.9 1차 시스템의 단위 계단 응답

예제 4.5

다음은 상용 DC 서보 모터의 물리적 사양이다.

$R = 16.4\Omega$

$J = 3.8\times10^{-7}\, kgm^2$

$K_e = 3.2086\times10^{-2}\, V\sec/rad$

$K_t = 3.21\times10^{-2}\, Nm/A$

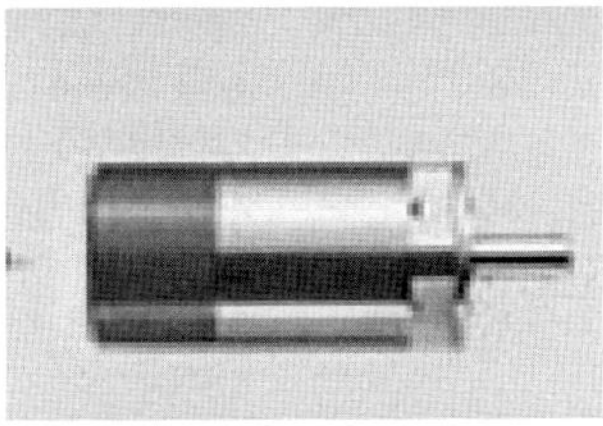

이 물리량들을 이용하여, 이 모터의 연속시간 모델을 식(4.32)~(4.34)를 이용하여 구하여 보자.

[풀이] 주어진 물리량들을 대입하여 식(4.33)의 시상수를 계산하면 다음과 같다.

$$\tau = \frac{RJ}{Rb + K_e K_t} = \frac{16.4\times3.8\times10^{-7}}{0+3.2086\times10^{-2}\times3.21\times10^{-2}}\sec = 6.051\times10^{-3}\sec$$

여기서, 점성마찰계수(b)는 값이 주어지지 않았으므로, 0으로 가정한다. 실제로 상용모터의 데이터 시트에서 점성마찰계수를 찾아보기 어렵다. 이 물리량은 측정하기도 어려울 뿐더러, 값 자체도 운전시간에 따라 변하기 때문이다. 이렇듯 마찰과 같은 물리량은 실제 모터의 모델을 정확히 구하는데 방해 요인이 된다. 또한 주어진 물리량들을 대입하여 식(4.34)의 DC 게인을 계산하면 다음과 같다.

$$K = \frac{K_t}{Rb + K_e K_t} = \frac{1}{3.2086\times10^{-2}} = 31.1662\, rad/\sec$$

따라서 식(4.32)를 이용하여 주어진 DC 모터의 연속시간 모델은 다음과 같이 표현된다.

$$\frac{\omega(s)}{V(s)} = \frac{31.1662}{0.006051s+1}$$

예제 4.6

예제 4.5를 풀기 위한 프로그램을 매트랩 코드를 이용하여 작성하라.

[풀이] ContinuousModel090419.m

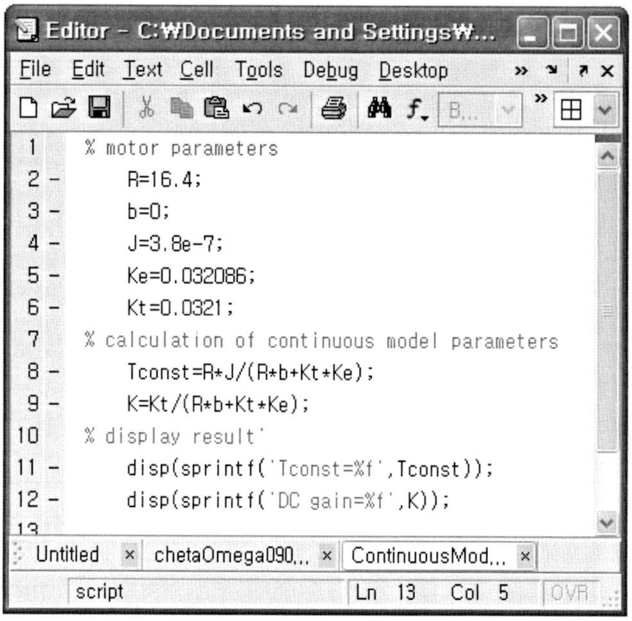

다음은 이 프로그램의 실행결과이다.

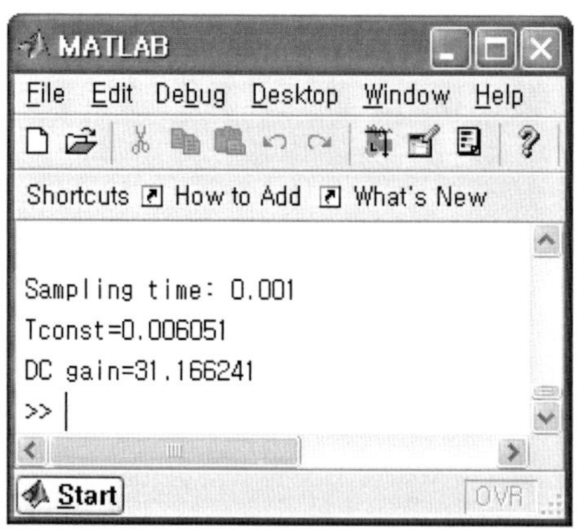

4.4.2 이산 시간 모델

모터의 회전 위치(angular position)를 제어하는 시스템의 플랜트 모델은 식 (4.32)의 속도제어 모델에 시간에 대한 적분기를 추가하여 다음과 같이 2차 선형 시간 불변 방정식으로 표현될 수 있다.

$$\frac{\theta(s)}{V(s)}=\frac{K}{s(\tau s+1)} \tag{4.35}$$

따라서 이 시스템을 플랜트 모델로 하는 이산제어 시스템을 구성하면, 그림 4.10과 같다.

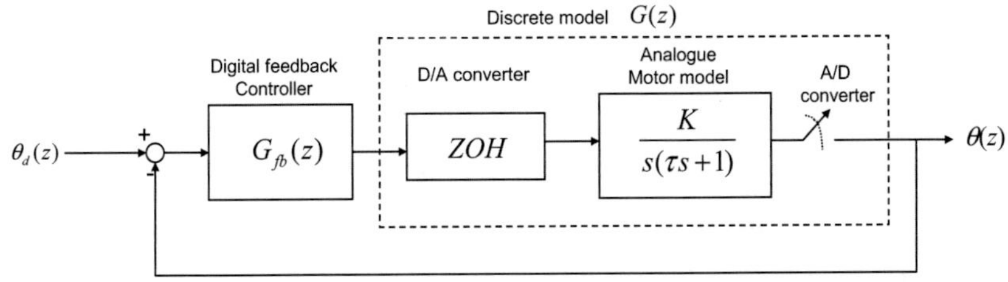

그림 4.10 Position control system of motor

여기서 $\theta_d(s)$는 원하는 회전 각도이다. 그림 4.10의 점선부의 이산 모델은 식(4.11)로 표현되는 홀드 회로의 전달함수식과 식(4.13)의 펄스 전달함수식을 이용하여, 다음과 구할 수 있다.

$$\frac{\theta(z)}{V(z)}=G(z)=(1-z^{-1})Z[\frac{K}{s^2[\tau s+1]}] \tag{4.36}$$

$$=K(1-z^{-1})Z[\frac{1}{s^2}-\frac{\tau}{s}+\frac{\tau^2}{\tau s+1}] \tag{4.37}$$

$$=K(1-z^{-1})(\frac{Tz^{-1}}{(1-z^{-1})^2}-\frac{\tau}{1-z^{-1}}+\frac{\tau}{1-e^{-T/\tau}z^{-1}}) \tag{4.38}$$

$$=K\frac{(T-\tau+\tau e^{-T/\tau})z^{-1}+(\tau-(T+\tau)e^{-T/\tau})z^{-2}}{(1-z^{-1})(1-e^{-T/\tau}z^{-1})} \tag{4.39}$$

식(4.39)은 다음과 같이 z^{-1}의 다항식의 꼴로 다시 쓸 수 있다.

$$G(z)=\frac{b_1z^{-1}+b_2z^{-2}}{1+a_1z^{-1}+a_2z^{-2}} \tag{4.40}$$

여기서,

$$a_1=-(1+e^{-T/\tau}) \tag{4.41}$$

$$a_2=e^{-T/\tau} \tag{4.42}$$

$$b_1=K(T-\tau+\tau e^{-T/\tau}) \tag{4.43}$$

$$b_2=K(\tau-(T+\tau)e^{-T/\tau}) \tag{4.44}$$

이다.

예제 4.7

다음은 예제 4.5에서 제시된 DC 서보모터의 물리량에 대해, 식(4.33)~(4.34) 그리고 식(4.40)~(4.44)를 이용하여 모터의 위치제어 이산 시간 모델의 시스템 매개변수를 계산하는 프로그램을 C프로그램으로 작성하라. 여기서 샘플링시간(T)을 0.001초로 가정한다.

[풀이] list10-1_motor_model090315.cpp

```
#include<stdio.h>
#include<math.h>
#define T      0.001 //T=sampling time(sec)
void plantModel();
double a1,a2,b1,b2;
void main()
{
        double R,J,b,Ke,Kt,Tconst,K;
        plantModel();
}
void plantModel()
{
        double R,J,b,Ke,Kt,Tconst,K;
        R=16.4;
        b=0;
        J=3.8e-7;
        Ke=0.032086;
        Kt=0.0321;
        // calculation of continuous model parameters
        Tconst=R*J/(R*b+Kt*Ke);
        K=Kt/(R*b+Kt*Ke);
        //calculation of plant parameters
        a1=-(1.+exp(-T/Tconst));
        a2=exp(-T/Tconst);
        b1=K*(T-Tconst+Tconst*exp(-T/Tconst));
        b2=K*(Tconst-(T+Tconst)*exp(-T/Tconst));
        printf("Tconst,K=%f, %f\n",Tconst,K);
        printf("a1,a2,b1,b2=%f, %f, %f, %f\n",a1,a2,b1,b2);
}
```

그리고 다음은 이 프로그램을 실행시켰을 때의 결과이다.

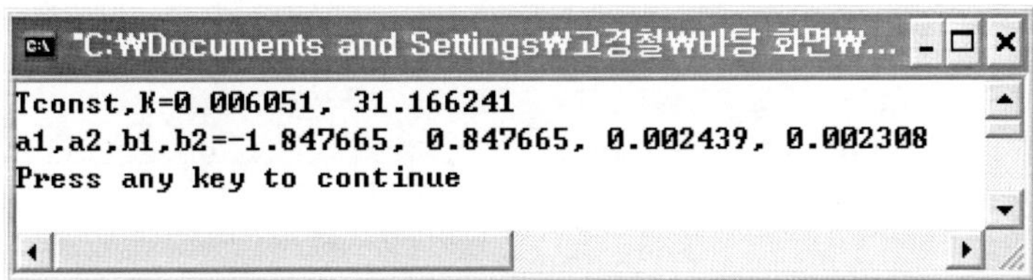

예제 4.8

다음은 예제 4.5에서 구한, 시상수(τ)와 DC 게인(K)을 갖는 연속시간 속도모델에 대해, 식(4.40)~(4.44)을 이용하여, 모터의 위치제어 이산 시간 모델을 펄스 전달함수 형태로 구하였을 때의 식이다. 여기서 샘플링시간(T)을 0.001초로 가정한다.

$$\frac{\theta(z)}{V(z)} = 0.01\frac{0.2439z^{-1} + 0.2308z^{-2}}{1 - 1.8476z^{-1} + 0.8476z^{-2}} \tag{4.45}$$

이 식의 계수들의 값을 구하는 프로그램을 매트랩 코드로 작성하라.

[풀이] DiscreteModell090419.m

다음은 이 프로그램을 실행시켰을 때의 결과이다.

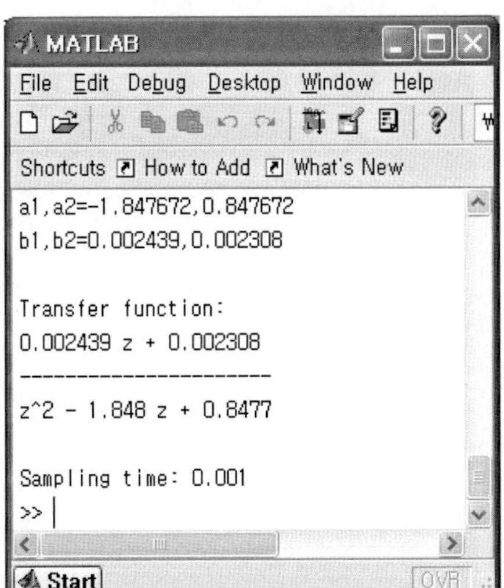

예제 4.9

예제 4.7의 m코드를 매트랩에서 제공하는 c2d() 함수를 호출하여 다시 작성하라.

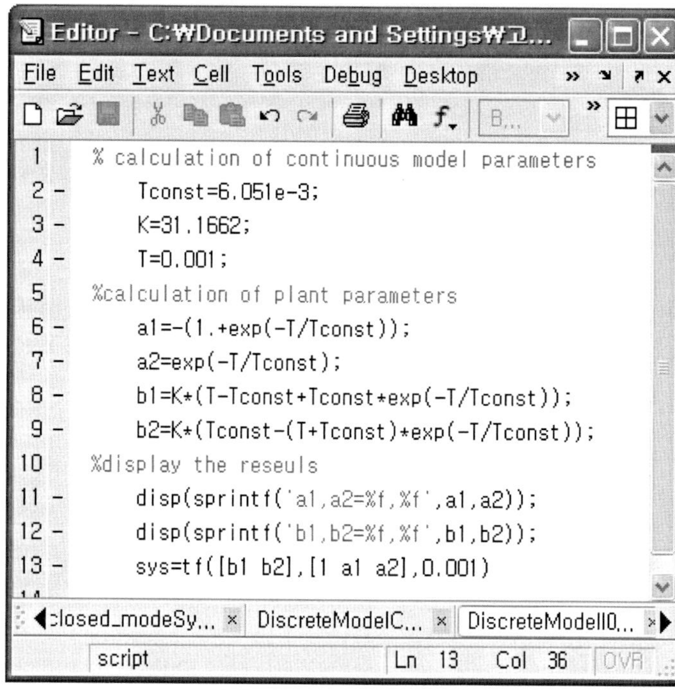

[풀이] DiscreteModelC2D2090419.m

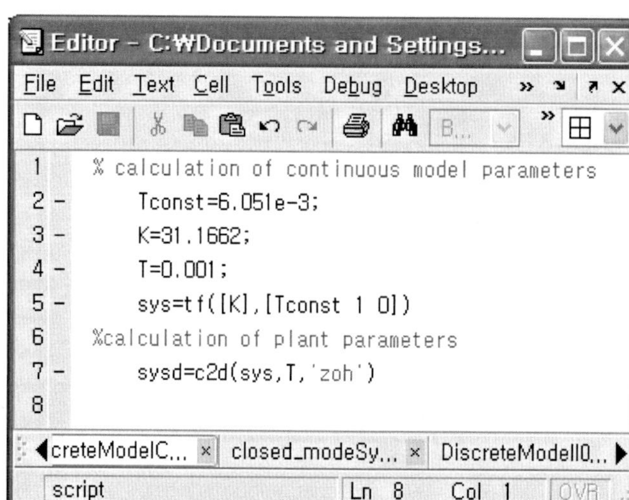

다음은 이 프로그램을 실행시켰을 때의 결과이다.

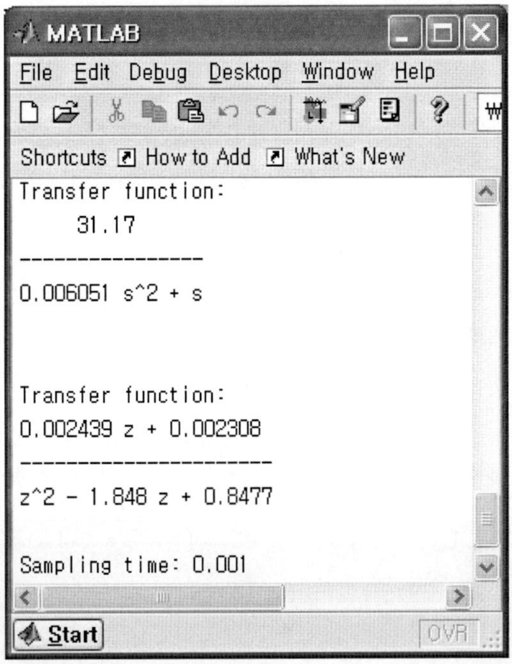

4.5 요약

이 장에서는 아날로그 시스템을 0차 샘플링 홀드 회로를 이용하여 디지털화 할 때, 펄스 전달함수를 구하는 방법을 다루었다. 또한 실제 상용모터인 DC 모터의 물리적 사양을 이용하여, 이산 시스템 모델을 구하여 보았다. 매트랩 프로그램을 이용하여, 모델 계수들을 계산하여 보았다. 이와 같이, 모든 연속 시간 동적 시스템은 샘플링 홀드 회로를 통해 펄스 전달함수의 형태로 바꿀 수 있다. 이와 같이 구한 펄스 전달함수를 이용하여 시스템 응답 및 안정성 등 제어 성능을 시뮬레이션 할 수 있다. 다음 장에서는 이와 같이 구한 이산 시간 모델을 이용하여 시스템의 응답을 컴퓨터로 시뮬레이션 하는 과정을 설명한다. 컴퓨터를 이용한 응답 시뮬레이션은 디지털 제어기를 설계함에 있어서 전체 제어 시스템의 설계 및 성능을 사전에 분석하는 데 매우 유용한 도구이다.

연습문제

4.1 다음과 같이 주어진 시스템을 샘플링 시간 1초의 디지털 샘플 홀드 회로를 사용하여 이산 시스템화 할 경우, 전체 펄스 전달함수를 구하라.

$$G_p(s) = \frac{K}{s(\tau s+1)}$$

4.2 다음과 같이 주어진 시스템을 샘플링 시간 0.1초의 디지털 샘플 홀드 회로를 사용하여 이산 시스템화 할 경우, 전체 펄스 전달함수를 구하라.

$$G_p(s) = \frac{1}{s(s+1)}$$

4.4 식(4.29)를 되먹임 제어를 포함하는 폐루프시스템의 전달함수 식을 이용하여 유도하라.

4.5 식(4.36)에서 식(4.37)로 변환되는 과정에는 부분분수 분해 과정이 생략되어 있다. 이 생략된 과정을 유도하라.

4.6 식(4.39)는 식(4.38)을 통분하여 구할 수 있다. 이 과정을 유도하라.

Chapter

05 디지털 PID 제어기

이 장에서는 디지털 PID 제어기의 구조를 설명하고, 전장에서 유도한 DC서보 모터의 이산 시간 모델에 대해 적용했을 때의 응답을 시뮬레이션하는 방법을 설명한다.

5.1 디지털 PID 제어기의 펄스 전달함수

PID 제어는 자동 제어 방식에서 가장 널리 사용되는 제어 방식이다. 이는 비례(P, proportional) 제어 동작, 적분(I, integral) 제어 동작 그리고 미분(D, differential) 제어 동작으로 이루어진다. 비례 제어 동작에서는 비례 제어 게인이 클수록 편차는 줄어드나, 대신 오버슈트가 커지게 되고, 너무 커지면 시스템이 불안정해질 수 있다. 적분 제어 동작에서는 정상 상태 편차를 0으로 만들어 주는 효과가 있으나, 시스템의 차수(system order)가 증가하게 된다. 미분 제어 동작은 시스템의 안정성을 높이는 역할을 하여, 오버 슈트를 감소시키고 과도 응답을 좋게 하는 효과가 있다. 연속 시간 제어 시스템에서의 비례-적분-미분(PID, Proportional Integral Differential) 제어기의 동작은 다음과 같이 표현된다.

$$u(t) = K[e(t) + \frac{1}{T_i}\int e(t)dt + T_d \frac{de(t)}{dt}] \tag{5.1}$$

이러한 아날로그 PID 제어기를 디지털 제어기로 근사화 하면, 다음과 같이 차분 방정식의 형태로 표현할 수 있다.

$$u(kT) = K[e(k) + \frac{T}{T_i}\sum_{k=1}^{k}\frac{e(k-1)+e(k)}{2} + T_d \frac{e(k)-e(k-1)}{T}] \tag{5.2}$$

여기서, 적분 제어기는 사다리꼴 면적의 합을 이용하여, 적분 제어기 동작을 근사화하였고, 미분 제어기는 두 점 간의 차이를 이용하여, 미분 제어기 동작을 근사화하였다. 이 차분 방정식의 Z 변환은 다음과 같이 쓸 수 있다.

$$U(z) = [K_p + \frac{T}{2T_i}\frac{1+z^{-1}}{1-z^{-1}} + \frac{T_d}{T}(1-z^{-1})]E(z) \tag{5.3}$$

이 식을 디지털 PID 제어기의 형태로 다시 쓰면 다음과 같다.

$$U(z) = [K_p + \frac{K_I}{1-z^{-1}} + K_D(1-z^{-1})]E(z) \tag{5.4}$$

여기서, 제어기 게인은 다음과 같다.

$$\begin{aligned} K_p &= K - K_I/2 \\ K_I &= KT/T_i \\ K_D &= KT_d/T \end{aligned} \tag{5.5}$$

그리고 이 식(5.4)의 디지털 제어기의 펄스전달 함수의 식은 다음과 다시 쓸 수 있다.

$$\begin{aligned} G_c(z) &= K_p + \frac{K_I}{1-z^{-1}} + K_D(1-z^{-1}) \\ &= \frac{K_p + K_I + K_D - (K_p + 2K_D)z^{-1} + K_D z^{-2}}{1-z^{-1}} \end{aligned} \tag{5.6}$$

그림 5.1은 이러한 디지털 PID 제어기를 갖는 피드백 제어 시스템의 구조를 보여 준다.

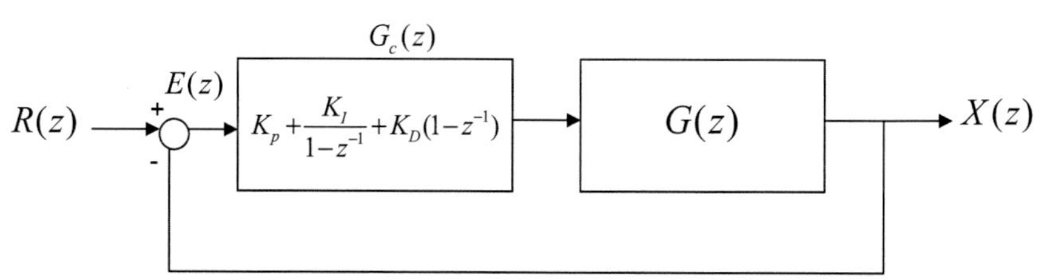

그림 5.1 Digital PID control structure

그림 5.2는 4.4절의 식(4.40)으로 표현되는 DC 모터에 대해 디지털 PID 제어기를 적용한 디지털 제어 시스템의 전체 블록도를 보여준다.

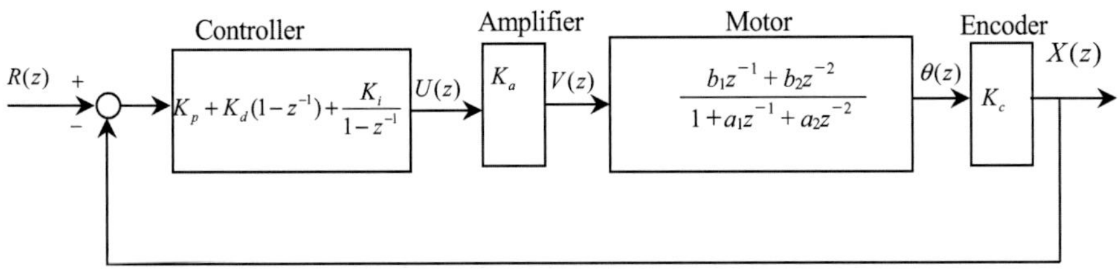

그림 5.2 DC 모터 디지털 제어 시스템

그림 5.2에서 $G_P(z)$는 식(4.40)의 DC 모터의 이산 시간 모델이고, K_a와 K_c는 각각 증폭기 게인과 엔코더 게인이다. 플랜트 모델은 다음과 같이 구해진다.

$$G(z)=\frac{b_1z^{-1}+b_2z^{-2}}{1+a_1z^{-1}+a_2z^{-2}} \tag{5.7}$$

여기서 매개변수 a_i, b_i는 식(4.41)~(4.44)에서 다음과 같이 계산된다.

$$a_1=-(1+e^{-T/\tau}) \tag{5.8}$$

$$a_2=e^{-T/\tau} \tag{5.9}$$

$$b_1=K(T-\tau+\tau e^{-T/\tau}) \tag{5.10}$$

$$b_2=K(\tau-(T+\tau)e^{-T/\tau}) \tag{5.11}$$

만약 비례제어만($K_i=0$, $K_d=0$)로 제어기를 구성할 경우, 전체 시스템 전달함수는 다음과 같다.

$$\frac{X(z)}{R(z)}=\frac{K_pK_aK_cb_1z^{-1}+K_pK_aK_cb_2z^{-2}}{1+(a_1+K_pK_aK_cb_1)z^{-1}+a_2+K_pK_aK_cb_1} \tag{5.12}$$

5.2 시간응답 시뮬레이션

그림 5.3과 같이 DC 서보모터의 위치제어 모델을 플랜트 모델로 하고 디지털 PID 제어기를 포함하는 디지털 제어시스템의 시간 응답을 C프로그램을 작성하여 시뮬레이션하여 보자. 이 경우 증폭기 게인과 엔코더 게인은 각각 다음과 같이 계산된다.

$$K_a = \frac{24}{1500} = 0.016 \tag{5.13}$$

$$K_c = \frac{2048}{2\pi} = 325.9493 \tag{5.14}$$

비례제어 게인을 1로 할 경우($K_P = 1$), 식(5.13)~(5.14)를 식(5.12)에 대입하여, 전체 폐루프시스템의 전달함수를 구하면 다음과 같다.

$$\frac{X(z)}{R(z)} = \frac{0.01272z^{-1} + 0.01203z^{-2}}{1 - 1.8349z^{-1} + 0.8597} \tag{5.15}$$

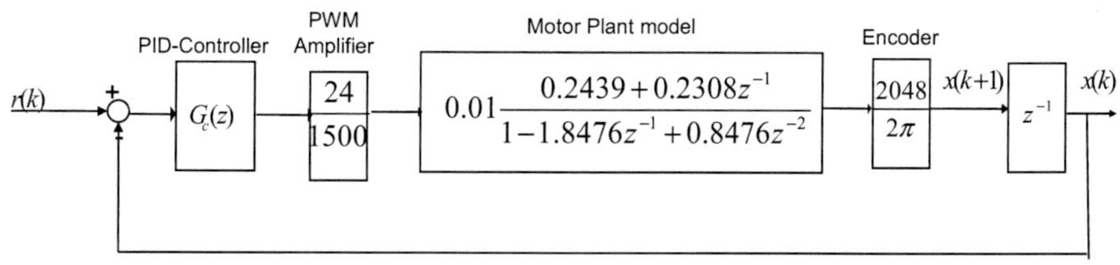

그림 5.3 DC 서보모터 위치 제어 시스템 블록도

리스트 5.1 전체 폐루프시스템의 전달함수를 구하는 프로그램

closed_model090315.cpp

```
#include<stdio.h>
#include<math.h>
#define T     0.001 //T=sampling time(sec)
void main()
{
      double R,J,b,Ke,Kt,Tconst,K;
      double a1,a2,b1,b2,Kp,Ki,Kd,Ka,Kc;
      // motor parameters, PWM & Encoder parameters
      R=16.4,b=0,J=3.8e-7,Ke=0.032086,Kt=0.0321;
      Ka=24/1500.0,Kc=2048/2/3.141592;
      //Controller gains,  continuous model parameters
      Kp=1,Ki=0,Kd=0;
      Tconst=R*J/(R*b+Kt*Ke);
      K=Kt/(R*b+Kt*Ke);
      //calculation of plant parameters
      a1=-(1.+exp(-T/Tconst));
      a2=exp(-T/Tconst);
```

```
        b1=K*(T-Tconst+Tconst*exp(-T/Tconst));
        b2=K*(Tconst-(T+Tconst)*exp(-T/Tconst));
        //closed loop system parameters
        a1=a1+Kp*Ka*Kc*b1; //Gc(z)=G(z)/(1+G(z)H(z))
        a2=a2+Kp*Ka*Kc*b2;
        b1=Kp*Ka*Kc*b1;
        b2=Kp*Ka*Kc*b2;
        //Display results
        printf("Ka, Kc=%10.6f\t%10.6f\n",Ka,Kc);
        printf("a1=%10.6f\na2=%10.6f\n",a1,a2);
        printf("b1=%10.6f\nb2=%10.6f\n",b1,b2);
}
```

이 실행결과는 다음과 같다(식(5.15) 참조).

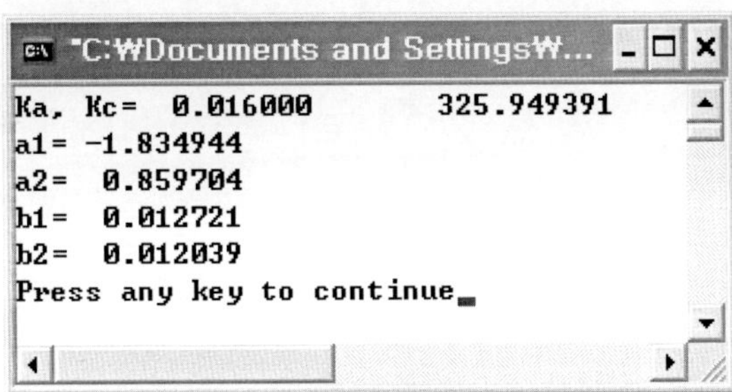

그림 5.4 폐루프 모델 프로그램 실행결과

5.2.1 플랜트 모델 시뮬레이터

식(5.7)을 시스템 입력을 $u(k)$로 시스템출력을 $x(k)$로 하여 차분 방정식 형태로 쓰면, 다음과 같다.

$$x(k+1) = -a_1 x(k) - a_2 x(k-1) + b_1 u(k) + b_2 u(k-1) \tag{5.16}$$

이제 식(5.8)~(5.11)과 식(5.16)을 계산하는 C프로그램을 함수로 작성하면 다음과 같다.

리스트 5.2 2차 차분 방정식의 플랜트의 출력을 계산하는 함수

```
double plant(double u)
{
```

```
    static double x,x1,x2,u1,u2;
    double a1,a2,b1,b2;
    a1=-(1+exp(-T/Tconst));
    a2=-exp(-T/Tconst);
    b1=K*(T-Tconst+Tconst*exp(-T/Tconst);
    b2=K*(Tconst-(T+Tconst)*exp(-T/Tconst));
    x=-a1*x1-a2*x2+b1*u+b2*u1;
    u2=u1;
    u1=u;
    x2=x1;
    x1=x;
    return x;
}
```

5.2.2 디지털 PID 제어기 시뮬레이터

식(5.6)의 디지털 PID 제어기의 펄스 전달함수를 다시 쓰면, 다음과 같다.

$$\frac{U_P(z)}{E(z)} = K_P \tag{5.17}$$

$$\frac{U_I(z)}{E(z)} = \frac{K_I}{1-z^{-1}} \tag{5.18}$$

$$\frac{U_D(z)}{E(z)} = K_D(1-z^{-1}) \tag{5.19}$$

$$U(z) = U_P(z) + U_I(z) + U_D(z) \tag{5.20}$$

식(5.17)~(5.20)을 차분 방정식 형태로 쓰면 다음과 같다.

$$u_P(k) = K_P e(k) \tag{5.21}$$

$$u_I(k) = u_I(k-1) + K_I e(k) \tag{5.22}$$

$$u_D(k) = K_D[e(k) - e(k-1)] \tag{5.23}$$

$$u(k) = u_P(k) + u_I(k) + u_D(k) \tag{5.24}$$

이제 식(5.21)~(5.24)를 계산하는 C프로그램을 함수의 형태로 다음과 같이 작성한다.

리스트 5.3 디지털 PID 제어기 함수

```
double PID_control(double e)
{
        static double e1,u,up,ui,ui1,ud;
        double kp=1.0,ki=0.2,kd=0.2;
        up=kp*e;
        ui=ui1+ki*e;
        ud=kd*(e-e1);
        ui1=ui;
        e1=e;
u=up+ui+ud;
return u;
}
```

5.2.3 기준 입력 발생기

다음으로는 기준 입력을 만드는 프로그램을 다음과 같이 함수로 작성해 본다.

리스트 5.4 기준 입력을 만드는 함수

```
void reference_input_set(int itype, int no_of_samples, double *r)
{
        int k;
        if (itype==STEP)
                for (k=0;k<no_of_samples;k++)
                     r[k]=1.0;
        else if (itype==RAMP)
                for (k=0;k<no_of_samples;k++)
                     r[k]=(double)k;
        else if (itype==PARA)
                for (k=0;k<no_of_samples;k++)
                     r[k]=(double)k*k;
}
```

5.2.4 주 프로그램(Main program)

이제 전체 디지털 제어 시스템 출력을 계산하는 주 프로그램을 다음과 작성한다.

리스트 5.5 디지털 제어 시스템 시뮬레이션을 위한 주 프로그램

motorPID_control090315.cpp

```
#include<stdio.h>
#include<math.h>
#define      STEP  1
#define      RAMP  2
#defene  PARA   3
#define INPUT_TYPE     1  // INPUT_TYPE=1:step, 2:ramp, 3:para
#define T              1  //T=sampling time(sec)
void reference_input_set(int itype,int no_of_samples, double *r);
double PID_control(double e);
double plant(double u);
void main()
{
    FILE *fp;
    int k;
    static double u,c[101],r[100];
    fp=fopen("cout4_PID_step.dat","w");
    reference_input_set(INPUT_TYPE,100,r);
    //Calculate system output c(k) using digital PID controller
    for (k=0;k<100;k++)
    {
            u=PID_control(r[k]-c[k]);
               c[k+1]=plant(u);
    }
    // Output y(k)
    for (k=0;k<100;k++)
    {
            printf("result r[%d] c[%d]=%10.6f\t%10.6f\n",k,k,r[k],c[k]);
            fprintf(fp,"%d\t%10.6f\t%10.6f\n",k,r[k],c[k]);
    }
    fclose(fp);
}
```

그림 5.5는 5.2절의 함수들을 MFC 기반으로 구현한 SW의 GUI 화면을 보여 준다. 이 프로그램의 제작과정은 12장에 정리하였다.

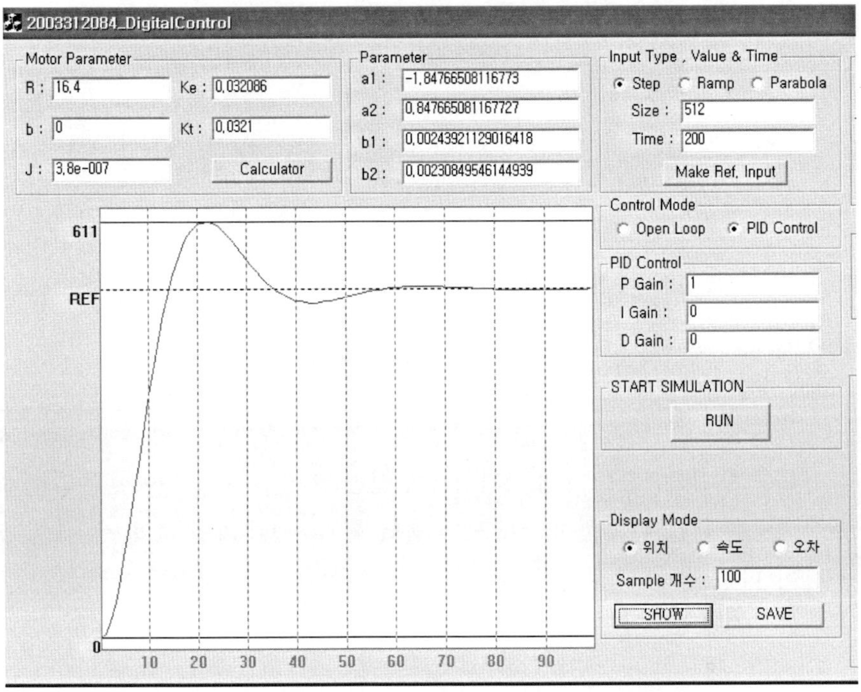

그림 5.5 MFC 기반 모터 제어 시뮬레이터 GUI 화면

5.3 PID 제어기의 효과

이 절에서는 5.2절에서 제작된 시뮬레이션 SW를 가지고, 여러 가지 제어게인 조합에 따른 응답특성을 알아본다. 이를 통해, PID 제어기의 비례제어, 미분제어, 적분제의 효과를 간단하게 알아본다. 보다 정밀한 분석과 효과는 6장의 과도 응답 특성과 7장의 오차 분석에 다시 다룰 예정이다.

5.3.1 P 제어의 효과

그림 5.6은 P 제어기만으로 제어기를 구성하고($K_d=K_i=0$), 비례제어 게인 $K_p=$ 0.5, 1, 2로 변화시키고, 켰을 때의 계단입력에 대한 위치제어 시뮬레이션 결과를 보여 준다. 그림에서 알 수 있듯이, 시스템의 응답은 비례제어 게인 값이 커질수록 응답이 빨라지나, 반면에 진동특성이 심해지고, 진동수도 높아지게 된다.

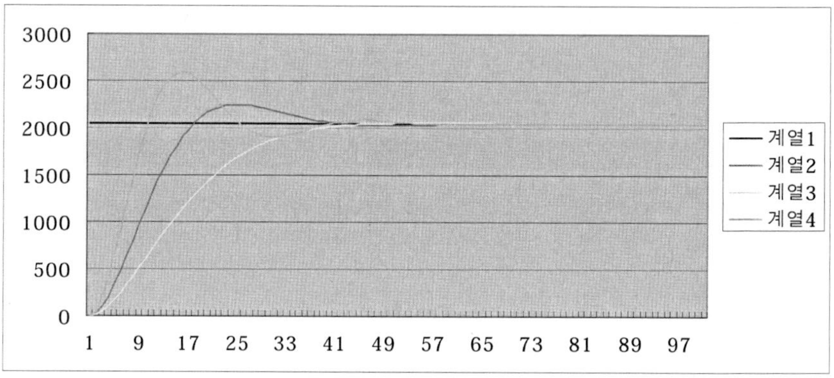

그림 5.6 비례제어 이득의 변화(K_p=0.5,1,2)에 따른 계단파 입력에 대한 응답곡선

5.3.2 PD 제어의 효과

그림 5.7은 비례제어기(K_p=2)에 미분제어를 추가하고, 미분제어 게인 K_d=1, 5, 10으로 변화시켰을 때의 계단입력에 대한 위치제어 시뮬레이션 결과를 보여준다. 그림에서 알 수 있듯이, 시스템의 응답은 미분제어 게인 값이 커질수록 진동특성이 다소 감소된다.

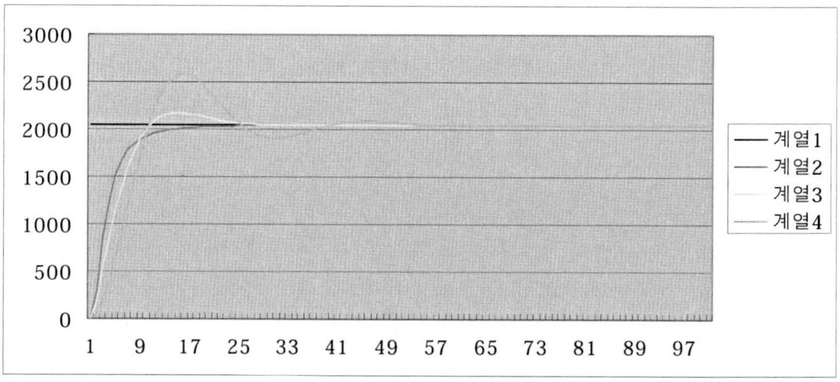

그림 5.7 미분제어 이득의 변화(K_d=0,5,10)에 따른 계단파 입력에 대한 응답곡선

5.3.3 PI 제어의 효과

그림 5.8은 비례제어기(K_p=2)에 적분제어를 추가하고, 적분제어 게인 K_i=0, 0.2, 0.4, 0.8 등으로 변화시켰을 때의 계단입력에 대한 위치제어 시뮬레이션 결과를 보여 준다. 그림에서 알 수 있듯이 시스템의 응답은 적분제어 게인 값이 커질 수 록 진동특성이 뚜렷하며, 불안정성이 커지게 된다.

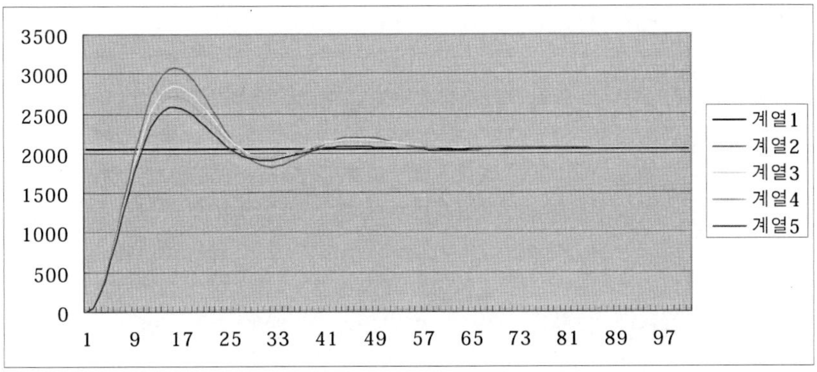

그림 5.8 적분제어 이득의 변화(K_i=0,0.2,0.4,0.8)에 따른 계단파 입력에 대한 응답곡선

그림 5.9는 비례제어기(K_p=2)에 대해, 적분제어 게인 K_i=0, 0.2, 0.4, 0.8 등으로 변화시켰을 때의 경사입력에 대한 위치제어 시뮬레이션 결과를 보여 준다. 그림에서 알 수 있듯이, 시스템의 응답은 적분제어 게인 값이 커질수록 입력곡선에 오차없이 접근함을 보여준다. 이러한 오차특성은 7장에서 다시 다룬다.

5.4 요약

이 장에서는 또한 디지털 PID 제어기를 알아보았으며, C 프로그램을 이용하여 제어 응답을 컴퓨터 시뮬레이션을 통해 계산하여 보았다. 또한 구한 차분 방정식을 이용하여, 시스템의 응답을 컴퓨터로 계산할 수 있었다. 이 컴퓨터 시뮬레이션은 디지털 제어 시스템의 설계 및 성능을 분석하는 데 매우 유용하다. 또한 시뮬레이션을 통해 PID 제어의 효과에 대해 간략히 알아보았다. 이 절에 다룬 시뮬레이션 응답특성은 다음 장에서 보다 이론적으로 분석할 예정이다.

연습문제

5.1 리스트 5.1에서 시스템 파라미터, a1과 a2를 서로 뒤바꿨을 때, 결과를 알아보라.

5.2 리스트 5.2에서 u,u1를 u1,u2로 했을 때, 결과를 알아보고, 그 이유를 설명해보라.

5.3 리스트 5.4를 교정하여, 단위 경사 입력에 대한 출력을 계산하라. 그리고 이 결과를 그래픽으로 그려서, 그림 5.4와 동일한지 확인하라.

Chapter

06 시간응답 분석

이 장에서는 폐루프시스템의 시간응답 분석 방법을 다룬다. 이론적 분석결과와 시뮬레이션을 비교해 봄으로써, 시스템의 과도응답성능을 시스템 모델로부터 예측할 수 있음을 보여준다.

6.1 2차 연속시간 시스템의 과도상태 응답

연속 시간 영역에서 선형 2차 시스템의 전달함수는 다음과 같이 표현된다.

$$\frac{X(s)}{R(s)} = \frac{\omega_n^2}{s^2 + 2\xi\omega_n s + \omega_n^2} \tag{6.1}$$

여기서, ξ는 감쇄계수(damping coefficient)이고, ω_n은 고유 진동수(natural frequency)이다. 이 시스템에 입력 신호가 계단 함수로 주어질 때($R(s) = \frac{1}{s}$), 응답($X(s)$)은 그림 6.1과 같은 형태가 된다.

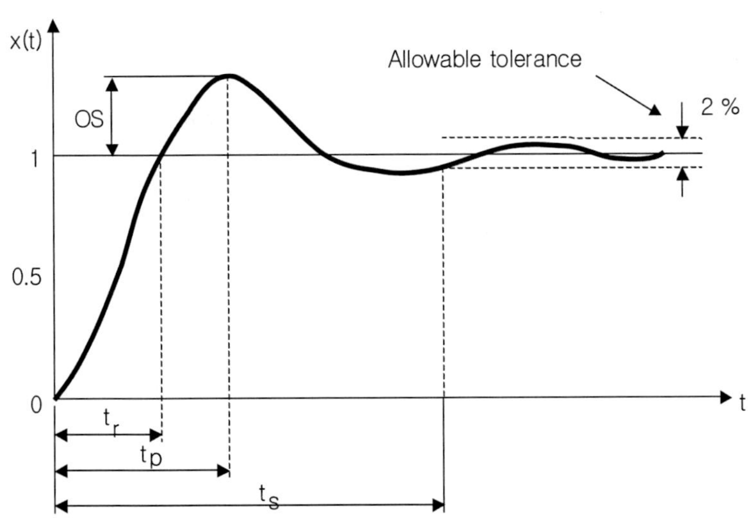

그림 6.1 2차 시스템의 단위 계단 입력에 대한 과도시간 응답

여기서, OS는 오버슈트(overshoot)이고, t_p는 정상시간(peak time)이다. 오버슈트(OS)는 다음과 같이 결정된다.

$$M_p = e^{-\frac{\pi\sigma}{\omega_d}} = e^{-\frac{\pi\xi}{\sqrt{1-\xi^2}}} \tag{6.2}$$

여기서,

$$\sigma = \xi\omega_n \tag{6.3}$$

$$\omega_d = \omega_n\sqrt{1-\xi^2} \tag{6.4}$$

이다. 그림 6.2는 감쇄계수와 오버슈트와의 관계를 보여준다.

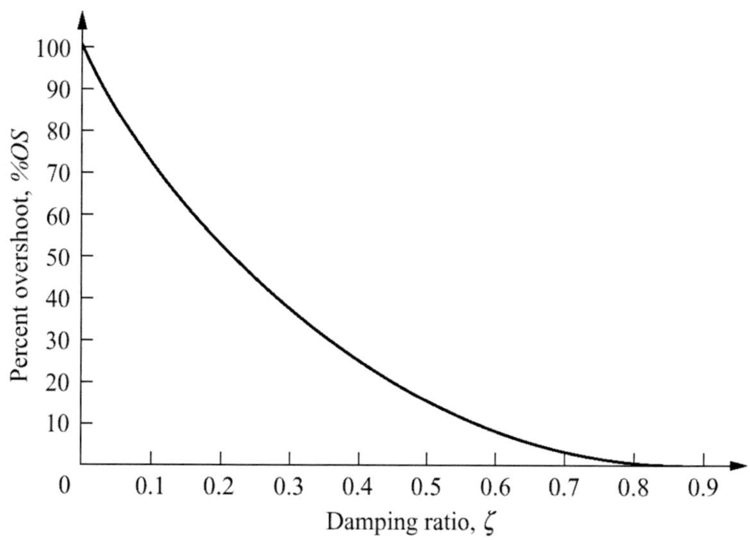

그림 6.2 최대 오버슈트와 감쇄계수와의 관계

정착시간(t_s)은 2% 오차 한계(criteria)에 대해, 다음 식으로부터 구할 수 있다.

$$t_s = \frac{4}{\xi\omega_n} = \frac{4}{\sigma} \tag{6.5}$$

정상시간(t_p)은 다음 식으로부터 구할 수 있다.

$$t_p = \frac{\pi}{\omega_d} \tag{6.6}$$

6.2 2차 이산 시간 시스템의 과도상태 응답

한편, 이산 시간 2차 시스템이 다음과 같이 주어질 때,

$$\frac{X(z)}{R(z)} = \frac{b_1 z^{-1} + b_2 z^{-2}}{1 + a_1 z^{-1} + a_2 z^{-2}} \tag{6.7}$$

이 시스템의 과도응답(transient response)은 이 시스템을 연속 시간 영역으로 사상(mapping)시킴으로서, 분석할 수 있다.

식(6.4)을 z에 대한 다항식의 꼴로 내림차순으로 정리하면, 다음과 같이 다시 쓸 수 있다.

$$\frac{X(z)}{R(z)} = \frac{b_1 z + b_2}{z^2 + a_1 z + a_2} \tag{6.8}$$

이산 시간에서 연속 시간으로의 사상은 다음의 공식을 이용한다. 먼저, 이산 시스템의 극점(poles)은 다음과 같이 복소수의 형태로 표현될 수 있다.

$$z_{1,2} = \alpha \pm \beta j \tag{6.9}$$

여기서, α와 β는 2차 방정식의 근의 공식에 의해, 다음과 같이 구할 수 있다.

$$\alpha = -\frac{a_1}{2} \tag{6.10}$$

$$\beta = \frac{\sqrt{4a_2 - a_1^2}}{2} \tag{6.11}$$

그리고 이 z 평면상의 극점은 다음의 사상 공식을 적용하여, s 평면에서의 극점으로 표현할 수 있다.

$$z = e^{Ts} = e^{T(-\sigma \pm j\omega_d)} \tag{6.12}$$

따라서 식(6.9)은 다음과 같이 다시 쓸 수 있다.

$$\begin{aligned} \alpha \pm \beta j &= e^{T(-\sigma \pm j\omega_d)} \\ &= e^{-T\sigma}(\cos(T\omega_d) \pm j\sin(T\omega_d)) \end{aligned} \tag{6.13}$$

식(6.13)의 항등관계식로부터 다음과 같은 식들을 이끌어 낼 수 있다.

$$\alpha = e^{-T\sigma}\cos(T\omega_d) \tag{6.14}$$

$$\beta = e^{-T\sigma}\sin(T\omega_d) \tag{6.15}$$

그리고 다시 식(6.14)과 식(6.15)으로부터 다음 식을 유도할 수 있다.

$$\sqrt{\alpha^2+\beta^2} = e^{-T\sigma} \tag{6.16}$$

$$\tan^{-1}(\frac{\beta}{\alpha}) = T\omega_d \tag{6.17}$$

최종적으로, 식(6.16)와 식(6.17)로부터 다음 식들을 구할 수 있다.

$$\sigma = -\frac{1}{2T}\ln(\alpha^2+\beta^2) = \frac{1}{2T}\ln a_2 \tag{6.18}$$

$$\omega_d = \frac{1}{T}\tan^{-1}(\frac{\beta}{\alpha}) = \frac{1}{T}\tan^{-1}(-\frac{\sqrt{4a_2-a_1^2}}{a_1}) \tag{6.19}$$

연속 시간 영역에서의 감쇄계수(ξ)와 고유주파수(ω_n)는 다음과 같이 구할 수 있다.

$$\omega_n = \sqrt{\sigma^2+\omega_d{}^2} \tag{6.20}$$

$$\xi = \frac{\sigma}{\omega_n} \tag{6.21}$$

정리하면, 식(6.4)와 같이 이산 시간 시스템이 2차 시스템으로 주어질 때, 식(6.18)~(6.21)의 식을 통해 시스템의 고유주파수와 감쇄계수를 구할 수 있으며, 이 값들로부터 식(6.2)와 식(6.5)를 통해 시간응답 특성(최대 오버슈트 및 정상시간)을 구할 수 있다.

6.3 P 제어기를 갖는 모터 제어 시스템의 시간응답

P 제어기를 갖는 모터 제어 시스템은 그림 6.3과 같이 블록도로 표현된다.

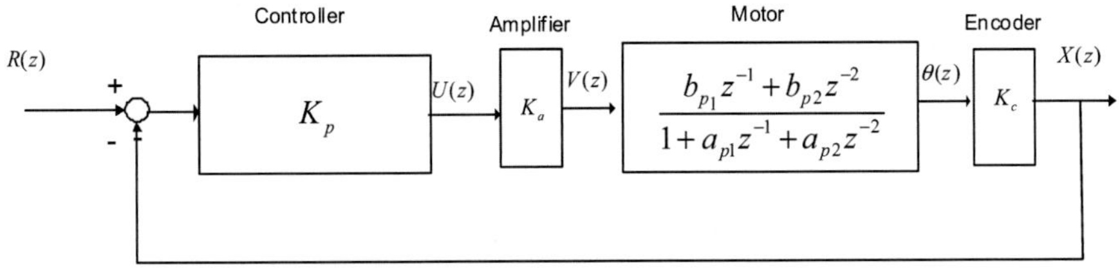

그림 6.3 P 제어기를 갖는 모터 제어 시스템

그림 6.3의 모터 제어 시스템이 다음과 같이 비례제어기(P-controller)를 가질 때,

$$G_C(z) = K_p \tag{6.22}$$

그림 6.3의 전체 폐루프시스템의 펄스 전달함수는 다음과 같이 구해진다.

$$G\ (z) = \frac{K_a K_c K_p G_p(z)}{1 + K_a K_c K_p G_p(z)} \tag{6.23}$$

여기서 모터의 플랜트 모델을 다음과 같이 표현하면,

$$G_p(z) = \frac{b_{p1} z^{-1} + b_{p2} z^{-2}}{1 + a_{p1} z^{-1} + a_{p2} z^{-2}} \tag{6.24}$$

식(6.22)의 전체 전달함수는 다음과 같이 다시 쓸 수 있다.

$$G\ (z) = \frac{b_1 z^{-1} + b_2 z^{-2}}{1 + a_1 z^{-1} + a_2 z^{-2}} \tag{6.25}$$

여기서 각 계수들은 다음과 같이 구할 수 있다.

$$a_1 = a_{p1} + K_a K_c K_p b_{p_1} \tag{6.26}$$

$$a_2 = a_{p2} + K_a K_c K_p b_{p_2} \tag{6.27}$$

$$b_1 = K_a K_c K_p b_{p_1} \tag{6.28}$$

$$b_2 = K_a K_c K_p b_{p2_1} \tag{6.29}$$

예제 6.1

식(6.30)은 그림 6.3의 시스템의 전체 펄스 전달함수이다.

$$\frac{X(z)}{R(z)} = \frac{0.01272z^{-1} + 0.01203z^{-2}}{1 - 1.8349z^{-1} + 0.8597z^{-2}} \tag{6.30}$$

여기서, 식(6.23)으로 주어지는 모터의 이산 시간 모델은 4장에서 구한 식(4.45)를 이용하고, PID 제어 게인, 증폭기 게인(K_a)과 엔코더 게인(Kc)은 다음과 같이 설정한다.

$$K_p = 1, K_a = 24/1500, K_c = 2048/(2\pi)$$

식(6.24)과 식 (6.26)~(6.29)을 이용하여 식(6.30)의 결과식을 구하는 프로그램을 매트랩 코드로 작성하라.

[풀이] closed_modeSys20090502.m

예제 6.1의 풀이결과는 그림 6.4와 같다.

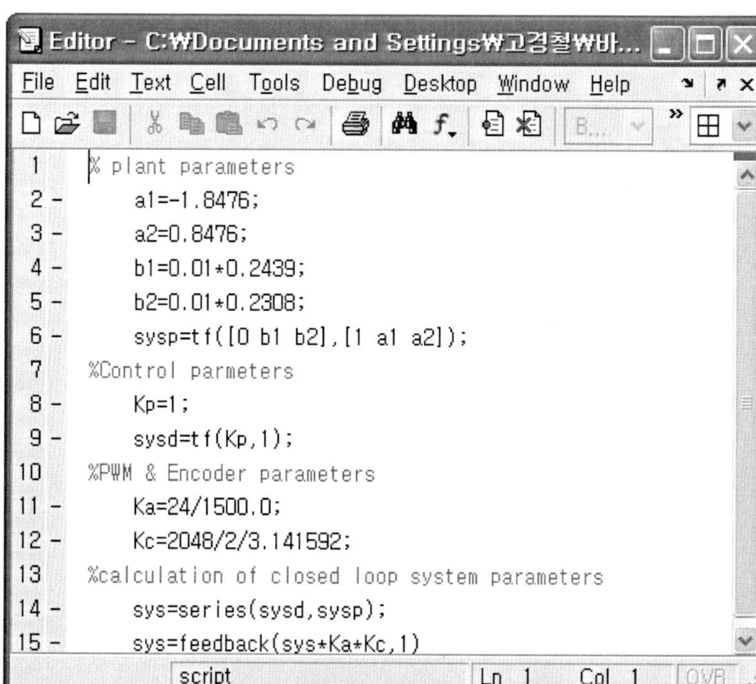

그림 6.4 예제 6.1의 매트랩 코드 화면

그림 6.4의 코드를 실행한 결과는 다음과 같다.

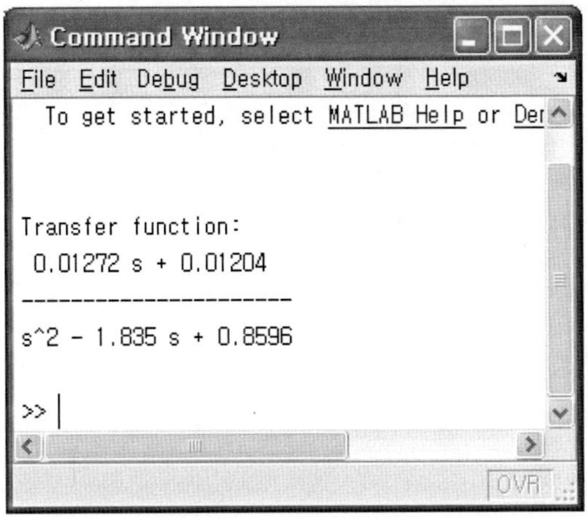

그림 6.5 예제 6.1의 매트랩 코드 실행결과

예제 6.2

아래의 시스템에 대해, 계단입력에 대한 최대오버슈트와 정착시간을 식(6.18)와 식(6.19)을 이용하여 구하는 m 코드를 작성하여 보시오.

$$\frac{X(z)}{R(z)} = \frac{0.01272z^{-1} + 0.01203z^{-2}}{1 - 1.8349z^{-1} + 0.8597z^{-2}}$$

[풀이] chetaOmega090927.m

예제 6.2의 풀이결과는 그림 6.5와 같다.

```
% 2nd order System
T=0.001;
PI=3.141592;
a1=-1.8349;
a2=0.8597;
alpha=-a1/2;
beta=sqrt(4*a2-a1*a1)/2;
sigma=-log(alpha^2+beta^2)/T/2;
omegad=atan(beta/alpha)/T;
omegan=sqrt(sigma^2+omegad^2);
cheta=sigma/omegan;
Mp=exp(-PI*sigma/omegad)*100;
ts=4.0/cheta/omegan;
tp=PI/omegad;
disp(sprintf('cheta,omegan=%f,%f',cheta,omegan));
disp(sprintf('Overshoot(%%),Settling time=%f,%f',Mp,ts));
disp(sprintf('Peak time=%f',tp));
```

그림 6.6 예제 6.2의 매트랩 코드 화면

그림 6.6의 코드를 실행한 결과는 다음과 같다.

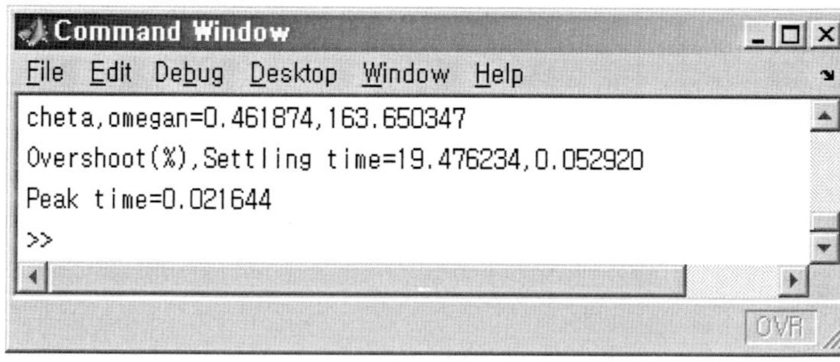

그림 6.7 예제 6.2의 매트랩 코드 실행결과

이 결과로부터 그림 6.3의 시스템에서 비례제어 게인이 1일 때, 단위계단 입력에 대한 오버슈트는 19.47%임을 알 수 있다. 그리고 이 결과는 12장에서 작성할 시간응답 시뮬레이션 S/W를 실행하여 얻은 결과(그림 6.6 참조)를 통해 확인할 수 있다.

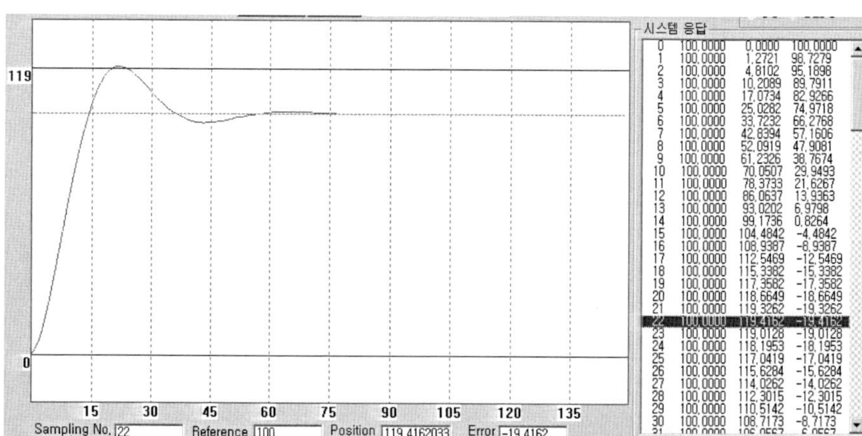

그림 6.8 K_p=1일 때의 계단입력에 대한 시스템 응답

6.4 비례미분 제어기의 시간응답

PD 제어기를 갖는 모터 제어 시스템은 그림 6.9와 같이 표현된다.

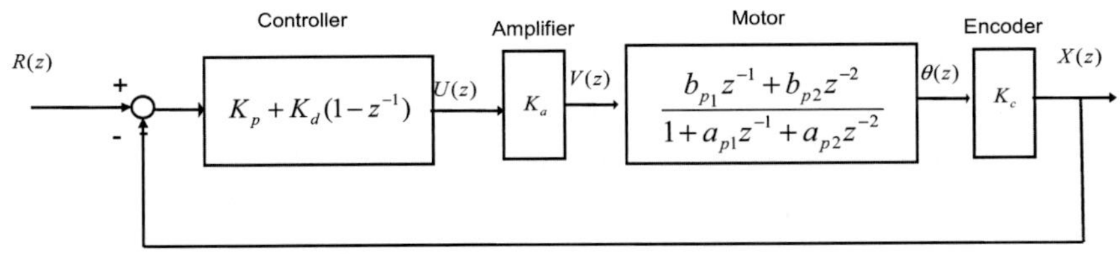

그림 6.9 PD 제어기를 갖는 모터 제어 시스템

비례미분 제어기(PD-controller)의 전달함수는 다음과 같다.

$$G_C(z) = K_p + K_D(1-z^{-1}) = K_p + K_D - K_D z^{-1} \tag{6.31}$$

전체 폐루프시스템의 펄스 전달함수는 다음과 같이 얻어진다.

$$G\ (z) = \frac{K_a K_c G_C(z) G_p(Z)}{1 + K_a K_c G_C(z) G_p(Z)} \tag{6.32}$$

따라서 식(6.24)와 식(6.31)을 식(6.31)에 대입하면, 전체 폐루프시스템의 전달함수는 다음과 같이 3차 시스템으로 얻을 수 있다.

$$G\ (z) = \frac{b_1 z^{-1} + b_2 z^{-2} + b_3 z^{-3}}{1 + a_1 z^{-1} + a_2 z^{-2} + a_3 z^{-3}} \tag{6.33}$$

여기서, 계수는 다음과 같다.

$$a_1 = a_{p1} + K_a K_c (K_p + K_d) b_{p1} \tag{6.34}$$

$$a_2 = a_{p2} + K_a K_c (K_p + K_d) b_{p2} - K_a K_c K_d b_{p1} \tag{6.35}$$

$$a_3 = -K_a K_c K_d b_{p2} \tag{6.36}$$

$$b_1 = K_a K_c (K_p + K_d) b_{p1} \tag{6.37}$$

$$b_2 = K_a K_c (K_p + K_d) b_{p2} - K_a K_c K_d b_{p1} \tag{6.38}$$

$$b_3 = -K_a K_c K_d b_{p2} \tag{6.39}$$

3차식에 대한 과도응답특성은 고차식에 대한 근을 구해야 하므로, 다음과 같이 MATBLAB을 이용하여 해석할 수 있다.

예제 6.3

그림 6.3의 제어 시스템이 아래의 플랜트모델을 가지고, P 게인을 2로 하고, D 게인을 5로 하였을 때, 전체 폐루프시스템의 전달함수와 극점을 구하는 m 코드를 작성하여 보시오.

$$\frac{\theta(z)}{V(z)} = 0.01\frac{0.2439z^{-1} + 0.2308z^{-2}}{1 - 1.8476z^{-1} + 0.8476z^{-2}} \tag{6.40}$$

[풀이] polesForPD.m

예제 6.3의 풀이결과는 그림 6.10과 같다.

```
% plant parameters
a1=-1.8476;a2=0.8476;
b1=0.01*0.2439;b2=0.01*0.2308;
nump=[0 b1 b2];denp=[1 a1 a2];
%Control parmeters
Kp=2;Kd=5;
numc=[Kp+Kd -Kd];denc=[1 0];
%PWM & Encoder parameters
Ka=24/1500.0;Kc=2048/2/3.141592;
%calculation of closed loop system parameters
[num,den]=series(nump,denp,numc,denc);
[num,den]=cloop(num*Ka*Kc,den,-1);
%display the results
sys=tf(num,den,0.001,'variable','z^-1')
r=roots(den)
```

그림 6.10 예제 6.3의 매트랩 코드

그림 6.10의 코드를 실행한 결과는 다음과 같다.

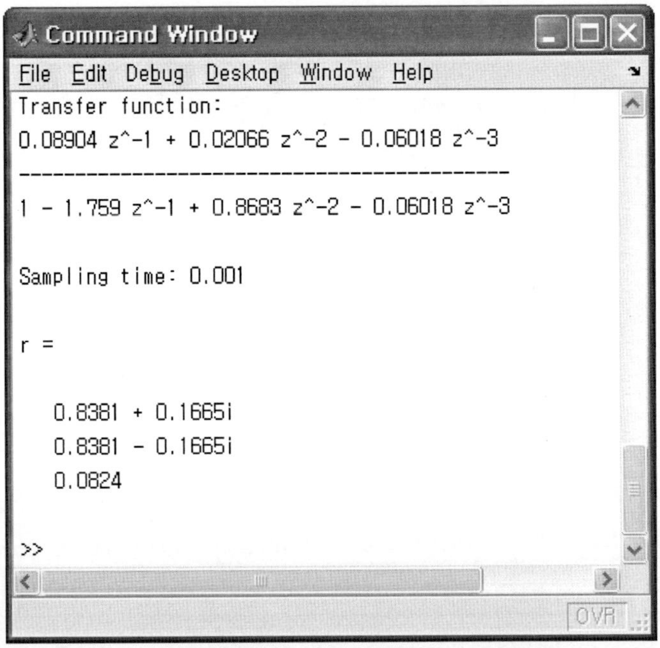

그림 6.11 예제 6.3의 매트랩 코드 실행결과

예제 6.4

예제 6.3의 시스템에 대해, 계단입력에 대한 최대오버슈트와 정상시간을 구하는 매트랩 프로그램을 식(6.2)와 식(6.5)를 이용하여 작성하시오.

[풀이] chetaOmegaPDFromPoles20090419.m

예제 6.4의 풀이결과는 그림 6.11과 같다.

```
% plant parameters
polesForPD;
T=0.001;PI=3.14592;
sigma=-log(abs(r(1))^2)/2/T;
omegad=phase(r(1))/T;
omegan=sqrt(sigma^2+omegad^2);
cheta=sigma/omegan;
Mp=exp(-sigma/omegad*PI);
tp=PI/omegad;
disp(sprintf('cheta,omegan=%f,%f',cheta,omegan));
disp(sprintf('Overshoot,Peak time=%f,%f',Mp,tp));
```

그림 6.12 예제 6.4의 매트랩 코드

그림 6.12의 코드 실행결과는 다음과 같다.

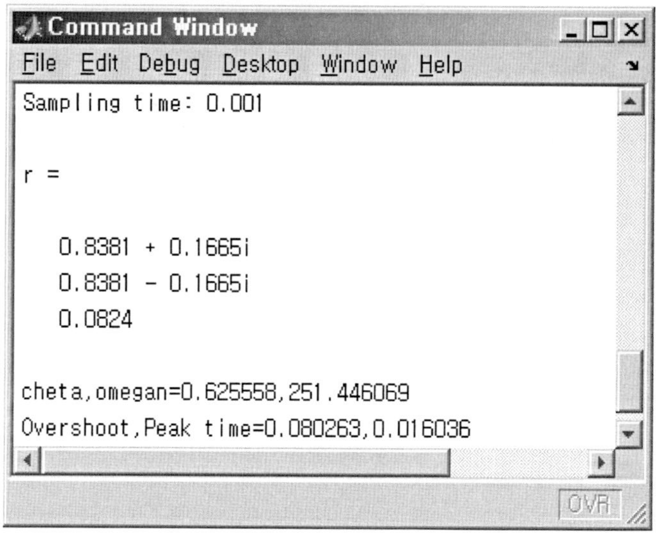

그림 6.13 예제 6.4의 매트랩 코드 실행결과

이 결과로부터 $K_p=2$, $K_d=5$의 PD 제어기의 계단응답 특성은 8.03%의 최대오버슈트와 16msec의 정상을 갖는다고 분석된다. 실제 이 시스템의 계단파 입력에 대한 시스템의 응답은 그림 6.14와 같다. 이 그림으로 최대오버슈트는 12.26%이고, 정상시간은 12msec임을 알 수 있다. 위의 분석값들과 약간 오차를 보이는 것은 시스템응답 분석에 고려되지 않은 실수근을 갖는 또 하나의 극점효과 때문이다.

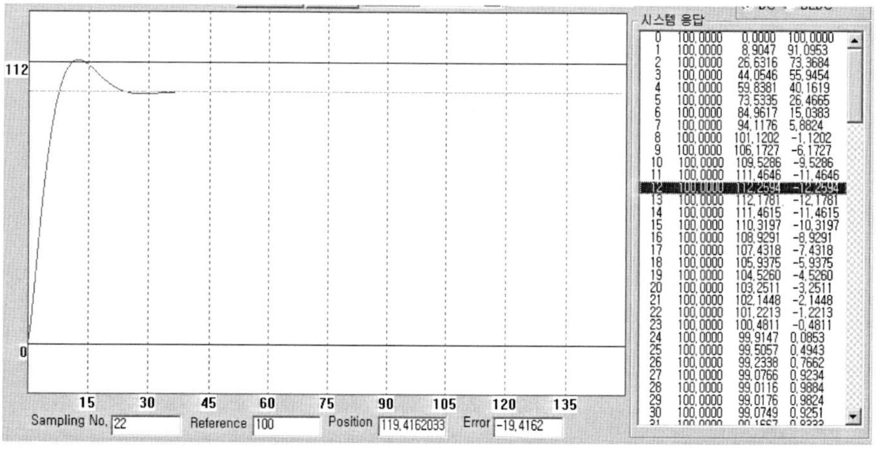

그림 6.14 PD 제어기($K_p=2$, $K_d=5$)의 계단파 입력에 대한 이산 시스템 응답

6.5 비례적분 제어기의 시간응답

PI 제어기를 갖는 모터 제어 시스템은 그림 6.15와 같이 블록도로 표현된다.

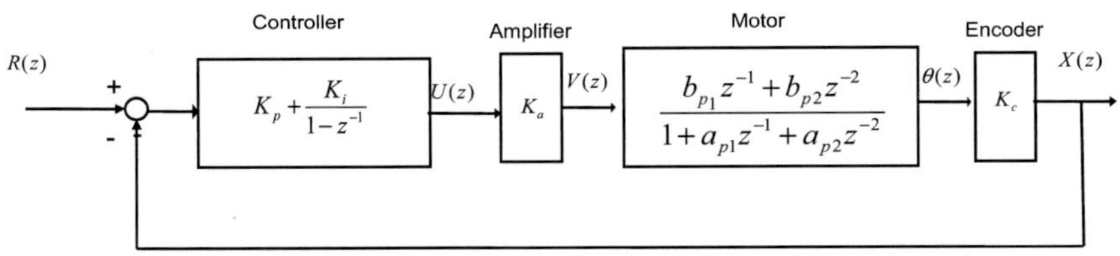

그림 6.15 PI 제어기를 갖는 모터 제어 시스템

그림 6.15에서 제어기가 다음과 같이 비례적분 제어기(PI-controller)를 가질 때,

$$G_C(z) = K_P + \frac{K_I}{1-z^{-1}} = \frac{K_P + K_I - K_P z^{-1}}{1-z^{-1}} \tag{6.41}$$

전체 폐루프시스템의 펄스 전달함수는 식(6.41)과 식(6.24)를 식(6.32)에 대입하여 다음과 같이 3차 시스템으로 구할 수 있다.

$$G(z) = \frac{b_1 z^{-1} + b_2 z^{-2} + b_3 z^{-3}}{1 + a_1 z^{-1} + a_2 z^{-2} + a_3 z^{-3}} \tag{6.42}$$

여기서, 계수는 다음과 같다.

$$a_1 = a_{p1} + K_a K_c (K_I + K_p) b_{p1} - 1 \tag{6.43}$$

$$a_2 = a_{p2} - a_{p1} + K_a K_c (K_p + K_i) b_{p2} - K_a K_c K_p b_{p1} \tag{6.44}$$

$$a_3 = -a_{p2} - K_a K_c K_p b_{p2} \tag{6.45}$$

$$b_1 = K_a K_c (K_p + K_i) b_{p1} \tag{6.46}$$

$$b_2 = K_a K_c (K_p + K_i) b_{p2} - K_a K_c K_p b_{p1} \tag{6.47}$$

$$b_3 = -K_a K_c K_p b_{p2} \tag{6.48}$$

예제 6.5

그림 6.15의 모터 제어 시스템이 식 (6.32)의 플랜트모델을 가지고, P 게인을 2로 하

고, I 게인을 0.04로 하였을 때, 전체 폐루프시스템의 극점을 구하는 m 코드를 작성하여 보시오.

[풀이] polesForPI.m

예제 6.5의 풀이결과는 그림 6.16과 같다.

```
% plant parameters
a1=-1.8476;a2=0.8476;
b1=0.01*0.2439;b2=0.01*0.2308;
nump=[0 b1 b2];denp=[1 a1 a2];
%PI Control parmeters
Kp=2;Ki=0.04;
numc=[Kp+Ki -Kp];denc=[1 -1];
%PWM & Encoder parameters
Ka=24/1500.0;Kc=2048/2/3.141592;
%calculation of closed loop system parameters
[num,den]=series(nump,denp,numc,denc);
[num,den]=cloop(num*Ka*Kc,den,-1);
%display the results
sys=tf(num,den,0.001,'variables','z^-1')
r=roots(den)
```

그림 6.16 예제 6.5의 매트랩 소스코드 리스트

그림 6.16의 코드 실행결과는 다음과 같다.

```
Command Window
File Edit Debug Desktop Window Help
0.02595 z^-1 - 0.0008849 z^-2 - 0.02407 z^-3
---------------------------------------------
 1 - 2.822 z^-1 + 2.694 z^-2 - 0.8717 z^-3

Sampling time: 0.001

r =

   0.9793
   0.9212 + 0.2038i
   0.9212 - 0.2038i

>>
```

그림 6.17 예제 6.5의 매트랩 소스코드 실행화면

예제 6.6

예제 6.5에 대해, 계단입력에 대한 최대 오버슈트와 정상시간을 식 (6.2)와 식(6.6)을 이용하여 구하는 m 코드를 추가하시오.

[풀이] chetaOmegaPIFromPoles20090419.m

예제 6.6의 풀이결과는 그림 6.18과 같다.

```
% plant parameters
polesForPI;
T=0.001;PI=3.141592;
sigma=-log(abs(r(2))^2)/2/T;
omegad=phase(r(2))/T;
omegan=sqrt(sigma^2+omegad^2);
cheta=sigma/omegan;
Mp=exp(-sigma/omegad*PI);
ts=4.0/cheta/omegan;
tp=PI/omegad;
disp(sprintf('sigma,omegad=%f,%f',sigma,omegad));
disp(sprintf('cheta,omegan=%f,%f',cheta,omegan));
disp(sprintf('Overshoot,Settling time=%f,%f',Mp,ts));
disp(sprintf('Peak time=%f,%f',tp));
```

그림 6.18 예제 6.6의 매트랩소스 리스트

그림 6.18의 매트랩 코드의 실행결과는 다음과 같다.

```
Command Window
File Edit Debug Desktop Window Help

r =

   0.9793
   0.9212 + 0.2038i
   0.9212 - 0.2038i

sigma,omegad=58.190495,217.723591
cheta,omegan=0.258205,225.365693
Overshoot,Settling time=0.431863,0.068740
Peak time=0.014429,
>>
```

그림 6.19 예제 6.6의 풀이결과 화면

이 결과로부터, $K_p=2$, $K_i=0.04$의 PI제어기의 계단응답 특성은 43.18%의 최대 오버슈트와 14.43msec의 정상시간을 갖는 것을 확인할 수 있다. 이를 계단파 시간 응답과 비교하면, 그림 6.20과 같다.

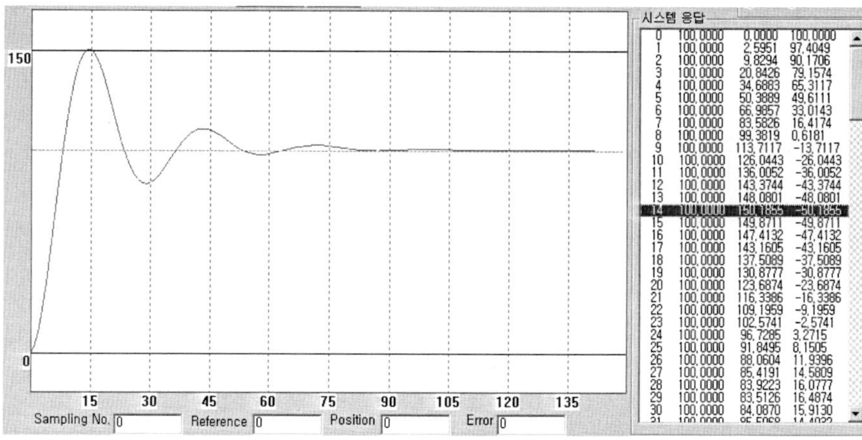

그림 6.20 PI 제어기($K_p=2$, $K_i=0.04$)의 계단파 입력에 대한 이산시스템 응답

이 데이터로부터 최대 오버슈트는 50.18%이고, 정착시간은 14msec임을 알 수 있다. 위의 분석값들과 약간 오차를 보이는 것은 시스템응답 분석에 고려되지 않은 실수의 근 때문이다.

6.6 요약

이 장에서는 2차 시스템의 시간응답 분석방법에 대해 알아보았으며, C 프로그램 및 매트랩을 이용하여 제어 응답 및 오버슈트 등 시간응답 특성을 계산하여 보았다. 또한 PD 및 PI 제어기의 시간응답 특성을 매트랩을 통해 계산할 수 있었다. 이 절에 시간응답 특성은 다음 장에서 안정도이론을 다시 분석할 예정이다.

연습문제

6.1 식(6.29)을 기반으로, 차분 방정식 유도하고, 이를 기반으로 크기가 512인 계단파 입력에 대한 시스템 응답을 구하는 C프로그램을 작성하라. 또한 최대 오버슈트도 계산하여 출력하는 코드를 추가하시오.

6.2 예제 6.1에서 비례제어 게인을 0.5, 1, 2 등으로 변화시키며 반복하였을 때, 전체 시스템 전달함수를 구하여 보라.

6.3 예제 6.2를 예제 6.1에서 비례제어 게인을 0.5, 1, 2 등으로 변화시키며 반복하였을 때, 결과를 확인해 보라. 그리고 그 결과를 그림 5.5와 비교하라.

6.4 예제 6.3에서 미분제어 게인을 10으로 변경했을 때, 전체 시스템 전달함수를 구하여 보라.

6.5 예제 6.4를 예제 6.3에서 미분제어 게인을 10으로 변화시켜 실행결과를 확인해 보라. 그리고 그 결과를 그림 5.6과 비교하라.

6.6 예제 6.5에서 적분제어 게인을 0,08로 변경했을 때, 전체 시스템 전달함수를 구하여 보라.

6.7 예제 6.6을 예제 6.5에서 적분제어 게인을 0.08로 변화시켜 실행결과를 확인해 보라. 그리고 그 결과를 그림 5.7과 비교하라.

Chapter

07 정상 상태 오차분석

7.1 폐루프시스템의 오차

이산 시간 영역(discrete time domain)에서 제어 시스템이 다음과 같이 폐루프시스템(closed loop system)으로 주어질 때,

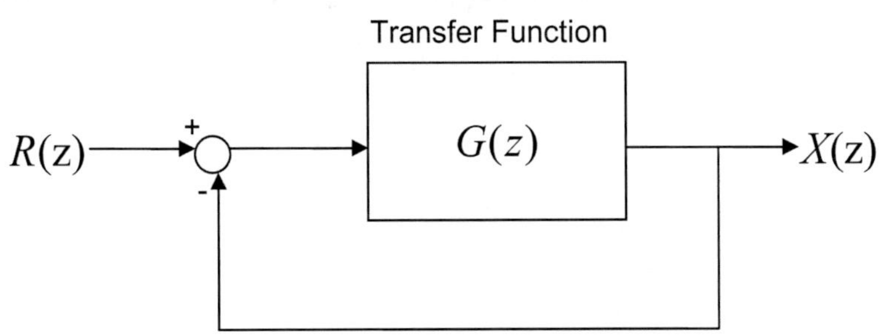

그림 7.1 폐루프 이산 시간 제어 시스템

시스템 오차(system error)는 다음과 같이 표현될 수 있다.

$$E(z) = R(z) - X(z) = \frac{R(z)}{1 + G(z)} \tag{7.1}$$

그리고 최종 값(final value theorem)에 의해, 시간 영역에서의 정상 상태(steady state) 오차(e_{ss})는 다음과 같이 정의된다.

$$e_{ss} = \lim_{k \to \infty} e(kT) = \lim_{z \to 1} [(1 - z^{-1})E(z)] \tag{7.2}$$

여기서, 식(7.1)을 식(7.2)에 대입하면, e_{ss}는 다음 식으로 다시 표현된다.

$$e_{ss} = \lim_{z \to 1}[(1-z^{-1})\frac{R(z)}{1+G(z)}] \tag{7.3}$$

또한 이산 시간 제어 시스템의 개루프(open loop) 전달함수(transfer function)가 다음과 같은 형태로 주어질 때, 이 이산 시스템을 N형 시스템(type-N system)이라고 정의한다.

$$G(z) = \frac{B(z)}{(1-z^{-1})^N A(z)} \tag{7.4}$$

여기서, $A(1) \neq 1$이다.

7.2 정상 상태 오차 상수

7.2.1 위치 오차 상수

기준 입력이 크기가 R_0인 계단 입력 함수($R(z) = \frac{R_0}{1-z^{-1}}$)로 주어질 때, 식(7.3)의 정상 상태 오차는 다음과 같다.

$$e_{ssp} = \lim_{z \to 1}[\frac{R_0}{1+G(z)}] = \frac{R_0}{1+K_{ep}} \tag{7.5}$$

여기서,

$$K_{ep} = \lim_{z \to 1} G(z) \tag{7.6}$$

이다. 이 상수를 정상 상태 위치 오차 상수(K_{ep})라 한다. 만약 개루프시스템 $G(z)$이 0형 시스템($N=0$)이면,

$$K_{ep} = \lim_{z \to 1}\frac{B(z)}{A(z)} = \frac{B(1)}{A(1)} \tag{7.7}$$

이 되어, 식(7.7)을 식(7.5)에 적용하면,

$$e_{ssp} = \frac{R_0 A(1)}{A(1)+B(1)} \neq 0 \tag{7.8}$$

이 된다. 즉 개루프시스템이 0형 시스템이면, 단위계단 입력에 대한 폐루프시스템

의 정상 상태 오차는 0이 아닌 값이 된다. 즉 계단입력 함수에 대해 0이 아닌 오차가 발생한다.

만약 개루프시스템 $G(z)$이 1형 시스템($N=1$)이면,

$$K_{ep} = \lim_{z\to 1}\frac{B(z)}{(1-z^{-1})A(z)} = \infty \tag{7.9}$$

이 되어, 식(7.5)를 적용하면,

$$e_{ssp} = \frac{R_0}{1+\infty} = 0 \tag{7.10}$$

이 된다. 따라서 정상 상태 위치오차 상수(K_{ep})는 개루프시스템 $G(z)$이 1형보다 큰 시스템($N \geq 1$)에 대해 무한대가 되어, 계단입력에 대한 폐루프시스템의 정상 상태 오차는 항상 0이 된다.

예제 7.1

모터 위치제어 시스템이 P 제어기를 가지면, 다음과 개루프의 전달함수를 갖는다.

$$G(z) = K_p K_a K_c \frac{0.002439z^{-1} + 0.002308z^{-2}}{(1-z^{-1})(1-0.8476z^{-1})} \tag{7.11}$$

여기서, $K_a = 24/1500$, $K_c = 2048/(2\pi)$이라 가정한다. 그리고 샘플링주기(T)는 0.001 초라고 가정한다. 이 시스템에 대해, 계단입력에 대한 폐루프 시스템의 정상 상태 오차를 알아보자.

[풀이] 먼저 정상 상태 위치오차 상수를 구한다. 주어진 개루프시스템이 1형을 가지므로, 위치오차 상수는 다음 계산식과 같이 무한대가 된다.

$$K_{ep} = \lim_{z\to 1} G(z) = \lim_{z\to 1}\left(\frac{1}{1-z^{-1}}\right)\left(K_p K_a K_c \frac{0.002439 + 0.002308}{1-0.8476}\right) = \infty$$

따라서, 식(7.10)에 의해,

$$e_{ssp} = \frac{R_0}{1+\infty} = 0$$

즉 계단입력 함수에 대한 폐루프시스템의 정상상태 오차는 계단입력의 크기에 관계없이 0임을 알 수 있다. 따라서 식(7.11)을 개루프시스템으로 갖는 폐루프시스

템의 계단입력에 대한 정상상태 오차는 비례제어 게인값(K_P)에 관계 없이 항상 0임을 알 수 있다.

7.2.2 속도 오차 상수

이번에는 기준 입력이 크기가 R_1인 경사 입력 함수($R(z)=\dfrac{R_1Tz^{-1}}{(1-z^{-1})^2}$)로 주어질 때, 정상 상태 오차를 알아보자. 경사 입력에 대한 정상 상태 오차는 식(7.3)으로부터 다음과 같이 표현할 수 있다.

$$e_{ssv}=\lim_{z\to1}\left[\frac{R_1Tz^{-1}}{(1-z^{-1})G(z)}\right]=\frac{R_1}{K_{ev}} \tag{7.12}$$

여기서,

$$K_{ev}=\frac{1}{T}\lim_{z\to1}(1-z^{-1})G(z) \tag{7.13}$$

이다. 이 상수를 정상 상태 속도 오차 상수(K_{ev})라 한다. 만약 개루프시스템 $G(z)$이 0형 시스템($N=0$)이면,

$$K_{ev}=\frac{1}{T}\lim_{z\to1}(1-z^{-1})\frac{B(z)}{A(z)}=0 \tag{7.14}$$

가 되어, 식(7.12)를 적용하면,

$$e_{ssv}=\lim_{K_{ev}\to0}\frac{R_1}{K_{ev}}=\infty \tag{7.15}$$

이 된다. 만약 개루프시스템 $G(z)$이 1형 시스템($N=1$)이면,

$$K_{ev}=\frac{1}{T}\lim_{z\to1}\left[(1-z^{-1})\frac{B(z)}{(1-z^{-1})A(z)}\right]=\frac{1}{T}\frac{B(1)}{A(1)} \tag{7.16}$$

이 되어, 식(7.12)를 적용하면,

$$e_{ssv}=R_1T\frac{A(1)}{B(1)}\neq0 \tag{7.17}$$

이 된다. 만약 개루프시스템 $G(z)$이 2형 시스템($N=2$)이면,

$$K_{ev}=\frac{1}{T}\lim_{z\to1}\left[(1-z^{-1})\frac{B(z)}{(1-z^{-1})^2A(z)}\right]=\infty \tag{7.18}$$

이 되어, 식(7.12)을 적용하면,

$$e_{ssv} = \frac{R_1}{\infty} = 0 \tag{7.19}$$

이 된다. 따라서 정상 상태 속도 오차 상수(K_{ev})는 개루프시스템 $G(z)$이 2형보다 큰 시스템($N \geq 2$)에 대해 무한대가 되어, 정상 상태 속도 오차는 0이 됨을 알 수 있다.

예제 7.2

예제 7.1의 개루프시스템을 갖는 폐루프시스템의 경사 입력(R_1=1000)에 대한 정상 상태 오차(e_{ssv})를 구해보라.

[풀이]

$$K_{ev} = \frac{1}{T}\lim_{z\to 1}(1-z^{-1})G(z) = \frac{1}{0.001}K_p(\frac{24}{1500})(\frac{2048}{2\pi})(\frac{0.002439+0.002308}{1-0.8476})$$

$$= 162.44K_p \tag{7.20}$$

따라서 식(7.20)을 식(7.12)에 대입하면, 다음 식을 얻을 수 있다.

$$e_{ssv} == \frac{R_1}{162.44K_P} \tag{7.21}$$

식(7.21)로부터 정상 상태 속도 오차(e_{ssv})는 P 게인이 클수록 작아지고, 경사입력의 기울기가 클수록 작아진다는 것을 알 수 있다. R_1=1000과 K_p=1에 대해, 식(7.21)을 사용하여, 정상 상태 오차(e_{ssv})를 계산하면 다음과 같다.

$$e_{ssv} == \frac{R_1}{162.44K_P} == \frac{1000}{162.44\times 1} = 6.153331$$

예제 7.3

예제 7.2의 시스템에서 기준 입력이 크기가 R_1=1000이고, 비례제어 게인이 1인 시스템(K_p=1)에 대해 응답곡선을 그리고, 그 응답으로부터 정상 상태 오차를 알아보라. 그리고 그 오차값과 예제 7.2의 결과와 비교하라.

[풀이] 다음 프로그램 리스트는 크기가 1000인 경사입력(R_1=1000)에 대해, 비례제어 게인이 1인 폐루프시스템에 대해 응답곡선을 구하는 C프로그램이다.

리스트 7.1 SteadyStateError091016.cpp

```
#include<stdio.h>
#include<math.h>
#define FileName "rampP1.0D0.0I0.0.xls"
#define INPUT_TYPE   1 // INPUT_TYPE=0:step, 1:ramp, 2:parabolic
#define N      200
#define T      0.001  //T=sampling time(sec)
#define kp 1.0
#define kd 0.0
#define ki 0.0

void reference_input_set(int itype,int no_of_samples, double *r);
double PID_control(double e);
double PlantOut(double);
double a1=-1.847665,a2=.847665,b1=0.002439,b2=0.002308;
void main()
{
     FILE *fp;
     double x[N+1],r[N+1],u[N+1];
     double Ka=24.0/1500,Kc=2048/2/3.141592,Kv,Ess;
     fp=fopen(FileName,"w");
     reference_input_set(INPUT_TYPE,N,r);
     x[0]=0.0;
     for (int k=0;k<N;k++)
     {
          u[k]=PID_control(r[k]-x[k]);
          x[k+1]=PlantOut(Ka*u[k])*Kc;
     }
     for (k=0;k<N;k++)
     {
          printf("r[%d] x[%d]=%10.6f\t%10.6f\n",k,k,r[k],x[k]);
          fprintf(fp,"%d\t%10.6f\t%10.6f\n",k,r[k],x[k]);
     }
     Kv=kp*Ka*Kc*(b1+b2)/(1.-a2)/T;
     Ess=1000/Kv;
     printf("stedy state error from response=%f\n",r[k-1]-x[k-1]);
     printf("stedy state error from analysis=%f\n",Ess);
     fclose(fp);
}
```

이 프로그램에서 33번 줄의 명령문이, 식(7.11)과 식(7.20)으로부터, 속도오차 상수를 구하는 부분이다. 리스트 7.1에서 PlantOut(), PID_control(),reference_input_set() 등의 함수는 리스트 5.1, 리스트 5.2, 리스트 5.3 등과 같다. 이 프로그램의 실행결과는 다음과 같다.

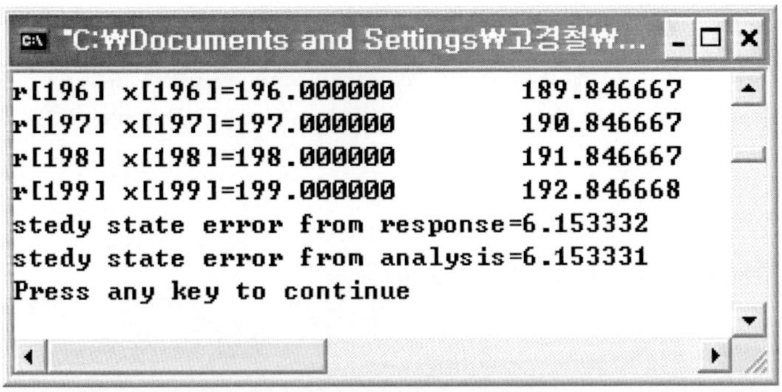

그림 7.2 예제 7.2의 실행결과

이 결과를 보면, 시뮬레이션을 통한 정상 상태 오차값과 식(7.21)을 이용한 이론적 정상 상태 오차값이 정확히 일치함을 알 수 있다. 다음 그림은 리스트 7.1을 실행하여 구한 경사입력 응답곡선이다.

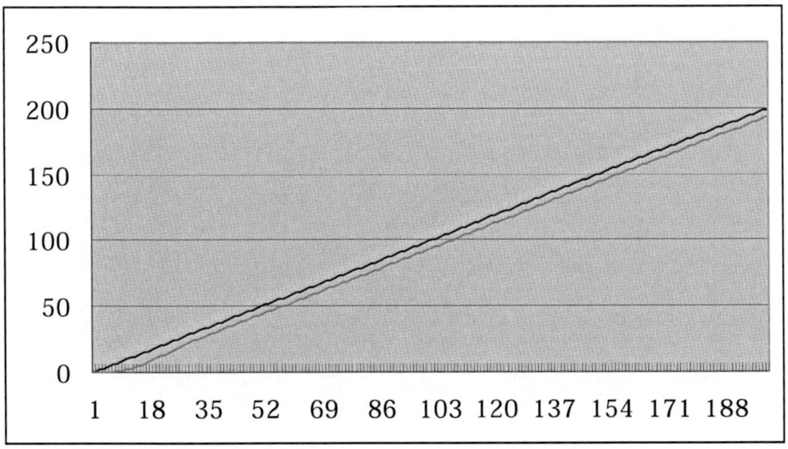

그림 7.3 예제 7.2의 경사입력 응답곡선

예제 7.4

모터 위치제어 시스템이 PI 제어기를 가지면, 다음과 개루프의 전달함수를 갖는다.

$$G(z) = (K_p + K_i - K_p z^{-1}) K_a K_c \frac{0.002439z^{-1} + 0.002308z^{-2}}{(1 - z^{-1})^2 (1 - 0.8476z^{-1})} \qquad (7.22)$$

여기서, K_a=24/1500, K_c=2048/(2π)이라 가정한다. 그리고 샘플링주기(T)는 0.001초라고 가정한다. 이 시스템에 대해, 경사 입력에 대한 폐루프시스템의 정상 상태 오차를 알아보자. 또한 리스트 7.1을 수정하여 적분제어 게인이 0.04일 때의 응답 결과를 그려보자.

[풀이] 식(7.22)는 2형 시스템이므로,

$$K_{ev} = \frac{1}{T} \lim_{z \to 1} [(1 - z^{-1}) \frac{B(z)}{(1 - z^{-1})^2 A(z)}] = \infty$$

이 되어, 식(7.12)를 적용하면,

$$e_{ssv} = \lim_{K_{ev} \to \infty} \frac{1}{K_{ev}} = 0$$

즉, 적분 제어기가 있는 모터 제어 시스템은 제어 게인이나, 경사함수의 크기에 관계없이 경사함수 입력에 대한 정상 상태 오차는 0임을 알 수 있다. 7.1을 이용하여 응답곡선을 그려본 결과는 그림 7.4와 같다.

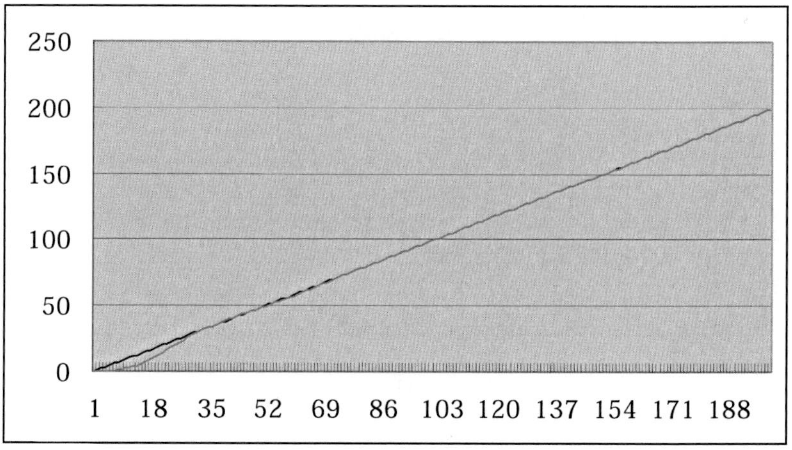

그림 7.4 예제 7.2의 경사입력 응답곡선

7.2.3 가속도 오차 상수

이번에는 기준입력이 포물선 함수($R(z)=\frac{R_2T^2(1+z^{-1})z^{-1}}{2(1-z^{-1})^3}$)로 주어질 때, 정상 상태 오차를 알아보자. 포물선 함수 입력에 대한 정상 상태 오차는 식(7.3)으로부터 다음과 같이 된다.

$$e_{ssa}=\lim_{z\to1}[\frac{R_2T^2}{(1-z^{-1})^2G(z)}]=\frac{R_2}{K_{ea}} \tag{7.23}$$

여기서,

$$K_{ea}=\frac{1}{T^2}\lim_{z\to1}(1-z^{-1})^2G(z) \tag{7.24}$$

이다. 이 상수를 정상 상태 가속도 오차 상수(K_a)라 한다. 만약 개루프시스템 $G(z)$이 0형 시스템($N=0$)이면,

$$K_{ea}=\frac{1}{T^2}\lim_{z\to1}(1-z^{-1})^2\frac{B(z)}{A(z)}=0 \tag{7.25}$$

이 되어, 식(7.25)를 식(7.23)에 적용하면,

$$e_{ssa}=\lim_{K_{ea}\to0}\frac{1}{K_{ea}}=\infty \tag{7.26}$$

가 된다. 만약 개루프시스템 $G(z)$이 1형 시스템($N=1$)이면,

$$K_{ea}=\frac{1}{T^2}\lim_{z\to1}[(1-z^{-1})^2\frac{B(z)}{(1-z^{-1})A(z)}]=0 \tag{7.27}$$

이 되어, 식(7.23)을 적용하면,

$$e_{ssa}=\lim_{K_{ea}\to0}\frac{1}{K_{ea}}=\infty \tag{7.28}$$

이 된다. 만약 개루프시스템 $G(z)$이 2형 시스템($N=2$)이면,

$$K_{ea}=\frac{1}{T^2}\lim_{z\to1}[(1-z^{-1})^2\frac{B(z)}{(1-z^{-1})^2A(z)}]=\frac{1}{T^2}\frac{B(1)}{A(1)} \tag{7.28}$$

이 되어, 식(7.23)을 적용하면,

$$e_{ssa} = \frac{R_2}{K_{ea}} = R_2 T^2 \frac{A(1)}{B(1)} \neq 0 \tag{7.29}$$

이 된다. 만약 개루프시스템 $G(z)$이 3형 시스템($N=3$)이면,

$$K_{ea} = \frac{1}{T^2} \lim_{z \to 1} [(1-z^{-1})^2 \frac{B(z)}{(1-z^{-1})^3 A(z)}] = \infty \tag{7.30}$$

이 되어, 식(6.19)를 적용하면,

$$e_{ssa} = \frac{R_2}{K_{ea}} = \frac{1}{\infty} = 0 \tag{7.31}$$

이 된다. 따라서 정상 상태 가속도 오차 상수(K_a)는 개루프시스템 $G(z)$이 3형보다 큰 시스템($N \geq 3$)에 대해 무한대가 되어, 정상 상태 속도오차는 0이 됨을 알 수 있다. 이 사실을 표로 정리하면, 표6.1과 같다.

표 7.1 시스템의 형과 입력함수의 차수에 따른 정상 상태 오차

System	Steady-state errors in response to		
	Step input $r(t)=1$	Ramp input $r(t)=t$	Acceleration input $r(t)=\frac{1}{2}t^2$
Type 0 system	$\frac{1}{1+K_P}$	∞	∞
Type 1 system	0	$\frac{1}{K_v}$	∞
Type 2 system	0	0	$\frac{1}{K_a}$

예제 7.5

예제 7.1의 모터 위치제어 시스템에 대해 포물선 입력에 대한 폐루프시스템의 정상 상태 오차를 알아보자. 또한 리스트 7.1을 실행하여 비례제어 게인이 1일 때의 응답결과를 그려보자.

[풀이] 먼저, 주어진 개루프시스템이 1형이므로, 가속도 오차 상수는 0임을 식(7.27)로부터 알 수 있다.

$$K_{ea}=\frac{1}{T^2}\lim_{z\to1}(1-z^{-1})^2G(z)=\frac{1}{T^2}\lim_{z\to1}(1-z^{-1})(K_pK_cK_a\frac{0.002439+0.002308}{1-0.8476})=0$$

따라서 이 결과를 식(7.23)에 대입하면,

$$e_{ssa}=\frac{R_2}{K_a}=\frac{R_2}{0}=\infty$$

이다. 따라서 정상상태 가속도오차(e_{ssa})는 P 게인이나, 포물선 입력의 크기와 관계없이 무한대(∞)인 것을 알 수 있다. 이를 리스트 7.1을 수정하여 포물선입력(R_2= 1e+6)에 실행하여 확인해 본다. 그림 7.5는 실행결과를 보여준다.

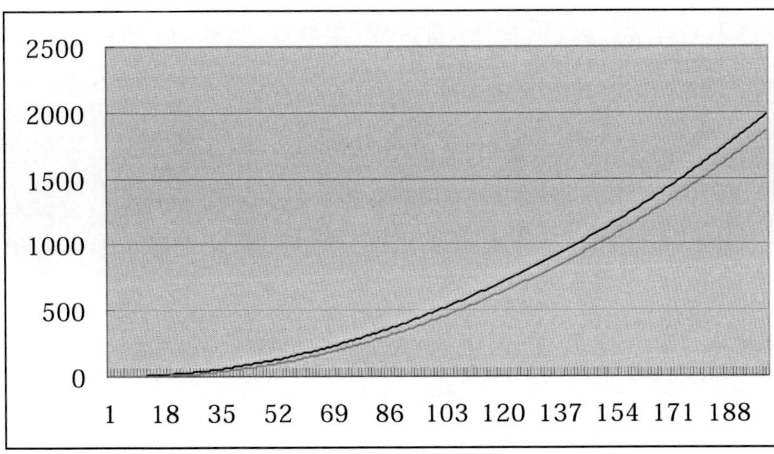

그림 7.5 예제 7.5의 포물선입력 응답곡선

이 그림에서 알 수 있듯이, 1형 시스템의 포물선입력에 대한 정상 상태 오차는 시간이 갈수록 계속 커지는 것을 알 수 있다.

예제 7.6

예제 7.4의 비례적분 제어기를 갖는 모터 위치제어 시스템에 대해 포물선 입력(R_2= 1e+6)에 대한 폐루프시스템의 정상상태 오차를 알아보자. 또한 리스트 7.1을 실행하여, 적분제어 게인이 0.04(K_i=0.04)일 때의 응답결과와 비교해 보자.

[풀이] 먼저, 주어진 개루프시스템이 2형이므로, 가속도 오차 상수는 0이 아닌 값이 된다. 이 값을 식(7.29)을 이용하여 계산한다.

$$K_{ea} = \frac{1}{T^2} \lim_{z\to 1}(1-z^{-1})^2 G(z) = \frac{1}{T^2} K_i K_a K_c \frac{0.002439+0.002308}{1-0.8476}$$

$$= \frac{1}{0.001^2} K_i (\frac{24}{1500})(\frac{2048}{2\pi})(\frac{0.002439+0.002308}{1-0.8476})$$

$$= 1.6244 \times 10^5 K_i$$

이 결과를 식(7.23)에 대입하여, 정상 상태 오차를 계산하면, 다음과 같다.

$$e_{ssa} = \frac{R_2}{1.6244 \times 10^5 K_i}$$

따라서 이 결과로부터, 비례적분 게인이 클수록 포물선 입력의 크기가 작을수록 정상 상태 오차는 작아지는 것을 알 수 있다. 비례제어 게인이 0.04이고 포물선 입력의 크기가 100000일 때의 정상 상태 오차를 계산하여 보면 다음과 같다.

$$e_{ssa} = \frac{100000}{1.6244 \times 10^5 \times 0.04} = 15.383$$

이를 C프로그램으로 확인해 보자. 리스트 7.1을 다음과 같이 수정한다.

리스트 7.2 SteadyStateErrorForPara091016.cpp

```
#include<stdio.h>
#include<math.h>
#define FileName "paraP1.0D0.0I0.04.xls"
#define INPUT_TYPE   2 // INPUT_TYPE=0:step, 1:ramp, 2:parabolic
#define N      200
#define T      0.001  //T=sampling time(sec)
#define kp 1.0
#define kd 0.0
#define ki 0.04

void reference_input_set(int itype,int no_of_samples, double *r);
double PID_control(double e);
double PlantOut(double);
double a1=-1.847665,a2=.847665,b1=0.002439,b2=0.002308;
void main()
{
        FILE *fp;
        double x[N+1],r[N+1],u[N+1];
```

```
        double Ka=24.0/1500,Kc=2048/2/3.141592,Kea,Ess;
        fp=fopen(FileName,"w");
        reference_input_set(INPUT_TYPE,N,r);
        x[0]=0.0;
        for (int k=0;k<N;k++)
        {
                u[k]=PID_control(r[k]-x[k]);
                x[k+1]=PlantOut(Ka*u[k])*Kc;
        }
        for (k=0;k<N;k++)
        {
                printf("r[%d]
                x[%d]=%10.6f\t%10.6f\n",k,k,r[k],x[k]);
                fprintf(fp,"%d\t%10.6f\t%10.6f\n",k,r[k],x[k]);
        }
        Kea=ki*Ka*Kc*(b1+b2)/(1.-a2)/T/T;
        Ess=100000/Kea;
        printf("stedy state error from response=%f\n",r[k-1]-x[k-1]);
        printf("stedy state error from analysis=%f\n",Ess);
        fclose(fp);
}
```

이 프로그램에서 굵게 표시한 부분이 가속도 오차계산을 위해 수정한 부분이다. 이 프로그램의 실행결과는 다음과 같다.

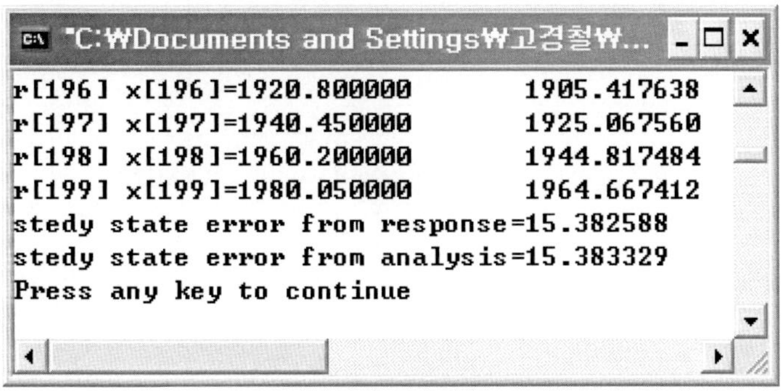

그림 7.6 리스트 7.2의 실행결과

이 결과에서, 응답곡선의 결과와 오차해석의 결과가 일치함을 확인할 수 있다. 이를 응답곡선으로 확인하면 다음과 같다.

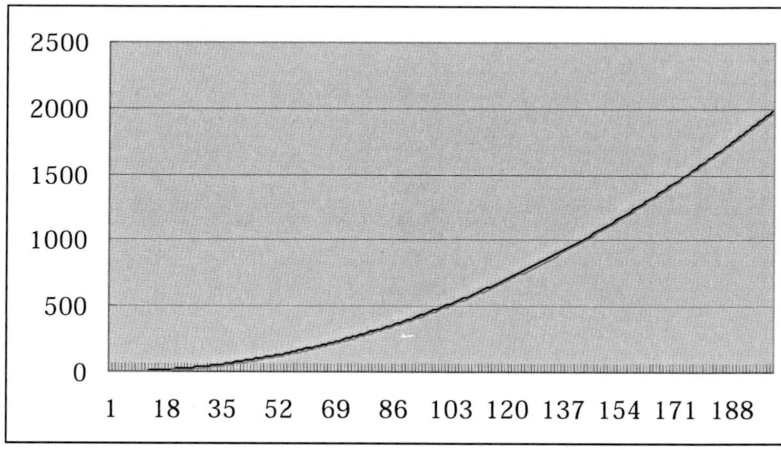

그림 7.7 예제 7.6의 포물선입력 응답곡선

7.3 외란효과 분석

7.3.1 1형 시스템의 외란 오차분석

시스템이 외란을 받게 되면, 이 외란의 영향을 받아 정상 상태 오차가 발생한다.

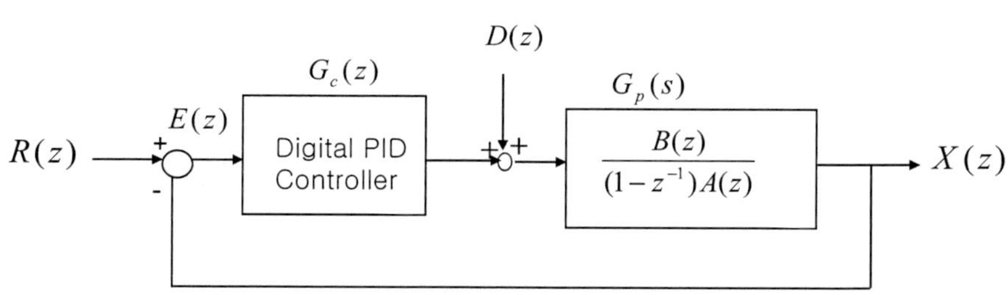

그림 7.8 외란을 받는 폐루프시스템

이러한 외란을 입력한 전체 시스템 전달함수는 다음과 같다.

$$\frac{X(z)}{D(z)} = \frac{G_p(z)}{1+G_c(z)G_p(z)} \tag{7.32}$$

이 외란으로 인한 시스템 오차는 기준입력을 0으로 가정하여, 다음과 같이 구할 수 있다.

$$E(z) = R(z) - X(z) = -\frac{G_p(z)}{1 + G_c(z)G_p(z)} D(z) \tag{7.33}$$

정적 외란($D(z) = \frac{D_0}{1 - z^{-1}}$)으로 인한 정상 상태 오차는 다음과 같이 계산될 수 있다.

$$\begin{aligned} e_{ss} &= -\lim_{z \to 1}(1 - z^{-1}) \frac{G_p(z)}{1 + G_c(z)G_p(z)} \frac{D_0}{1 - z^{-1}} \\ &= \frac{-1}{\lim_{z \to 1} G_c(z) + \lim_{z \to 1} \frac{1}{G_p(z)}} D_0 \end{aligned} \tag{7.34}$$

그리고 플랜트시스템이 다음과 같이 1형의 형태를 갖고 있다면,

$$G_p(z) = \frac{B(z)}{(1 - z^{-1})A(z)} \tag{7.35}$$

(여기서, $A(1) \neq 0$ 이다.)

$\lim_{z \to 1} G_p^{-1}(z) = 0$ 이 되므로, 식(7.34)는 다음과 같이 다시 쓸 수 있다.

$$e_{ss} = \frac{-D_0}{\lim_{z \to 1} G_c(z)} \tag{7.36}$$

7.3.2 비례제어기의 외란 오차

제어기가 비례제어 게인만을 가질 때, 다음과 같은 식이 성립한다.

$$\lim_{z \to 1} G_c(z) = K_p \tag{7.37}$$

따라서 이러한 비례제어기를 갖는 1형 시스템의 정적외란 효과로 인한 정상 상태 오차는 식(7.37)을 식(7.36)에 대입하여 다음과 같이 구할 수 있다.

$$e_{ss} = -\frac{D_0}{K_p} \tag{7.38}$$

이 결과로부터 플랜트가 1형이라 하더라도, 정적 외란에 대해 정상 상태 오차가 발생함을 알 수 있다. 그리고 그 오차는 비례제어 게인이 클수록 작아지고, 외란의 크기가 클수록 커짐을 알 수 있다. 그리고 이 외란의 크기는 계단함수나 경사함수

와 같이 입력형태에 관계없이 정해진다.

예제 7.7

예제 7.4의 모터 위치제어 시스템에 그림 7.8과 같이 외란을 받고, 그 외란의 크기가 50일 때($D_0=-50$) 계단입력(크기는 512)에 대한 폐루프시스템의 정상 상태 오차를 알아보자. 여기서 비례제어 게인은 2로 가정한다($K_p=2$), 또한 C프로그램을 작성하여, 계단입력에 대한 정상 상태 오차를 구해본다.

[풀이] 식(7.38)을 적용하면, 외란에 의한 비례제어기의 정상 상태 오차는 다음과 같이 계산된다.

$$e_{ss}=-\frac{D_0}{K_p}=-\frac{-50}{2}=25$$

그리고 외란을 받는 시스템의 계단입력에 대한 응답을 구하는 C프로그램을 다음과 같이 작성한다.

리스트 7.3 SteadyStateErrorWithD091016.cpp

```
#include<stdio.h>
#include<math.h>
#define FileName "stepP1.0D0.0I0.0withD.xls"
#define INPUT_TYPE   0    // INPUT_TYPE=0:step, 1:ramp, 2:parabolic
#define N      200
#define T      0.001      //T=sampling time(sec)
#define kp 2.0
#define kd 0.0
#define ki 0.0
void reference_input_set(int itype,int no_of_samples, double *r);
double PID_control(double e);
double PlantOut(double);
double a1=-1.847665,a2=.847665,b1=0.002439,b2=0.002308;
void main()
{
        FILE *fp;
        double x[N+1],r[N+1],u[N+1];
        double Ka=24.0/1500,Kc=2048/2/3.141592,Ess,D=50.0;
        fp=fopen(FileName,"w");
```

```
        reference_input_set(INPUT_TYPE,N,r);
        x[0]=0.0;
        for (int k=0;k<N;k++)
        {
                u[k]=PID_control(r[k]-x[k])+D;
                x[k+1]=PlantOut(Ka*u[k])*Kc;
        }
        for (k=0;k<N;k++)
        {
                printf("r[%d] x[%d]=%10.6f\t%10.6f\n",k,k,r[k],x[k]);
                fprintf(fp,"%d\t%10.6f\t%10.6f\n",k,r[k],x[k]);
        }
        Ess=-D/kp;
        printf("stedy state error from response=%f\n",r[k-1]-x[k-1]);
        printf("stedy state error from analysis=%f\n",Ess);
        fclose(fp);
}
```

이 프로그램에서 굵게 표시한 부분이 외란에 의한 오차계산을 위해 수정한 부분이다. 이 프로그램의 실행결과는 다음과 같다.

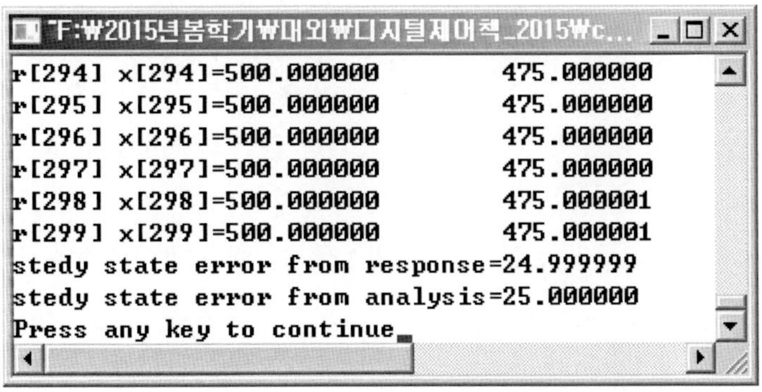

```
"F:₩2015년봄학기₩대외₩디지털제어책_2015₩c...
r[294] x[294]=500.000000        475.000000
r[295] x[295]=500.000000        475.000000
r[296] x[296]=500.000000        475.000000
r[297] x[297]=500.000000        475.000000
r[298] x[298]=500.000000        475.000001
r[299] x[299]=500.000000        475.000001
stedy state error from response=24.999999
stedy state error from analysis=25.000000
Press any key to continue
```

그림 7.9 리스트 7.3의 실행결과

이 결과에서, 응답곡선의 결과와 오차해석의 결과가 일치함을 확인할 수 있다. 이를 응답곡선으로 확인하면 다음과 같다.

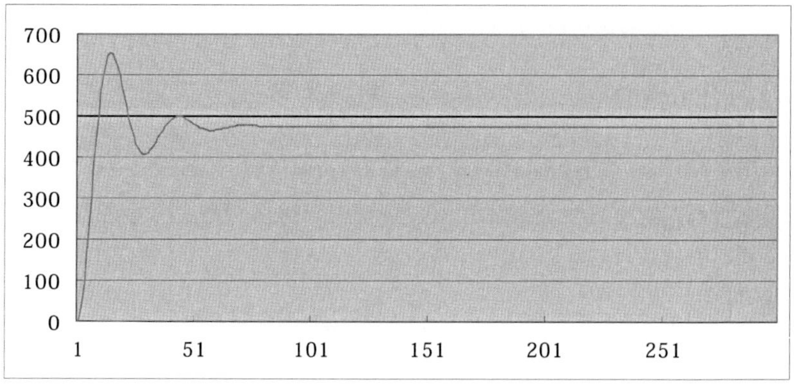

그림 7.10 예제 7.7의 계단입력 응답곡선

7.3.3 적분제어 게인의 외란 오차

제어기가 비례적분 제어기만을 가질 때, 다음 식이 성립한다.

$$\lim_{z\to1} G_c(z) = \lim_{z\to1}(K_p + \frac{K_i}{1-z^{-1}}) = \infty \tag{7.39}$$

따라서 이러한 비례적분 제어기를 갖는 1형 시스템의 정적외란 효과로 인한 정상상태 오차는 식(7.39)를 식(7.36)에 대입하면, 다음과 같이 0이 됨을 알 수 있다.

$$e_{ss} = -\frac{D_0}{\infty} = 0 \tag{7.40}$$

이 결과로부터 제어기가 비례적분기를 갖고 있으면, 정적 외란에 의한 정상 상태 오차를 없앨 수 있음을 알 수 있다. 그리고 이 외란으로 인한 정상 상태 오차의 삭제효과는 적분제어 게인의 크기나 입력형태와 관계가 없다.

예제 7.8

예제 7.4와 같이 모터 위치제어 시스템이 PI 제어기를 갖고, 그림 7.8과 같이 크기가 50인($D_0 = -50$) 외란을 받을 때, 계단입력(크기는 512)에 대한 폐루프시스템의 정상 상태 오차를 알아보자. 여기서 적분제어 게인은 0.04로 가정한다($K_i = 0.04$). 또한 C 프로그램을 작성하여, 계단입력에 대한 정상 상태 오차를 구해본다.

[풀이] 식(7.40)에 의해, 외란에 의한 비례적분 제어기의 정상 상태 오차는 다음과 같이 0이 된다.

$$e_{ss} = -\frac{D_0}{\infty} = -\frac{-50}{\infty} = 0$$

리스트 7.3을 다음과 같이 수정하여, 적분 제어기가 정적 외란으로 인한 오차를 줄일 수 있음을 알아 볼 수 있다.

리스트 7.4 SteadyStateErrorPIWithD091016.cpp

```
#include<stdio.h>
#include<math.h>
#define FileName "stepP1.0D0.0I0.04withD.xls"
#define INPUT_TYPE  0    // INPUT_TYPE=0:step, 1:ramp, 2:parabolic
#define N      300
#define T      0.001      //T=sampling time(sec)
#define kp 2.0
#define kd 0.0
#define ki 0.04
void reference_input_set(int itype,int no_of_samples, double *r);
double PID_control(double e);
double PlantOut(double);
double a1=-1.847665,a2=.847665,b1=0.002439,b2=0.002308;
void main()
{
        FILE *fp;
        double x[N+1],r[N+1],u[N+1];
        double Ka=24.0/1500,Kc=2048/2/3.141592,Ess,D=50.0;
        fp=fopen(FileName,"w");
        reference_input_set(INPUT_TYPE,N,r);
        x[0]=0.0;
        for (int k=0;k<N;k++)
        {
                u[k]=PID_control(r[k]-x[k])-D;
                x[k+1]=PlantOut(Ka*u[k])*Kc;
        }
        for (k=0;k<N;k++)
        {
                printf("r[%d]
                x[%d]=%10.6f\t%10.6f\n",k,k,r[k],x[k]);
                fprintf(fp,"%d\t%10.6f\t%10.6f\n",k,r[k],x[k]);
        }
```

```
        Ess=0.0;
        printf("stedy state error from response=%f\n",r[k-1]-x[k-1]);
        printf("stedy state error from analysis=%f\n",Ess);
        fclose(fp);
}
```

이 프로그램에서 굵게 표시한 부분이 외란에 의한 오차계산을 위해 수정한 부분이다. 이 프로그램의 실행결과는 다음과 같다.

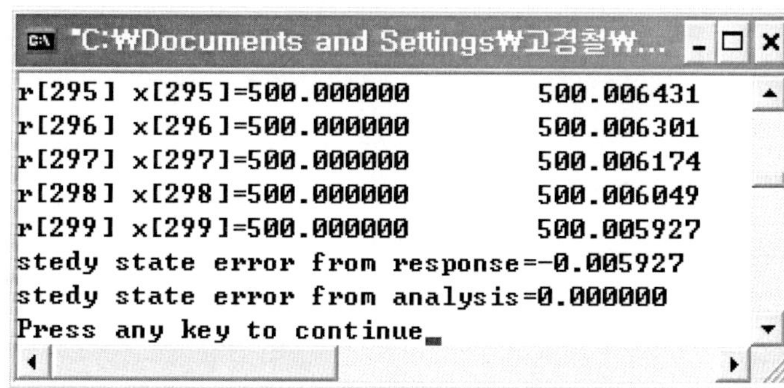

그림 7.11 리스트 7.3의 실행결과

이 결과에서, 응답곡선의 결과와 오차해석의 결과가 일치함을 확인할 수 있다. 이를 응답곡선으로 확인하면 다음과 같다.

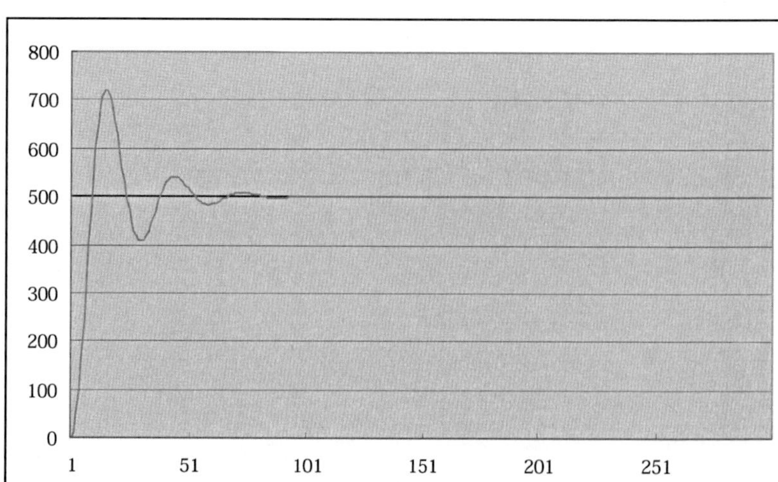

그림 7.12 예제 7.7의 계단입력 응답곡선

7.4 요약

정상 상태 오차는 제어 시스템의 성능 중 중요한 요소 중의 하나인 시스템 정밀도를 분석하는데 필요하다. 특히 계단입력에 대한 시스템의 정상 상태 오차는 출력이 정해진 입력에 얼마나 정확히 도달하는가를 알아보는데 유용한다. 이 장에서는 2차 선형 이산 시간 시스템의 정상 상태 오차 분석을 예로 하여, 정상 상태 오차를 펄스 전달함수로부터 이론적으로 분석하는 방법을 보았다. 특히 다양한 입력에 대해 2차 시스템의 시간응답을 컴퓨터 시뮬레이션 함으로서, 정상 상태 오차 특성을 확인하였다.

연습문제

7.1 다음 시스템의 정상 상태 속도오차를 속도 오차 상수를 통해 구하고, 그 결과를 시뮬레이션으로 확인해 보라.

$$\frac{X(z)}{U(z)} = \frac{0.7870z^{-1}}{1-0.8195z^{-1}+0.6065z^{-2}}$$

7.2 다음과 같이 제어시스템이 비례-적분 제어기를 가질 때, 속도 오차 상수를 구하고, 이로부터 정상 상태 속도 오차를 계산하라. 그리고 경사 입력에 대한 응답을 시뮬레이션하여 정상 상태 오차를 조사하고, 정상 상태 속도 오차 분석 결과와 비교하라. 여기서 비례제어 게인은 1로 가정하고, 적분제어 게인은 0.1로 가정하라.

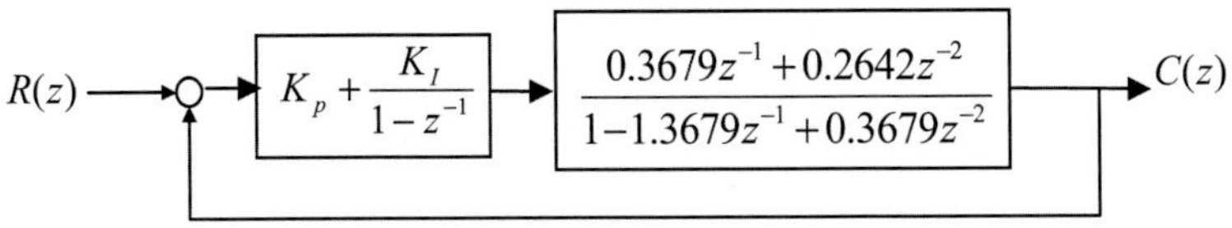

Fig. 6.9

7.3 문제 7.2의 제어시스템의 가속도 오차 상수를 구하고, 이로부터 정상 상태 가속도 오차를 계산하라. 그리고 포물선 입력에 대한 응답을 시뮬레이션하고, 정상 상태 오차를 조사하여 정상 상태 가속도 오차 분석결과와 비교하라.

Chapter

08 피드포워드 제어

8.1 피드포워드 제어기

이 장에서는 입력 추종(input tracking) 문제에 있어, 정상 상태 오차(steady state error)를 줄이기 위한 방법으로 그림 8.1과 같이 피드포워드 제어기(feedforward compensator)를 설계하는 방법을 다룬다. 0이 아닌 정상 상태 오차를 줄이기 위해서는 피드백 제어기에서 적분 제어기를 추가하여, 시스템의 형(type)을 높이는 것이 필요하다. 그러나 시스템의 형을 높이는 것은 그만큼 시스템 차수(system order)를 증가시키기 때문에, 시스템의 불안정 가능성이 높아진다. 반면에 피드포워드 제어기(feedforward compensator)는 시스템의 차수를 증가시키지 않고 정상 상태 오차를 줄이는 장점이 있다.

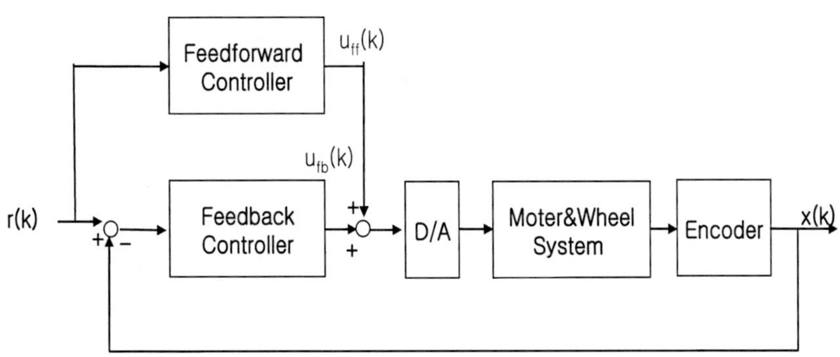

그림 8.1 피드포워드 제어기의 구조

이때, 피드포워드 제어기의 전달함수는 다음과 같이 주어진다.

$$G_{ff}(z) = \frac{U_{ff}(z)}{R(z)} = K_0 + K_1(1 - z^{-1}) + K_2(1 - z^{-1})^2 \tag{8.1}$$

피드포워드 제어기의 출력 $u_{ff}(k)$은 다음과 같이 피드백 제어기의 출력 $u_{fb}(k)$와 더해져서, 제어입력 $u(k)$를 구성한다.

$$u(k) = u_{fb}(k) + u_{ff}(k) \tag{8.2}$$

여기서, 피드백 제어기의 출력 $u_{fb}(k)$은 다음과 비례-적분-미분제어(PID) 알고리즘으로 계산된다.

$$u_{fb}(k) = K_p e(k) + K_I \sum_0^k e(k) + K_D \Delta e(k) \tag{8.3}$$

그리고 피드포워드 제어기의 출력 $u_{ff}(k)$은 식(8.1)로부터 다음과 비례-미분-이중미분(PDD)의 알고리즘으로 계산된다.

$$u_{ff}(k) = K_0 r(k) + K_1 \Delta r(k) + K_2 \Delta^2 r(k) \tag{8.4}$$

여기서,

$$\Delta = 1 - q^{-1} \tag{8.5}$$

이고, q^{-1}는 다음과 같은 연산을 하는 지연 연산자(delay operator)이다.

$$q^{-1}(x(k)) = x(k-1) \tag{8.6}$$

그림 8.1의 제어구조는 피드포워드 제어기가 피드백 제어기의 안정도에 영향을 미치지 않고, 또한 피드백 제어기는 피드포워드 제어기의 오차에 영향을 주지 않는다. 이렇게 서로 영향을 주지 않는 효과 때문에 피드포워드 제어기와 피드백 제어기를 각각 독립적으로 설계하여, 중첩(superposition)하는 것이 가능하다. 즉 피드백 제어기는 피드포워드 제어기가 없다고 가정하여 설계할 수 있으며, 피드포워드 제어기는 피드백 제어기가 없다고 가정하여 설계할 수 있다. 그러므로 앞으로 피드포워드 제어기의 효과를 설명하는데 있어서, 그림 8.2와 같이 피드백 제어기는 더 이상 고려하지 않는다.

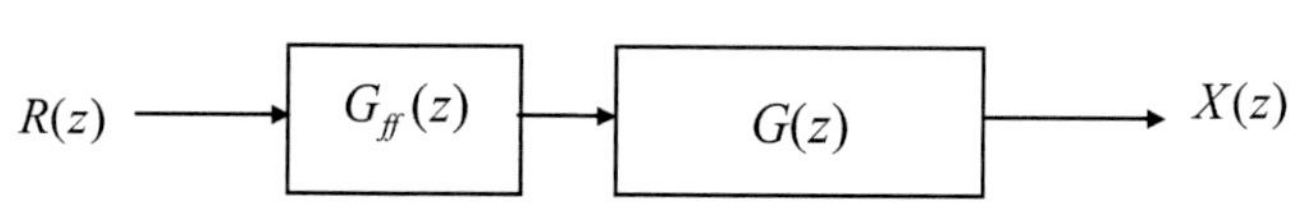

그림 8.2 직렬구조의 피드포워드 제어 구조

8.2 근사 플랜트 역 모델

다음과 같은 플랜트 모델을 갖는 n차 선형 이산 시스템을 고려한다.

$$G(z)=\frac{B(z)}{A(z)}=\frac{b_1 z^{-1}+...+b_n z^{-n}}{1+a_1 z^{-1}+...+a_n z^{-n}} \tag{8.7}$$

식(8.7)의 역 모델(inverse model)은 다음과 같다.

$$G^{-1}(z)=\frac{A(z)}{B(z)}=\frac{1+a_1 z^{-1}+...+a_n z^{-n}}{b_1 z^{-1}+...+b_n z^{-n}} \tag{8.8}$$

그리고 식(8.8)은 Taylor의 시리즈 확장에 의해, 다음과 같이 쓸 수 있다.

$$G^{-1}(z)=K_0+K_1(1-z^{-1})+...+K_m(1-z^{-1})^m+R_e(z) \tag{8.9}$$

여기서 계수들은 Taylor의 시리즈 확장 규칙에 의해, 다음과 같이 계산된다.

$$K_m=\lim_{z\to 1}[\frac{(-1)^m}{m!}\frac{d^m}{d(z^{-1})^m}G^{-1}(z)] \tag{8.10}$$

식(8.9)에서 $R_e(z)$은 다음과 같이 차수가 $(m+1)$ 이상인 고차 항들의 합이다.

$$R_e(z)=(1-z^{-1})^{m+1}D(z) \tag{8.11}$$

여기서,

$$D(z)=K_{m+1}+K_{m+2}(1-z^{-1})+.....=\sum_{i=m+1}^{\infty}K_i(1-z^{-1})^{i-(m+1)} \tag{8.12}$$

이다. 따라서 식(8.9)를 식(8.7)에 대입하면, 식(8.7)은 다음과 같이 표현된다.

$$G(z)=\frac{1}{G^{-1}(z)}=\frac{1}{K_0+K_1(1-z^{-1})+...+K_m(1-z^{-1})^m+R_e(z)} \tag{8.13}$$

식(8.9)는 다음과 같이 m차 부분 합(m-th partial sum)의 근사식으로 다음과 같이 쓸 수 있다.

$$G^{-1}(z)\cong K_0+K_1(1-z^{-1})+...+K_m(1-z^{-1})^m \tag{8.14}$$

$$\cong\sum_{i=0}^{m}K_i(1-z^{-1})^i \tag{8.15}$$

8.3 근사 역 모델 피드포워드 제어기

플랜트 모델의 역을 식(8.9)와 같이 시리즈로 확장했을 때, 피드포워드 제어기를 다음과 같이 확장 시리즈의 m차 부분 합(m-th partial sum)의 근사 역 모델(approximate inverse model)을 취하도록 설계한다면,

$$G_{ff}(z) = K_0 + K_1(1-z^{-1}) + \ldots + K_m(1-z^{-1})^m \tag{8.16}$$

그림 8.2의 제어 시스템은 m차 다항식 입력에 대해 0의 정상 상태 오차를 갖는다. 이러한 피드포워드 제어기를 근사 역 모델 피드포워드 제어기라 한다. 이러한 근사 역 모델 피드포워드 제어기의 원리를 살펴본다. 먼저 그림 8.2의 출력을 다음과 쓸 수 있다.

$$X(z) = G_{ff}(z)G(z)R(z) \tag{8.17}$$

그리고 시스템 오차는 다음과 같다.

$$E(z) = R(z) - G_{ff}(z)G(z)R(z) = [1 - G_{ff}(z)G(z)]R(z) \tag{8.18}$$

식(8.13)과 식(8.16)을 식(8.18)에 대입하여 다시 쓰면 다음과 같다.

$$\begin{aligned} E(z) &= [1 - \frac{K_0 + K_1(1-z^{-1}) + \ldots + K_m(1-z^{-1})^m}{K_0 + K_1(1-z^{-1}) + \ldots + K_m(1-z^{-1})^m + R_e(z)}]R(z) \\ &= \frac{R_e(z)R(z)}{K_0 + K_1(1-z^{-1}) + \ldots + K_m(1-z^{-1})^m + R_e(z)} \\ &= G(z)R_e(z)R(z) \end{aligned} \tag{8.19}$$

그리고 식(8.11)을 식(8.19)에 대입하면, 다음과 같다.

$$E(z) = (1-z^{-1})^{m+1}G(z)D(z)R(z) \tag{8.20}$$

그리고 최종 값 정리에 의해, 그림 8.2의 시스템의 정상상태 오차는 다음과 같이 표현된다.

$$e_{ss} = \lim_{k\to\infty} e(kT) = \lim_{z\to 1}[(1-z^{-1})E(z)] \tag{8.21}$$

식(8.20)을 식(8.21)에 대입하면, 다음 식을 유도할 수 있다.

$$e_{ss} = \lim_{z\to 1}[(1-z^{-1})^{m+2}G(z)D(z)R(z)] \tag{8.22}$$

그런데,

$$\lim_{z\to 1} G(z) = 1/K_0 \tag{8.23}$$

이므로, 식(8.22)은 다음과 같이 다시 쓸 수 있다.

$$e_{ss} = \lim_{z\to 1} \frac{1}{K_0}(1-z^{-1})^{m+2} D(z)R(s) \tag{8.24}$$

또한 식(8.12)로부터,

$$\lim_{z\to 1} D(z) = K_{m+1} \tag{8.25}$$

이므로, 이를 다시 식(8.24)에 대입하면,

$$e_{ss} = \lim_{z\to 1} \frac{K_{m+1}}{K_0}(1-z^{-1})^{m+2} R(z) \tag{8.26}$$

이 된다. 그리고 m차 다항식의 형태의 시스템 입력은 다음과 같다.

$$R(z) = \frac{P(z)}{(1-z^{-1})^{m+1}} \tag{8.27}$$

여기서, $P(1) \neq 0$이다. 따라서 식(8.27)을 식(8.26)에 대입하면, 다음과 같은 식을 쓸 수 있다.

$$e_{ss} = \lim_{z\to 1} \frac{K_{m+1}}{K_0}(1-z^{-1})P(1) = 0 \tag{8.28}$$

따라서 식(8.27)로부터 식(8.16)의 m차의 부분 합(partial sum)을 취한 근사 플랜트 역 모델을 기반으로 한 피드포워드 제어기는 식(8.28)과 같은 m차 다항식 입력에 대해 0의 정상 상태 오차를 갖는다. 이것이 근사 역 모델 피드포워드 제어기의 동작 원리이다.

8.4 2차 이산 시스템에 대한 피드포워드 제어기

다음과 같은 펄스 전달함수를 갖는 2차 이산 시스템에 대해, 식(8.16)을 적용하여, 피드포워드 제어기를 설계하여 본다.

$$G(z) = \frac{b_1 z^{-1} + b_2 z^{-2}}{1 + a_1 z^{-1} + a_2 z^{-2}} \tag{8.29}$$

그리고 식(8.15)와 같이 이 시스템의 m차 근사 역 모델을 구하면 다음과 같다.

$$G^{-1}(z) \cong K_0 + K_1(1 - z^{-1}) + \ldots + K_m(1 - z^{-1})^m \tag{8.30}$$

여기서, 근사 역 모델 계수는 식(8.10)을 식(8.29)에 적용하여, 다음과 같이 구해진다.

$$K_0 = \lim_{z \to 1}[\frac{(-1)^m}{m!} \frac{d^m}{d(z^{-1})^m} \frac{1 + a_1 z^{-1} + a_2 z^{-2}}{b_1 z^{-1} + b_2 z^{-2}}]_{m=0} = \frac{1 + a_1 + a_2}{b_1 + b_2} \tag{8.31}$$

$$K_1 = \lim_{z \to 1}[\frac{(-1)^m}{m!} \frac{d^m}{d(z^{-1})^m} \frac{1 + a_1 z^{-1} + a_2 z^{-2}}{b_1 z^{-1} + b_2 z^{-2}}]_{m=1} = \frac{(b_1 + 2b_2)K_0 - a_1 - 2a_2}{b_1 + b_2} \tag{8.32}$$

$$K_2 = \lim_{z \to 1}[\frac{(-1)^m}{m!} \frac{d^m}{d(z^{-1})^m} \frac{1 + a_1 z^{-1} + a_2 z^{-2}}{b_1 z^{-1} + b_2 z^{-2}}]_{m=2} = \frac{(b_1 + 2b_2)K_1 - b_2 K_0 + a_2}{b_1 + b_2} \tag{8.33}$$

그리고 $n \geq 3$ 이후에는

$$K_n = \lim_{z \to 1}[\frac{(-1)^m}{m!} \frac{d^m}{d(z^{-1})^m} \frac{1 + a_1 z^{-1} + a_2 z^{-2}}{b_1 z^{-1} + b_2 z^{-2}}]_{m=n} = \frac{(b_1 + 2b_2)K_{n-1} - b_2 K_{n-2}}{b_1 + b_2} \tag{8.34}$$

가 된다.

8.4.1 0차 피드포워드 제어기 설계

먼저, 식(8.16)에 근거하여 0차 근사 역 모델 피드포워드 제어기를 설계하여 본다. 0차 근사 역 모델 피드포워드 제어기는 식(8.16)에서 $m=0$으로 하여, 다음과 같이 설계될 수 있다.

$$G_{ff}(z) = K_0 \tag{8.35}$$

이 제어기를 갖는 시스템에 단위 계단 입력을 인가할 때, 시스템의 정상 상태 오차를 알아본다. 이 시스템의 정상 상태 오차는 식(8.26)으로부터 다음과 같이 구할 수 있다.

$$e_{ss} = \lim_{z \to 1} \frac{K_1}{K_0}(1 - z^{-1})^2 R(z) \tag{8.36}$$

따라서 시스템의 입력으로 다음과 같은 단위 계단 입력 $R(z)=\dfrac{1}{1-z^{-1}}$ 이 인가될 때, 식(8.36)의 단위 계단 입력에 대한 시스템 정상 상태 오차는 다음과 같다.

$$
\begin{aligned}
e_{ss} &= \lim_{z\to 1}\frac{K_1}{K_0}(1-z^{-1})^2\frac{1}{1-z^{-1}} \\
&= \frac{K_1}{K_0}\lim_{z\to 1}(1-z^{-1}) = 0
\end{aligned}
\tag{8.37}
$$

따라서 식(8.37)로부터 식(8.34)의 0차 피드포워드 제어기는 계단 입력에 대해 0의 정상 상태 오차를 갖는 것을 알 수 있다.

8.4.2 1차 피드포워드 제어기 설계

이번에는 식(8.16)에 근거하여 1차 근사 역 모델 피드포워드 제어기를 설계하여 본다. 1차 근사 역 모델 피드포워드 제어기는 식(8.16)에서 $m=1$로 하여, 다음과 같이 설계될 수 있다.

$$
G_{ff}(z) = K_0 + K_1(1-z^{-1}) \tag{8.38}
$$

이 제어기를 갖는 시스템에 단위 경사 입력을 인가할 때, 시스템의 정상 상태 오차를 알아본다. 이 시스템의 정상 상태 오차는 식(8.26)으로부터 다음과 같이 구할 수 있다.

$$
e_{ss} = \lim_{z\to 1}\frac{K_2}{K_0}(1-z^{-1})^3 R(z) \tag{8.39}
$$

따라서 시스템의 입력으로 다음과 같은 단위 경사 입력이 인가될 때,

$$
R(z) = \frac{Tz^{-1}}{(1-z^{-1})^2} \tag{8.40}
$$

식(8.40)을 식(8.39)에 대입하면, 단위 경사 입력에 대한 시스템 정상 상태 오차는 다음과 같다.

$$
\begin{aligned}
e_{ss} &= \lim_{z\to 1}\frac{K_2}{K_0}(1-z^{-1})^3\frac{Tz^{-1}}{(1-z^{-1})^2} \\
&= \frac{K_2 T}{K_0}\lim_{z\to 1}(1-z^{-1})z^{-1} = 0
\end{aligned}
\tag{8.41}
$$

따라서 식(8.41)로부터 식(8.38)의 1차 피드포워드 제어기는 경사 입력에 대해 0의 정상상태 오차를 갖는 것을 알 수 있다.

8.4.3 2차 피드포워드 제어기 설계

마지막으로 식(8.16)에 근거하여, 2차 근사 역 모델 피드포워드 제어기를 설계하여 본다. 2차 근사 역 모델 피드포워드 제어기는 식(8.16)에서 $m=2$로 하여, 다음과 같이 설계될 수 있다.

$$G_{ff}(z) = K_0 + K_1(1-z^{-1}) + K_2(1-z^{-1})^2 \tag{8.42}$$

이 제어기를 갖는 시스템에 단위 포물선 입력을 인가할 때, 시스템의 정상 상태 오차를 알아본다. 이 시스템의 정상 상태 오차는 식(8.26)으로부터 다음과 같이 구할 수 있다.

$$e_{ss} = \lim_{z\to 1}\frac{K_3}{K_0}(1-z^{-1})^4 R(z) \tag{8.43}$$

따라서 시스템의 입력으로 다음과 같은 단위 포물선 입력이 인가될 때,

$$R(z) = \frac{T^2(1+z^{-1})z^{-1}}{(1-z^{-1})^3} \tag{8.44}$$

식(8.44)를 식(8.43)에 대입하면, 단위 포물선 입력에 대한 시스템 정상 상태 오차를 다음과 같이 구할 수 있다.

$$\begin{aligned} e_{ss} &= \lim_{z\to 1}\frac{K_3}{K_0}(1-z^{-1})^4\,\frac{T^2(1+z^{-1})z^{-1}}{(1-z^{-1})^3} \\ &= \frac{K_3T^2}{K_0}\lim_{z\to 1}(1-z^{-1})(1+z^{-1})z^{-1} = 0 \end{aligned} \tag{8.45}$$

따라서 식(8.45)로부터 식(8.42)의 2차 피드포워드 제어기는 포물선 입력에 대해 0의 정상 상태 오차를 갖는 것을 알 수 있다.

8.5 설계 예

7장에서의 모터 위치제어 시스템에 대해, 피드포워드 제어기를 설계해 보자. 모

터 위치제어 시스템은 다음과 같은 개루프 전달함수를 갖는다.

$$\frac{X(z)}{U(z)} = K_a K_c \frac{0.002439z^{-1} + 0.002308z^{-2}}{(1-z^{-1})(1-0.8476z^{-1})} \tag{8.46}$$

여기서, K_a=24/1500, K_c=2048/(2π)이라 가정한다. 따라서 식(8.46)은 다음과 같이 다시 쓸 수 있다.

$$\frac{X(z)}{U(z)} = \frac{0.01272z^{-1} + 0.01204z^{-2}}{1-1.8476z^{-1} + 0.8476z^{-2}} \tag{8.47}$$

이와 같이 주어진 플랜트 모델에 대해, 2차 근사 역 모델 피드포워드 제어기를 적용했을 때 시스템의 시간응답을 알아보기 위한 컴퓨터 시뮬레이션을 하여 본다.

다음은 근사모델 피드포워드 제어기의 게인을 식(8.29)~식(8.34)을 사용하여 계산하는 C프로그램 코드이다.

리스트 8.1 근사모델 피드포워드 보상 게인의 계산

```
#include<stdio.h>
#include<math.h>
#define M     4  // order of feedforward compensator
void FeedforwardGain(double*theta,double*kff);
double Ka=24.0/1500,Kc=2048/2/3.141592;
double a1=-1.847665,a2=.847665,b1=0.002439*Ka*Kc,b2=0.002308*Ka*Kc;
void main()
{
        int k;
        double kff[50],theta[4];
        FeedforwardGain(theta,kff);
        for(k=0;k<=M;k++)
                printf("kff[%d]=%f\n",k,kff[k]);
}
void FeedforwardGain(double*theta,double*kff)
{
        int i;
        theta[0]=-a1;theta[1]=-a2;theta[2]=b1;theta[3]=b2;
        kff[0]=(1.-theta[0]-theta[1])/(theta[2]+theta[3]);
```

```
        kff[1]=((theta[2]+2.*theta[3])*kff[0]+theta[0]+2.
                *theta[1])/(theta[2]+theta[3]);
        kff[2]=((theta[2]+2.*theta[3])*kff[1]-theta[3]*
                kff[0]-theta[1])/(theta[2]+theta[3]);
        for(i=3;i<=M;i++)
                kff[i]=((theta[2]+2.*theta[3])*kff[i-1]-
                       theta[3]*kff[i-2])/(theta[2]+theta[3]);
}
```

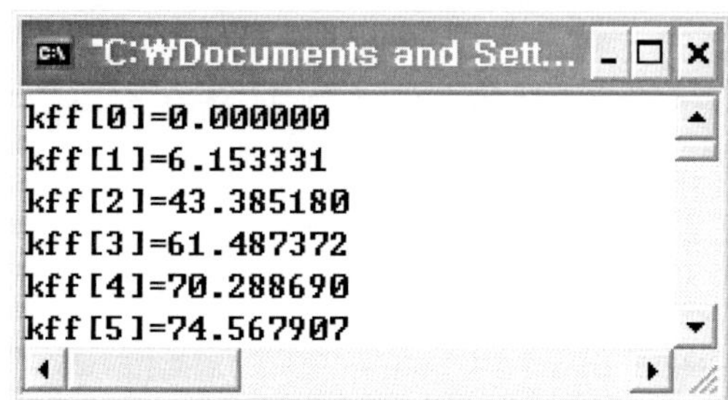

그림 8.3 피드포워드 게인 계산 결과

그림 8.3은 리스트 8.1의 실행결과이며, 이 결과로부터 2차 피드포워드 제어기는 다음과 같이 설계된다.

$$\frac{U_{ff}(z)}{R(z)} = 6.1533(1 - z^{-1}) + 43.3851(1 - z^{-1})^2 \tag{8.48}$$

다시 식(8.48)을 차분 방정식으로 바꾸면, 다음과 같다.

$$u_{ff}(k) = 6.1533(r(k) - r(k-1)) + 43.3851(r(k) - 2r(k-1) + r(k-2)) \tag{8.49}$$

다음은 식(8.49)의 피드포워드 제어기의 제어 출력을 계산하는 C프로그램 코드이다.

리스트 8.2 피드포워드 제어기의 제어 출력 계산

```
double FeedforwardComp(double u,double*kff)
{
        static double u1,u2,uc;
        uc=kff[0]*u+kff[1]*(u-u1)+kff[2]*(u-2*u1+u2);
        u2=u1;
```

```
        u1=u;
        return uc;
}
```

피드백 제어기는 다음과 같이 1의 비례 게인을 갖는 비례제어기로 설계한다.

$$u_{fb}(k) = r(k) - x(k) \tag{8.50}$$

먼저, 다음 그림과 같이 식(8.50)의 피드백 제어기만을 갖는 제어 시스템을 고려한다.

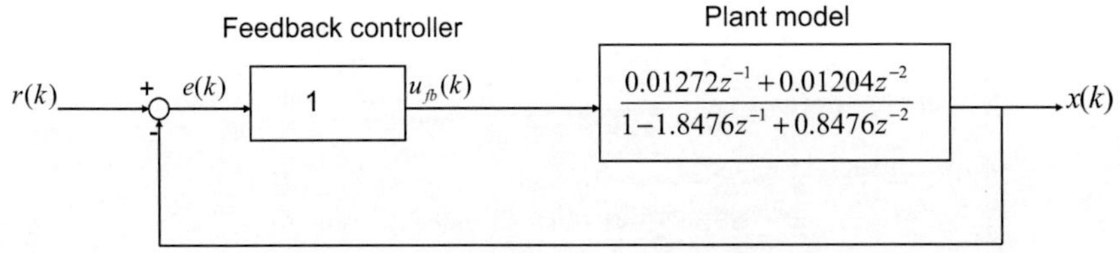

그림 8.4 피드백 제어기만 있는 경우

이 시스템에 단위 계단 입력을 적용했을 때의 결과는 그림 8.5와 같다.

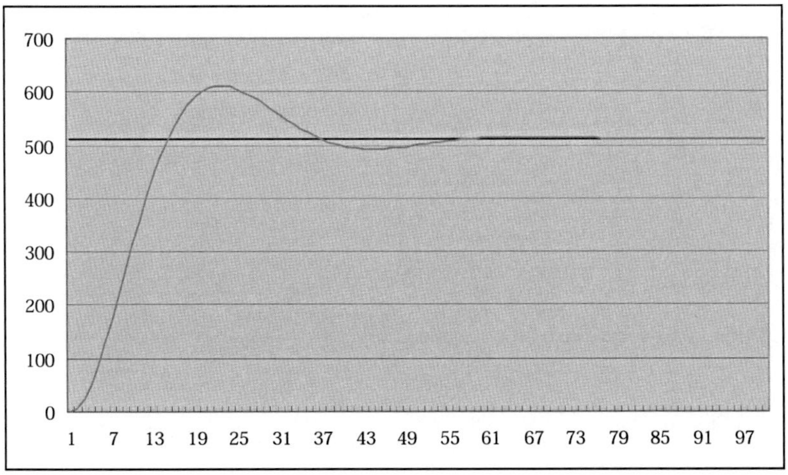

그림 8.5 피드백 제어기만을 고려한 경우의 단위 계단 응답

이 그림을 통해, 이 시스템의 정상 상태 위치 오차는 0인 것을 알 수 있다. 이는

주어진 식(8.46)의 시스템이 1형의 시스템이기 때문이다. 따라서 이 시스템에 대한 0차 피드포워드 보상 게인은 0이 된다. 그림 8.6은 이 시스템의 단위 경사 입력에 대한 정상 상태 오차를 보여준다.

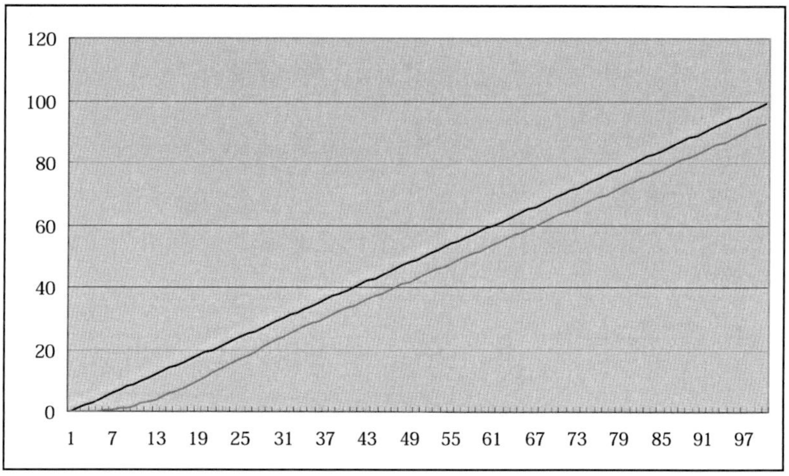

그림 8.6 비례제어기의 단위 경사 응답

이 그림을 통해, 이 시스템의 정상 상태 속도 오차는 0이 아닌 상수의 값인 알 수 있다. 이는 시스템이 1형의 시스템이기 때문이다. 이 사실은 8장에서 확인한 바 있다. 이제 다음 그림 8.7과 같이 제어시스템에 1차 피드포워드 제어기를 추가한다.

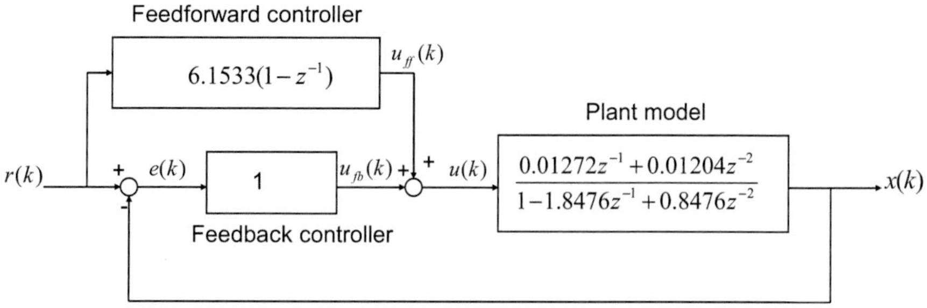

그림 8.7 1차 피드포워드를 추가한 경우

이 시스템에 단위 경사 입력을 적용했을 때의 결과는 그림 8.8과 같다.

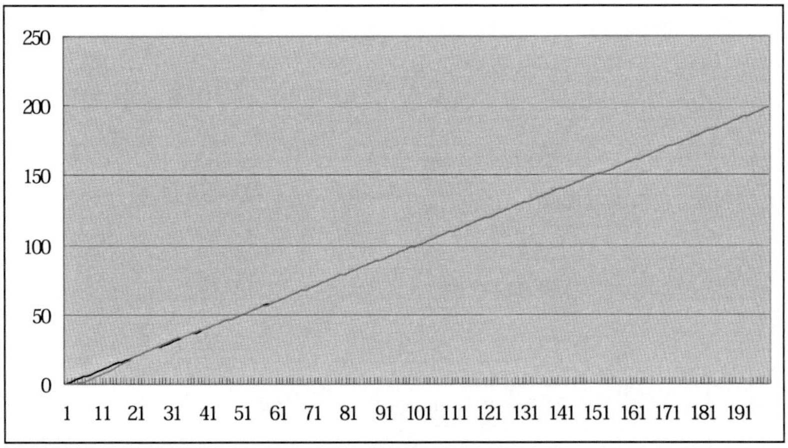

그림 8.8 1차 피드포워드를 추가한 경우의 시간 경사 응답

이 그림을 통해, 이 시스템의 정상 상태 속도 오차는 0인 되는 것을 알 수 있다. 즉 1차 피드포워드 제어기는 1차 입력인 경사입력에 대해 정상 상태 오차가 0이 된다는 식(8.41)의 사실을 시뮬레이션을 통해 확인할 수 있다. 이번에는 이 시스템이 단위 포물선 경사입력을 받을 때, 시간응답을 알아본다. 그 결과는 그림 8.9와 같다.

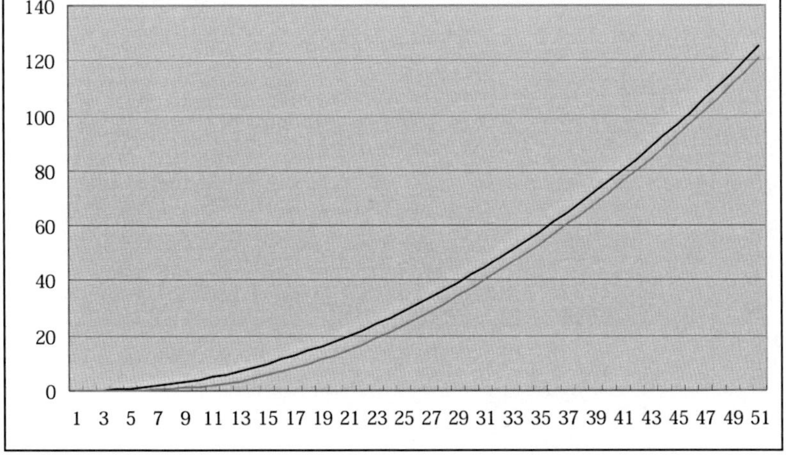

그림 8.9 1차 피드포워드를 추가한 경우의 시간 포물선 응답

이 그림을 통해, 이 시스템의 정상 상태 가속도 오차는 0이 아닌 것을 알 수 있다. 이제 이 정상 상태 가속도 오차를 0으로 만들기 위해, 다음과 같이 피드포워드 제어기를 2차 시스템으로 설계한다.

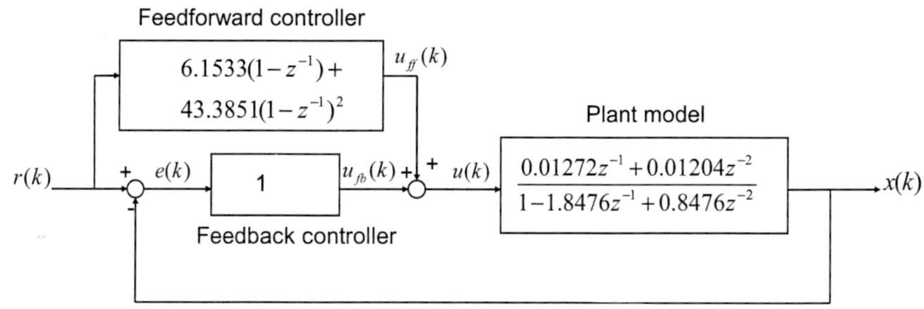

그림 8.10 2차 피드포워드를 추가한 경우

그리고 이 2차 피드포워드 제어기를 적용했을 경우, 단위 포물선 입력에 대한 시간 응답은 그림 8.11과 같다. 그림 8.12는 이때의 오차곡선을 보여준다. 시간이 지남에 따라 오차는 0에 수렴함을 알 수 있다.

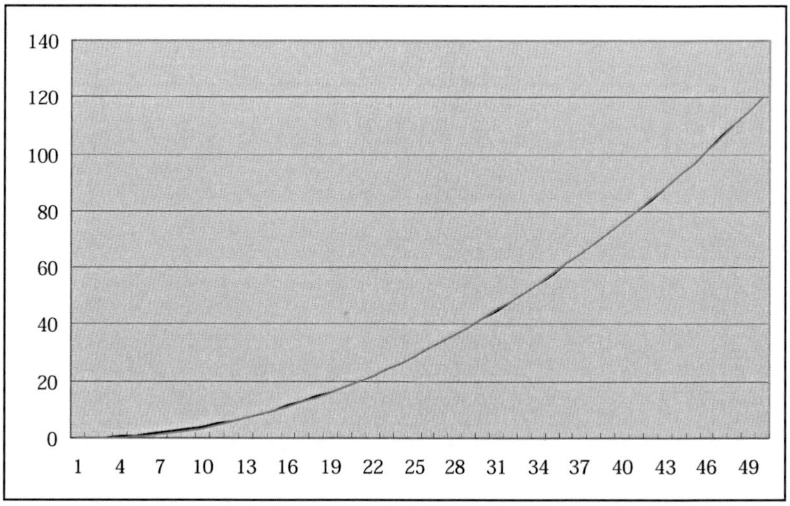

그림 8.11 2차 피드포워드 제어기의 포물선 시간 응답

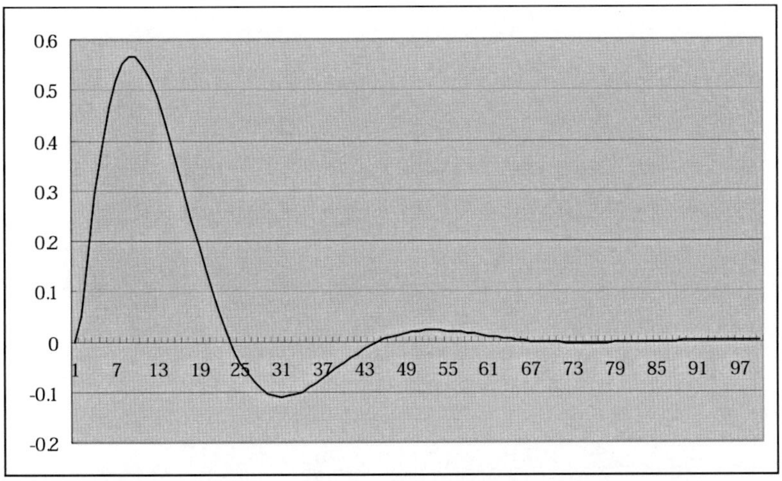

그림 8.12 2차 피드포워드 제어기의 포물선 입력에 대한 오차곡선

다음은 그림 8.11의 제어 시스템을 시뮬레이션하기 위한 C프로그램 코드를 보여준다.

리스트 8.3 피드포워드 제어기를 갖는 시스템의 시간응답

```
#include<stdio.h>
#include<math.h>
#define FileName "ParaK2.xls"
#define STEP        0
#define RAMP        1
#define PARABOLIC   2
#define INPUT_TYPE  2    // INPUT_TYPE=0:step, 1:ramp, 2:parabolic
#define T        0.001   //T=sampling time(sec)
#define N           200
#define M           2    // order of feedforward compensator
void reference_input_set(int itype,int no_of_samples, double *r);
double PID_control(double e);
double PlantOut(double u,double*theta);
void FeedforwardGain(double*theta,double*kff);
double FeedforwardComp(double u,double*kff);
double Ka=24.0/1500,Kc=2048/2/3.141592;
double a1=-1.847665,a2=.847665,b1=0.002439*Ka*Kc,b2=0.002308*Ka*Kc;
void main()
{
        FILE *fp;
```

```
    int k;
    static double u,x[N],r[N],uff;
    double theta[4], kff[3];
    theta[0]=-a1;theta[1]=-a2;theta[2]=b1;theta[3]=b2;
    fp=fopen(FileName,"w");
    reference_input_set(INPUT_TYPE,N,r);
    x[0]=0.;
    FeedforwardGain(theta,kff);
    for (k=0;k<N;k++)
    {
        uff=FeedforwardComp(r[k],kff);
        u=PID_control(r[k]-x[k]);          //feedback control
        x[k+1]=PlantOut(u+uff,theta);      //plant output
    }
    for (k=0;k<N;k++)
    {
        printf("%d\t%10.6f\t%10.6f\t%10.6f\n",k,r[k],x[k],r[k]-x[k]);
        fprintf(fp,"%d\t%10.6f\t%10.6f\t%10.6f\n",k,r[k],x[k],r[k]-x[k]);
    }
    for(k=0;k<3;k++)
        printf("kff[%d]=%f\n",k,kff[k]);
    fclose(fp);
}
```

8.6 직렬형 피드포워드 제어구조

이번에는 그림 8.13과 같이 피드포워드 제어기가 PID 제어기 앞에 직렬형 구조로 구성되는 직렬형 피드포워드 제어기 설계방법을 알아본다. 먼저 피드포워드 제어기를 3차 게인을 갖도록 역모델 기반으로 설계될 때, 직렬형 피드포워드 제어기의 펄스 전달함수는 다음과 같이 PID 제어기를 역모델 구조로 포함하는 식으로 표현된다.

$$\frac{U'_{ff}(z)}{R(z)} = \frac{k_{ff1}(1-z^{-1})^2 + k_{ff2}(1-z^{-1})^3 + k_{ff3}(1-z^{-1})^4}{k_i + k_p(1-z^{-1}) + k_d(1-z^{-1})^2} \tag{8.51}$$

이를 정리하면 다음과 같다.

$$\frac{U'_{ff}(z)}{R(z)} = \frac{k_{ff1}(1-z^{-1})^2 + k_{ff2}(1-z^{-1})^3 + k_{ff3}(1-z^{-1})^4}{k_p + k_i + k_d - (k_p + 2k_d)z^{-1} + k_d z^{-2}} \tag{8.52}$$

식(8.52)로부터 차분 방정식을 구하면 다음과 같다.

$$u'_{ff}(k) = \frac{(k_p + 2k_d)u_{ff}(k-1) - k_d u_{ff}(k-2) + k_{ff1}\Delta^2 r(k) + k_{ff2}\Delta^3 r(k) + k_{ff3}\Delta^4 r(k)}{k_p + k_i + k_d} \tag{8.53}$$

여기서,

$$\Delta r(k) = r(k) - r(k-1) \tag{8.54}$$

$$\Delta^n r(k) = \Delta^{n-1} r(k) - \Delta^{n-1} r(k-1) \tag{8.55}$$

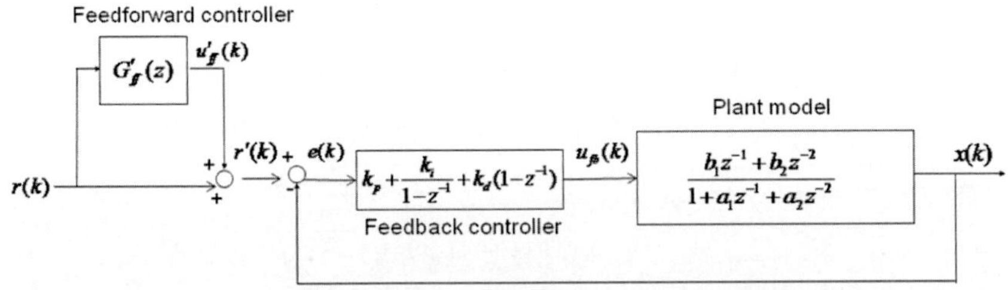

그림 8.13 직렬형 피드포워드 제어기의 구조

다음은 식(8.53)의 차분 방정식을 기반으로 C 코드로 구현한 예를 보여준다.

리스트 8.4 직렬형 피드포워드 제어기를 구현한 C프로그램

```
for(int k=0;k<samp_num;k++)
{
    if(k==0)
      rff[k]=(k1*r[k]+k2*r[k]+k3*[k])/(kp+ki+kd);
    else if(k==1)
      rff[k]=((kp+2*kd)*rff[k-1]
             +k1*(r[k]-2*r[k-1])+k2*(r[k]-3*r[r-1])
             +k3*(r[k]-4*r[k-1])/(kp+ki+kd);
    else if(k==2)
      rff[k]=((kp+2*kd)*rff[k-1]-kd*rff[k-2]
             +k1*(r[k]-2*r[k-1])+k2*(r[k]-3*r[r-1]+3*r[k-2])
             +k3*(r[k]-4*r[k-1]+6*r[k-2]))/(kp+ki+kd);
    else if(k==3)
      rff[k]=((kp+2*kd)*rff[k-1]-kd*rff[k-2]
             +k1*(r[k]-2*r[k-1]+r[k-2])+k2*(r[k]-3*r[k-1]+3*r[k-2]-r[k-3])
             +k3*(r[k]-4*r[k-1]+6*r[k-2]-4*r[k-3]))/(kp+ki+kd);
```

```
    else
        rff[k]=((kp+2*kd)*rff[k-1]-kd*rff[k-2]
                +k1*(r[k]-2*r[k-1]+r[k-2])+k2*(r[k]-3*r[r-1]+3*r[k-2]-r[k-3])
                +k3*(r[k]-4*r[k-1]+6*r[k-2]-4*r[k-3]+r[k-4]))/(kp+ki+kd);
}
```

8.7 정상 상태 오차와 피드포워드 제어게인

이 절에서는 플랜트 파라미터 대신, 그림 8.13과 같이 비례제어기와 피드포워드 제어기를 갖는 제어시스템의 정상 상태 오차로부터 피드포워드 게인을 구하는 방법을 알아본다. 먼저, 식(8.9)식으로부터 플랜트 모델은 다음과 같이 쓸 수 있다.

$$G(z)=\frac{1}{K_0+K_1(1-z^{-1})+K_2(1-z^{-1})^2+R_3(z)} \tag{8.56}$$

여기서, $R_n(z)=\sum_{m=n}^{\infty}K_n(1-z^{-1})^n$이다.

그림 8.13에서 피드포워드 제어기를 적용하지 않았을 때의 출력은 다음과 같이 쓸 수 있다.

$$X(z)=\frac{K_pG(z)}{1+K_pG(z)}R(z) \tag{8.57}$$

그리고 시스템 오차는 다음과 같다.

$$E(z)=R(z)-X(z)=\frac{R(z)}{1+K_pG(z)} \tag{8.58}$$

식(8.62)과 식(8.64)으로부터, 크기가 R_0인 계단입력 $R(z)=\frac{R_0}{1-z^{-1}}$에 대한 정상상태 오차를 e_{ss0}라 한다면 e_{ss0}는 다음과 같이 구할 수 있다.

$$\begin{aligned}e_{ss0}&=R_0\lim_{z\to1}[(1-z^{-1})\cdot\frac{1}{1+K_pG(z)}\cdot\frac{1}{1-z^{-1}}]\\&=R_0\lim_{z\to1}[\frac{G^{-1}(z)}{G^{-1}(z)+K_p}]\\&=R_0\lim_{z\to1}[\frac{K_0+R_1(z)}{K_0+R_1(z)+K_p}]\end{aligned}$$

$$= \frac{R_0 K_0}{K_0 + K_p} \tag{8.59}$$

따라서 0차 피드포워드 제어기의 게인은 식(8.54)로부터 다음과 같이 구할 수 있다.

$$K_o = \frac{K_p e_{ss0}}{R_0 - e_{ss0}} \tag{8.60}$$

이번에는 0차 피드포워드 제어기와 비례제어기를 적용했을 때, 크기 R_1을 갖는 경사입력 $R(z) = \frac{R_1 T z^{-1}}{(1-z^{-1})^2}$ 에 대한 시스템 오차를 구해보자.

그림 8.13에서 0차 피드포워드 제어기를 적용했을 때의 출력은 다음과 같이 쓸 수 있다.

$$X(z) = \frac{(K_p + K_0)G(z)}{1 + K_p G(z)} R(z) \tag{8.61}$$

그리고 시스템 오차는 다음과 같다.

$$E(z) = R(z) - X(z) = \frac{1 - K_0 G(z)}{1 + K_p G(z)} R(z) \tag{8.62}$$

식(8.58)과 식(8.62)로부터, 크기가 r_1인 계단입력 $R(z) = \frac{R_1 T z^{-1}}{(1-z^{-1})^2}$ 에 대한 정상 상태 오차를 e^0_{ss1}라 한다면 e^0_{ss1}는 다음과 같이 구할 수 있다.

$$\begin{aligned}
e^0_{ss1} &= R_1 T \lim_{z\to 1}[(1-z^{-1}) \cdot \frac{1 - K_0 G(z)}{1 + K_p G(z)} \cdot \frac{z^{-1}}{(1-z^{-1})^2}] \\
&= R_1 T \lim_{z\to 1}[\frac{G^{-1}(z) - K_0}{G^{-1}(z) + K_p} \cdot \frac{z^{-1}}{(1-z^{-1})}] \\
&= R_1 T \lim_{z\to 1}[\frac{K_1(1-z^{-1}) + R_2(z)}{K_0 + K_1(1-z^{-1}) + R_2(z) + K_p} \cdot \frac{z^{-1}}{(1-z^{-1})}] \\
&= \frac{R_1 T K_1}{K_o + K_p}
\end{aligned} \tag{8.63}$$

따라서 1차 피드포워드 제어기의 게인은 식(8.65)로부터 다음과 같이 구할 수 있다.

$$K_1 = \frac{K_0 + K_p}{TR_1} e_{ss1}^0 \tag{8.64}$$

같은 방법으로 확장하여 2차 피드포워드 게인을 정상 상태 오차로부터 구할 수 있다. 그림 8.13에서 1차 피드포워드 제어기와 비례제어기를 적용했을 때, 크기 R_2를 갖는 포물선입력 $R(z) = \frac{R_2 T^2 (1+z^{-1})z^{-1}}{2(1-z^{-1})^3}$ 에 대한 시스템 오차를 구해보자.

그림 8.13에서 1차 피드포워드 제어기를 적용했을 때의 출력은 다음과 같이 쓸 수 있다.

$$X(z) = \frac{(K_p + K_0 + K_1(1-z^{-1}))G(z)}{1 + K_p G(z)} R(z) \tag{8.65}$$

그리고 시스템 오차는 다음과 같다.

$$E(z) = R(z) - X(z) = \frac{1 - (K_0 + K_1(1-z^{-1}))G(z)}{1 + K_p G(z)} R(z) \tag{8.66}$$

식(8.62)과 식(8.71)로부터 크기가 R_2인 계단입력 $R(z) = \frac{R_2 T^2 (1+z^{-1})z^{-1}}{2(1-z^{-1})^3}$ 에 대한 정상 상태 오차를 $e^1{}_{ss2}$라 한다면 $e^1{}_{ss1}$는 다음과 같이 구할 수 있다.

$$\begin{aligned}
e_{ss2}^1 &= R_2 T^2 \lim_{z\to 1}[(1-z^{-1}) \cdot \frac{1-(K_0 + K_1(1-z^{-1}))G(z)}{1+K_p G(z)} \cdot \frac{z^{-1}(1+z^{-1})}{2(1-z^{-1})^3}] \\
&= R_2 T^2 \lim_{z\to 1}[\frac{G^{-1}(z) - K_0 - K_1(1-z^{-1})}{G^{-1}(z) + K_p} \cdot \frac{z^{-1}(1+z^{-1})}{2(1-z^{-1})^2}] \\
&= R_2 T^2 \lim_{z\to 1}[\frac{K_2(1-z^{-1})^2 + R_3(z)}{K_0 + K_1(1-z^{-1}) + K_2(1-z^{-1})^2 + R_3(z) + K_p} \cdot \frac{z^{-1}(1+z^{-1})}{2(1-z^{-1})^2}] \\
&= \frac{R_2 T^2 K_2}{K_o + K_p}
\end{aligned} \tag{8.67}$$

따라서 2차 피드포워드 제어기의 게인은 식(8.73)으로부터 다음과 같이 구할 수 있다.

$$K_2 = \frac{K_0 + K_p}{T^2 R_2} e_{ss2}^1 \tag{8.68}$$

이를 계속 확장해 나간다면, 피드포워드 게인은 다음과 같이 구할 수 있다.

$$K_m = \frac{K_0 + K_p}{T^m R_m} e_{ssm}^{m-1} \tag{8.69}$$

즉 m차 피드포워드 게인은 식(8.64)에 의해, m-1차 피드포워드 제어기가 갖는

m-1차 입력에 대한 오차로부터 얻어질 수 있다.

예제 8.1

그림 8.4의 모터의 위치제어 시스템에 대해, 정상 상태 오차법에 의해, 피드포워드 게인을 구하여 보자.

[풀이] 먼저, 주어진 시스템은 식(8.46)과 같이 개루프의 전달함수가 1형 시스템이므로, 전체 폐루프 시스템의 계단입력 $R(z)=\dfrac{R_0}{1-z^{-1}}$에 대한 정상 상태 오차 e_{ss0}는 크기가 R_0에 관계없이, 0이 된다. 리스트 8.3을 실행해 본 결과는 그림 8.14와 같다.

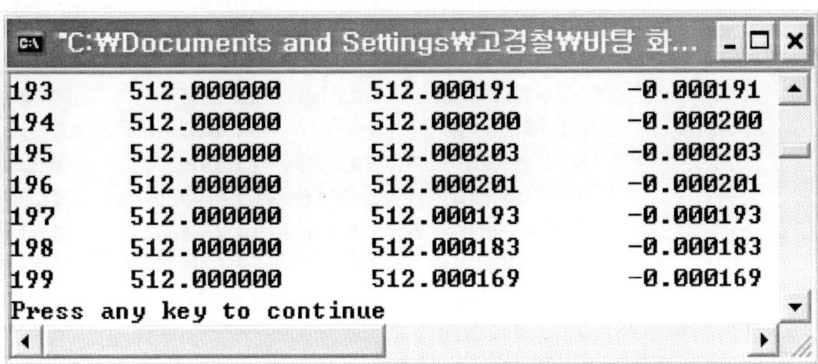

```
"C:\Documents and Settings\고경철\바탕 화...
193      512.000000      512.000191      -0.000191
194      512.000000      512.000200      -0.000200
195      512.000000      512.000203      -0.000203
196      512.000000      512.000201      -0.000201
197      512.000000      512.000193      -0.000193
198      512.000000      512.000183      -0.000183
199      512.000000      512.000169      -0.000169
Press any key to continue
```

그림 8.14 계단입력에 대한 비례제어기의 오차

따라서 식(8.55)에 $e_{ss0}=0$을 대입하면, 다음과 같은 결과를 얻는다.

$$K_o=0 \tag{8.76}$$

이번에는 0차 피드포워드 제어기와 비례제어기($K_p=1$)를 적용했을 때, 크기 1000을 갖는 경사입력($T=0.001$)에 대한 시스템 오차를 리스트 8.3을 실행하여 구해본다.

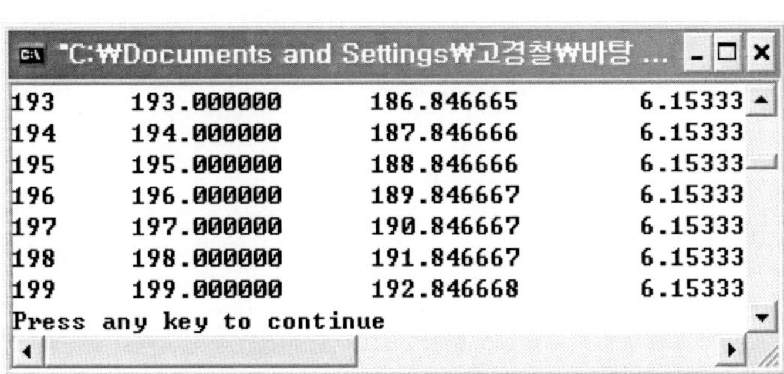

```
"C:\Documents and Settings\고경철\바탕 ...
193      193.000000      186.846665      6.15333
194      194.000000      187.846666      6.15333
195      195.000000      188.846666      6.15333
196      196.000000      189.846667      6.15333
197      197.000000      190.846667      6.15333
198      198.000000      191.846667      6.15333
199      199.000000      192.846668      6.15333
Press any key to continue
```

그림 8.15 경사입력에 대한 0차 피드포워드 제어기의 오차

따라서 식(8.70)에 $e_{ss0}=6.1533$을 대입하면, 다음과 같은 결과를 얻는다.

$$
\begin{aligned}
K_1 &= \frac{K_0 + K_p}{TR_1} e_{ss1}^0 \\
&= \frac{0+1}{0.001 \cdot 1000} 6.1533 \\
&= 6.1533 \qquad (8.77)
\end{aligned}
$$

마지막으로 1차 피드포워드 제어기와 비례제어기($K_p=1$)를 적용했을 때, 크기 100,000을 갖는 포물선입력 ($T=0.001$)에 대한 시스템 오차를 리스트 8.3을 실행하여 구해본다.

```
"C:₩Documents and Settings₩고경철₩바탕 ...
193      1862.450000      1858.111480      4.338520
194      1881.800000      1877.461480      4.338520
195      1901.250000      1896.911480      4.338520
196      1920.800000      1916.461480      4.338520
197      1940.450000      1936.111480      4.338520
198      1960.200000      1955.861480      4.338520
199      1980.050000      1975.711481      4.338519
Press any key to continue
```

그림 8.16 포물선입력에 대한 1차 피드포워드 제어기의 오차

따라서 식(8.74)에 $e_{ss1}=4.3385$을 대입하면, 다음과 같은 결과를 얻는다.

$$
\begin{aligned}
K_2 &= \frac{K_0 + K_p}{T^2 R_2} e_{ss2}^1 \\
&= \frac{0+1}{0.001^2 \cdot 100000} 4.3385 \\
&= 43.385 \qquad (8.78)
\end{aligned}
$$

8.8 요약

이 장에서는 원하는 기준 입력을 정상 상태 오차 없이 추종하기 위해 피드포워드 제어기를 설계하는 방법을 설명하였다. 피드포워드 제어기는 근사 역 모델들을

기반으로 설계된다. 근사 역 모델은 역 모델을 테일러 시리즈로 확장시켰을 때, m차의 부분 합을 취함으로써 만들어진다. 이러한 근사 역 모델 피드포워드 제어기는 m차 시스템으로 설계될 때, m차 다항식 입력을 정상 상태 오차 없이 추종할 수 있음을 보여준다. 다양한 구조의 제어시스템에 대해 피드포워드 제어 시뮬레이션을 통해 이 사실을 확인할 수 있다.

연습문제

8.1 식 (8.31)의 유도과정을 보여라.

8.2 식 (8.32)의 유도과정을 보여라.

8.3 식 (8.33)의 유도과정을 보여라.

8.4 식 (8.34)의 유도과정을 보여라.

8.5 식 (8.18)로부터 정상 상태 오차는 다음과 같이 쓸 수 있다.

$$e_{ss} = \lim_{z\to 1}(1-z^{-1})E(z) = \lim_{z\to 1}(1-z^{-1})[1-G_{ff}(z)G(z)]R(z)$$

위 공식을 적용하여 식(8.35)의 피드포워드 제어기가 식(8.29)의 시스템에 적용되었을 때, 식(8.37)의 결론처럼, 단위 계단 입력에 대한 정상 상태 오차가 0임을 증명하라.

8.6 식(8.46)의 시스템에 그림 8.6의 1차 피드포워드 제어기를 적용하고, 식(8.44)과 같은 단위 포물선 입력을 인가할 때, 시스템의 정상 상태 오차를 구하라.

8.7 식(8.48)의 결과를 식(8.46)과 식(8.31)~식(8.33)을 이용하여 계산하고, 확인하라.

8.8 그림 8.5의 결과를 출력하는 C프로그램을 작성하라.

8.9 식(8.46)의 시스템이 0형임을 확인하라.

8.10 시스템이 0형 시스템일 때, 이 시스템에 대한 근사 역 모델 피드포워드 제어기의 0차 게인은 0이 된다. 이를 증명하라.

8.11 그림 8.6의 결과를 출력하는 C프로그램을 작성하라.

8.12 식(8.46)의 시스템의 정상 상태 속도오차를 정상 상태 속도 오차 상수의 계산을 통해 구하고, 시뮬레이션을 통해 그림 8.6과 비교하라.

8.13 그림 8.8의 결과를 출력하는 C프로그램을 작성하라.

8.14 그림 8.9의 결과를 출력하는 C프로그램을 작성하라.

8.15 다음과 같은 시스템의 피드포워드 보상 게인을 2차까지 구하라.

(a) $G(z)=\dfrac{0.3679z^{-1}+0.2642z^{-2}}{1-1.3679z^{-1}+0.3679z^{-2}}$

(b) $G(z)=\dfrac{0.2227z^{-1}+0.1951z^{-2}}{1-1.2543z^{-1}+0.2543z^{-2}}$

(c) $G(z)=\dfrac{0.4673z^{-1}-0.3393z^{-2}}{1-1.5327z^{-1}+0.6607z^{-2}}$

(d) $G(z)=\dfrac{0.3679z^{-1}+0.2642z^{-2}}{1-z^{-1}+0.6321z^{-2}}$

Chapter

09 디지털 PIV 제어기

이 장에서는 디지털 PIV 제어기의 구조를 설명하고, 전장에서 유도한 DC 서보 모터의 이산 시간 모델에 대해 적용했을 때의 응답을 시뮬레이션하는 방법을 설명한다.

9.1 디지털 PID 제어기의 등가모델

PIV 제어기를 설명하기 기존 PID 제어기의 등가모델을 구해본다. PID 제어기 그림 9.1과 같이 주어진다고 가정할 때,

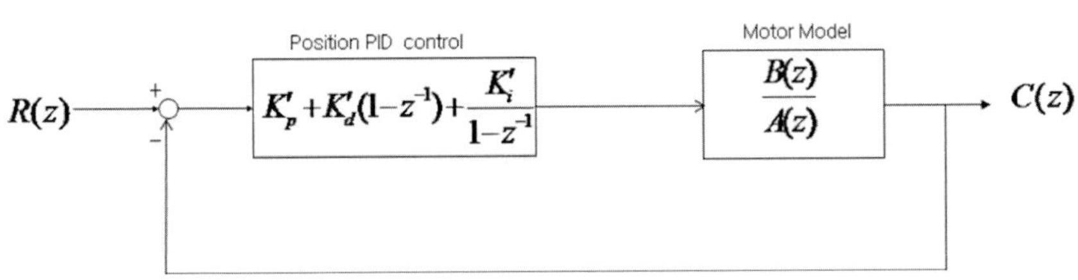

그림 9.1 PID 제어의 구조

전체 시스템 펄스 전달함수는 다음과 같다.

$$\frac{C(z)}{R(z)} = G(z) = \frac{(K'_p + K'_d(1-z^{-1}) + \frac{K'_i}{1-z^{-1}})B(z)}{A(z) + (K'_p + K'_d(1-z^{-1}) + \frac{K'_i}{1-z^{-1}})B(z)} \tag{9.1}$$

9.2 디지털 PIV 제어기

PIV 제어기는 PID 제어기와 더불어 실제 산업현장에서 많이 적용되는 제어방식이다. 자동 제어방식에서 가장 널리 사용되는 제어 방식이다. 그 구조는 그림

9.2와 같다. 이는 비례(P, proportional) 제어 동작, 적분(I, integral) 제어 동작 그리고 속도피드백(V, velocity feedback) 제어 동작으로 이루어진다. 이 시스템의 전체 펄스 전달함수를 구하면 다음과 같다.

$$G(z) = \frac{(K_p K_v + \frac{K_p K_i}{1-z^{-1}})B(z)}{A(z) + (K_p K_v + K_i + K_v(1-z^{-1}) + \frac{K_p K_i}{1-z^{-1}})B(z)} \tag{9.2}$$

이를 식(9.1)의 등가모델과 비교하면, 다음과 같은 PID 제어기와 PIV 제어기의 상관관계를 찾을 수 있다.

$$K_p' = K_p K_v + K_i \tag{9.3}$$

$$K_i' = K_p K_i \tag{9.4}$$

$$K_d' = K_v \tag{9.5}$$

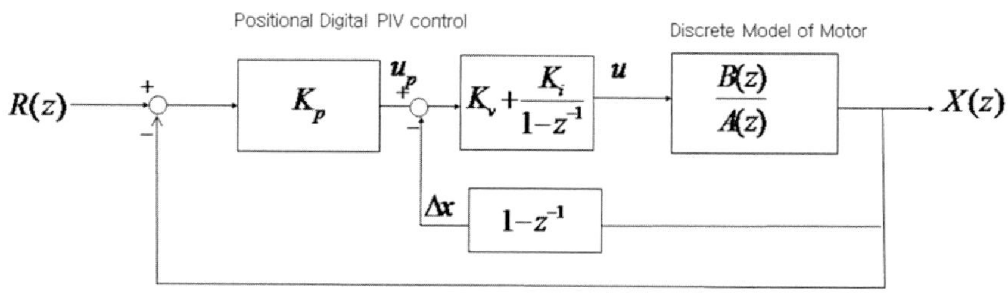

그림 9.2 디지털 PIV 제어기의 구조

식(9.3)~식(9.5)를 기반으로 역으로 PIV 제어기를 PID 제어기로부터 구하면 다음과 같은 관계식을 얻을 수 있다.

(i) $K_d' = 0$ 이고 $K_i' \neq 0$ 인 경우

$$K_p = K_i' / K_p' \tag{9.6}$$

$$K_i = K_p' \tag{9.7}$$

$$K_v = 0 \tag{9.8}$$

(ii) $K_d' \neq 0$ 이고 $K_i' = 0$ 인 경우

$$K_p = K_p' / K_d' \tag{9.9}$$

$$K_i = 0 \tag{9.10}$$

$$K_v = K'_d \tag{9.11}$$

(iii) $K'_d \neq 0$ 이고 $K'_i \neq 0$ 인 경우

$$K_p = \frac{K'_p + \sqrt{K'^2_p - 4K'_d K'_i}}{2K'_d} \tag{9.12}$$

$$K_i = \frac{K'_i}{K_p} \tag{9.13}$$

$$K_v = K'_d \tag{9.14}$$

그림 9.2의 디지털 PIV 제어기의 펄스 전달함수를 다시 쓰면, 다음과 같다.

$$U_p(z) = K_p E(z) \tag{9.15}$$

$$\Delta X(z) = (1 - z^{-1}) X(z) \tag{9.16}$$

$$U_i(z) = \frac{K_i}{1 - z^{-1}} (U_p(z) - \Delta X(z)) \tag{9.17}$$

$$U_v(z) = K_v (U_p(z) - \Delta X(z)) \tag{9.18}$$

$$U(z) = U_v(z) + U_i(z) \tag{9.19}$$

식(9.15)~(9.19)를 차분 방정식 형태로 쓰면 다음과 같다.

$$u_p(k) = K_p e(k) \tag{9.20}$$

$$\Delta x(k) = x(k) - x(k-1) \tag{9.21}$$

$$u_i(k) = u_i(k-1) + K_i (u_p(k) - \Delta x(k)) \tag{9.22}$$

$$u_v(k) = K_v (u_p(k) - \Delta x(k)) \tag{9.23}$$

$$u(k) = u_v(k) + u_i(k) \tag{9.24}$$

이제 식(9.20)~(9.24)를 계산하는 C프로그램을 함수의 형태로 다음과 같이 작성한다.

리스트 9.1 디지털 PIV 제어기 함수

```
double CMotorControlDlg::PIVControl(double r, double x, int k)
{
        double dx,u,up,ui,kp=m_kp,ki=m_ki,kv=m_kd;
        static double ui1,x1;
        if(k==0)
                ui1=x1=0.0;
        up=kp*(r-x);
        dx=x-x1;   //x1 is former x
        ui=ui1+ki*(up-dx);
        u=ui+kv*(up-dx);
        ui1=ui;
        x1=x;
        return u;
        }
```

9.3 PIV 제어 효과

그림 9.3은 PV 제어기만으로 제어기를 구성하고($K_i=0$), 속도제어 게인 $K_v=0.1$로 고정하고, 비례제어 게인 $K_p=10$, 20, 40, 80으로 변화시켰을 때의 계단입력에 대한 위치제어 시뮬레이션 결과를 보여 준다. 그림에서 알 수 있듯이, 시스템의 응답은 비례제어 게인 값이 커질수록 응답이 빨라지나, 반면에 진동특성이 심해지고

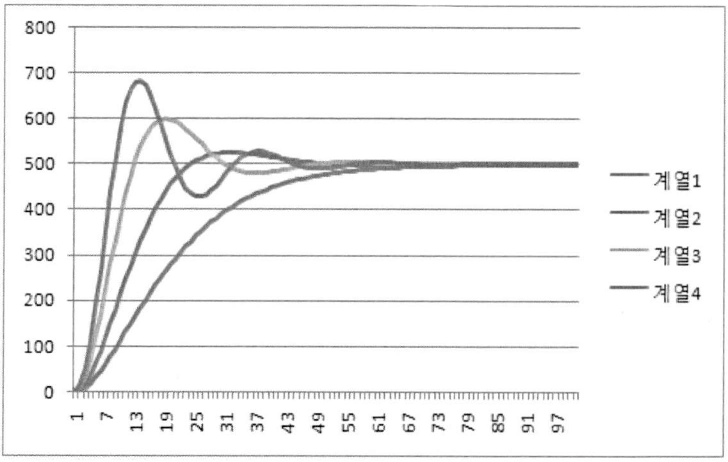

그림 9.3 비례제어 이득의 변화($K_p=10$, 20, 40, 80)에 따른 계단파 입력에 대한 응답곡선

진동수도 높아지게 된다.

그림 9.4는 비례제어 게인과 속도제어 게인의 곱($K_p * K_v$)을 8로 고정하고, 속도제어 게인 K_v=0.1, 10, 20, 40으로 변화시켰을 때의 계단입력에 대한 위치제어 시뮬레이션 결과를 보여준다. 그림에서 알 수 있듯이, 시스템의 응답은 속도제어 게인 값이 커질수록 진동특성이 다소 감소된다.

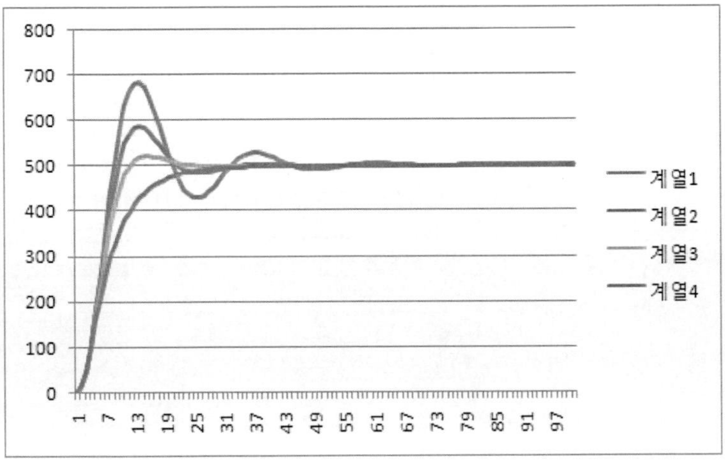

그림 9.4 속도제어 이득의 변화(K_v=0.1, 10, 20, 40)에 따른 계단파 입력에 대한 응답곡선

식(9.3)~식(9.5)의 상관관계로부터 적분 제어기가 0이고, 미분 제어기가 거의 0에 가까울 때, 두 제어기는 가장 유사한 형태가 됨을 알 수 있다. 예를 들어 PID 제어기에서 비례제어 게인이 1이고, 적분제어 게인이 0 그리고 미분제어 게인이 0.001일 때, 등가 PIV 제어 게인은 식(9.9)~식(9.11)에 의해 다음과 같이 계산된다.

$$K_p = \frac{K_p^{'}}{K_d^{'}} = \frac{1}{0.01} = 100$$

$$K_v = K_d^{'} = 0.01$$

그림 9.5는 PID 제어와 PIV 제어의 등가성을 보여주는 시뮬레이션 결과이다. 그림 9.6은 두 제어기간의 차이가 대략 0.08% 이하임을 보여준다.

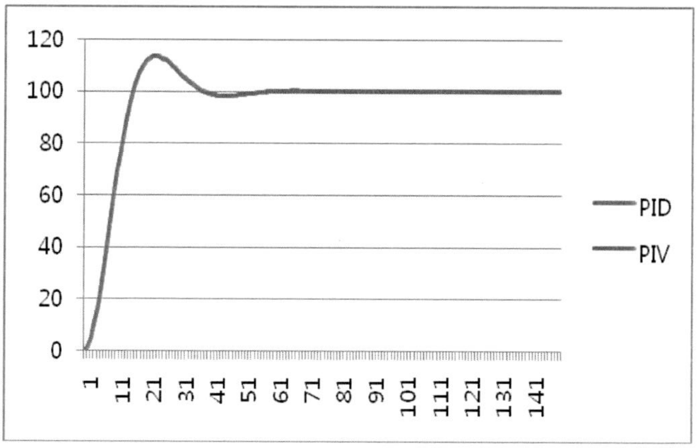

그림 9.5 PID(K_p=1, K_i=0, K_d=0.01) 제어와 PIV(K_p=100, K_i=0, K_v=0.01) 제어의 계단파 입력에 대한 응답곡선

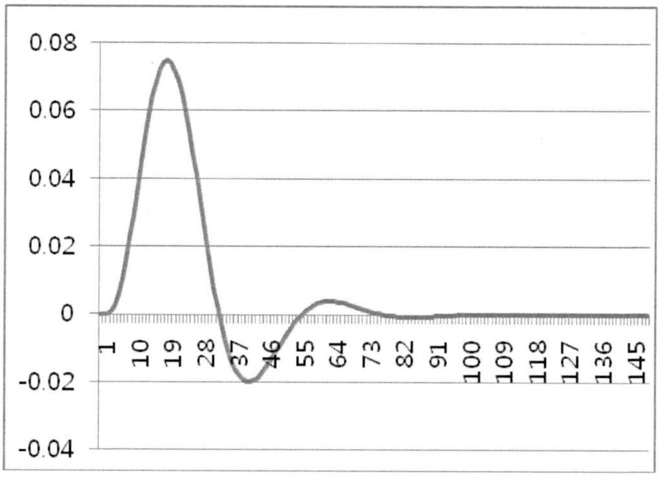

그림 9.6 PID(K_p=1, K_i=0, K_d=0.01)제어와 PIV(K_p=100, K_i=0, K_d=0.01) 제어의 계단파 입력에 대한 오차곡선

9.4 PIV 제어기를 위한 피드포워드 제어기 설계

이 절에서는 8장에서 설명한 디지털 피드포워드 제어기를 그림 9.7과 같이 PIV 제어기와 함께 병렬형 구조로 설계하는 방법을 다룬다.

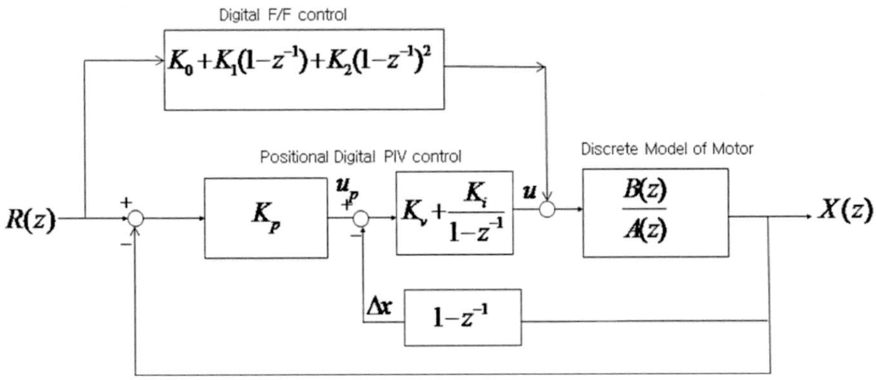

그림 9.7 PIV 제어기를 위한 병렬형 피드포워드 제어기 구조

그림 9.7의 제어시스템의 블록도는 그림 9.8과 같이 등가형 구조로 다시 그릴 수 있다.

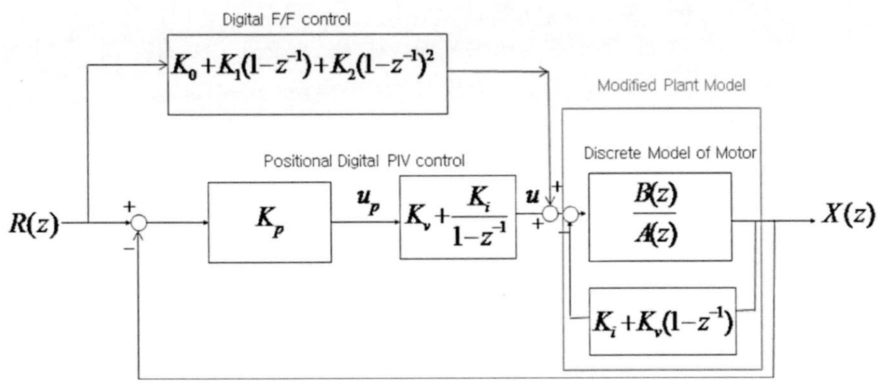

그림 9.8 PIV + F/F 제어시스템의 등가 구조

그림 9.8에서 IV 제어기가 피드백되는 변형플래트모델(Modifed Plant Model)의 펄스 전달함수는 다음과 같이 구해진다.

$$G_e(z)=\frac{\dfrac{B(z)}{A(z)}}{1+(K_v(1-z^{-1})+K_i)\dfrac{B(z)}{A(z)}} \tag{9.25}$$

여기서,

$$\frac{B(z)}{A(z)}=\frac{b_{p1}z^{-1}+b_{p2}z^{-2}}{1+a_{p1}z^{-1}+a_{p2}z^{-2}} \tag{9.26}$$

이다. 식(9.26)을 식(9.25)에 대입하면,

$$G_e(z) = \frac{b_{p1}z^{-1} + b_{p2}z^{-2}}{1 + (a_{p1} + (K_i + K_v)b_{p1})z^{-1} + (a_{p2} + (K_i + K_v)b_{p2} - K_v b_{p1})z^{-2} - b_{p2}K_v z^{-3}} \tag{9.27}$$

이다. 식(9.27)은 다음과 같이 다시 쓸 수 있다.

$$G_e(z) = \frac{b_1 z^{-1} + b_2 z^{-2}}{1 + a_1 z^{-1} + a_2 z^{-2} + a_3 z^{-3}} \tag{9.28}$$

여기서

$$a_1 = a_{p1} + (K_i + K_v)b_{p1} \tag{9.29}$$

$$a_2 = a_{p2} + (K_i + K_v)b_{p2} - K_v b_{p1} \tag{9.30}$$

$$a_3 = -K_v b_{p2} \tag{9.31}$$

이다. 식(9.27)과 같이 플랜트 모델이 3차 시스템으로 주어지는 경우, 이 플랜트에 대한 피드포워드 제어기를 설계해 본다. 이러한 3차 시스템에 대한 피드포워드 제어게인의 유도는 8장에서 구했던 근사 역 모델 계수 계산방식을 적용하여 다음과 같이 구할 수 있다.

$$K_0 = \frac{1 + a_1 + a_2 + a_3}{b_1 + b_2} \tag{9.32}$$

$$K_1 = \frac{(b_1 + 2b_2)K_0 - (a_1 + 2a_2 + 3a_3)}{b_1 + b_2} \tag{9.33}$$

$$K_2 = \frac{(b_1 + 2b_2)K_1 - b_2 K_0 + a_2 + 3a_3}{b_1 + b_2} \tag{9.34}$$

$$K_3 = \frac{(b_1 + 2b_2)K_2 - b_2 K_1 + 3a_3}{b_1 + b_2} \tag{9.35}$$

그리고 $n \geq 4$ 이후에는

$$K_n = \frac{(b_1 + 2b_2)K_{n-1} - b_2 K_{n-2}}{b_1 + b_2} \tag{9.36}$$

가 된다. 다음은 식(9.32)~식(9.35)의 결과 식들을 C 프로그램 코드로 구현한 예를 보여준다.

리스트 9.2 PIV 제어기에 대한 피드포워드 제어게인을 계산하는 C프로그램

```
void FeedforwardGain(double*theta, double*kff)
{
    kff[0]=(1.0-theta[0]-theta[1]-theta[2])/(theta[3]+theta[4]);
    kff[1]=((theta[3]+2.*theta[4])*kff[0]+theta[0]+2.*theta[1]+
           3.*theta[2])/(theta[3]+theta[4]);
    kff[2]=((theta[3]+2.*theta[4])*kff[1]-theta[4]+kff[0]-theta[1]
           -3.*theta[2])/(theta[3]+theta[4]);
    kff[3]=((theta[3]+2.*theta[4])*kff[2]-theta[4]*kff[1]
           -3.*theta[2])/(theta[3]+theta[4]);}
}
```

예제 9.1

소형 DC 모터의 위치제어 플랜트가 다음과 같이 주어질 때,

$$G_p(z) = \frac{0.01272z^{-1} + 0.01203z^{-2}}{1 - 1.8476z^{-1} + 0.8476z^{-2}} \tag{9.37}$$

그리고 그림 9.9와 같이 주어지는 PIV 제어시스템(K_p=10, K_i=0, K_v=0.1)에 대해 피드포워드 제어 게인을 계산해 보자.

[풀이] 먼저 식(9.36)으로부터 다음과 같이 등가 시스템 파라미터를 구할 수 있다.

$$a_1 = a_{p1} + (K_i + K_v)b_{p1} = -1.8476 + 0.1 * 0.01272 = -1.84639 \tag{9.38}$$

$$a_2 = a_{p2} + (K_i + K_v)b_{p2} - K_v b_{p1} = 0.84759 + 0.1 \times 0.01203 - 0.1 \times 0.01272 \\ = 0.84759 \tag{9.39}$$

$$a_3 = -K_v b_{p2} = -0.1 \times 0.01203 = -0.001203 \tag{9.40}$$

식(9.38)~식(9.40)의 결과식들을 식(9.31)~(9.33)에 대입하면, 다음과 같이 피드포워드 게인값을 구할 수 있다.

$$\begin{aligned} K_0 &= 0.0 \\ K_1 &= 6.252 \\ K_2 &= 43.378 \end{aligned} \tag{9.41}$$

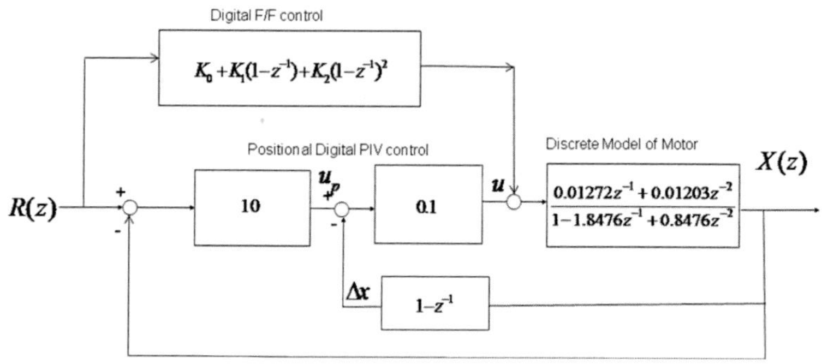

그림 9.9 소형 모터 제어 시스템을 위한 PIV+F/F 제어 블록도

9.5 PIV+F/F 제어 시뮬레이션

이 장에서는 PIV 제어기와 9.3절의 피드포워드 제어기를 적용했을 때의 효과를 시뮬레이션을 통해 알아본다. 먼저, 그림 9.11은 그림 9.10과 같이 PIV 제어기(K_p $=10$, $K_i=0$, $K_i=0.1$)만을 적용했을 때의 계단응답 시뮬레이션결과를 보여준다.

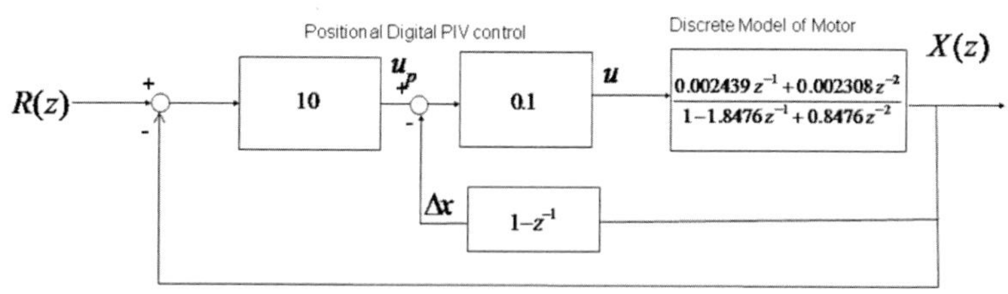

그림 9.10 PIV($K_p=10$, $K_i=0$, $K_v=0.1$) 제어기를 적용했을 때 모터 제어 시스템 블록도

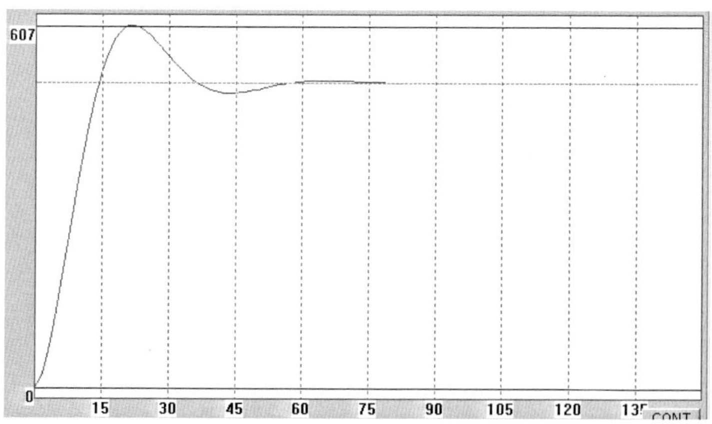

그림 9.11 5 PIV($K_p=10$, $K_i=0$, $K_v=0.1$) 제어의 계단응답

그리고 그림 9.12는 같은 조건에서 경사입력에 대한 응답곡선을 보여준다. 그림 9.12에서 알 수 있듯이, PIV 제어기에서는 경사입력에 대해, 정상 상태 오차가 발생한다. 그림 9.13은 PIV 제어기에 1차 피드포워드를 추가했을 때의 제어블록도를 보여준다.

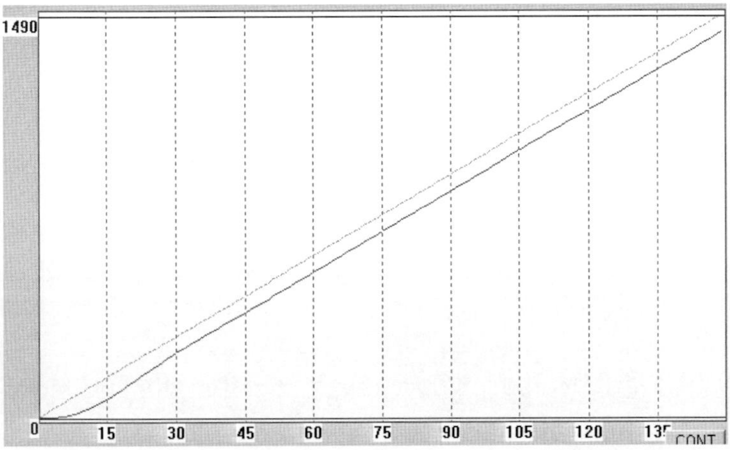

그림 9.12 5 PIV(K_p=10, K_i=0, K_v=0.1) 제어의 경사응답

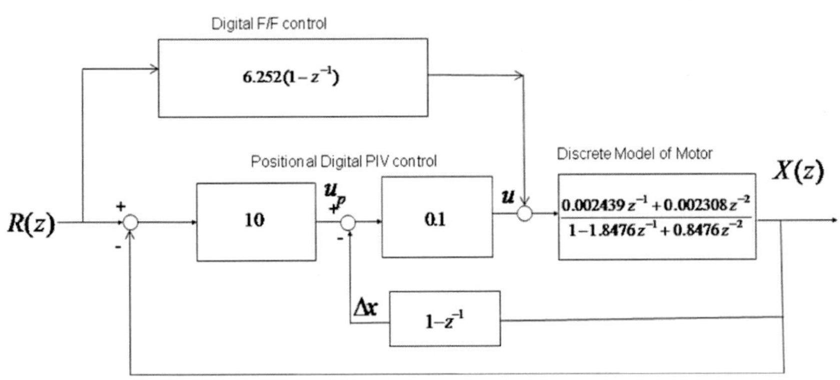

그림 9.13 PIV 제어기(K_p=10, K_i=0, K_v=0.1)와 1차 피드포워드 제어(K_1=6.252)의 시스템 블록도

9.6 요약

이 장에서는 산업용 제어기에서 많이 사용되는 PID 제어기와는 또 다른 형태의 디지털 PIV 제어기를 알아보았으며, C프로그램을 이용하여 제어 응답을 컴퓨터 시뮬레이션을 통해 계산하여 보았다. 또한 구한 차분 방정식을 이용하여 시스템의

응답을 컴퓨터로 계산할 수 있었다. 이 컴퓨터 시뮬레이션은 디지털 제어 시스템의 설계 및 성능을 분석하는 데 매우 유용하다. 또한 시뮬레이션을 통해 PIV 제어의 효과에 대해 간략히 알아보았다.

연습문제

9.1 수식(9.12)을 유도하여 보라.

9.2 컴퓨터 시뮬레이션을 통해, PIV 제어기의 적분제어 효과를 경사입력에 대해 알아보라.

9.3 식(9.32)~식(9.36)을 식(8.56)과 근사 역 모델 계수식 식(8.10)를 식(8.29)에 적용하여 유도하라.

9.4 PIV 제어기에 1차 피드포워드를 추가한 그림 9.13의 제어시스템의 경사입력에 대한 시뮬레이션을 하여 보고 그림 9.12와 같이 그 결과를 도시하라.

Chapter

10 플랜트 매개변수 추정

앞 장에서 DC 모터의 모델은 다음과 같이, 이산 2차 선형 모델로 표현됨을 알 수 있었다.

$$\frac{X(z)}{U(z)} = \frac{b_1 z^{-1} + b_2 z^{-2}}{1 + a_1 z^{-1} + a_2 z^{-2}} \tag{10.1}$$

여기서 시스템 매개변수들은 모터의 관성 모멘트, 점성 저항, 전기적 저항, 토크 상수 등과 같은 모터의 물리량으로 계산되는 값들이다. 그러나 실제 문제에 있어서, 이러한 물리량을 정확히 안다는 것은 매우 어렵다. 또한 대부분의 물리적 시스템은 내부적으로 비선형성을 갖고 있기 때문에, 실제 모델과 식(10.1)의 모델과는 많은 차이가 난다. 따라서 실제 제어 시스템 설계 시, 제어 대상의 물리적 모델은 실험적 방법으로 구하는 것이 일반적이다. 이를 시스템 식별(system identification)이라 한다. 이 장에서는 실험적 방법으로 플랜트의 모델을 구하는 방법을 식(10.1)의 모델을 예로 들어 설명한다.

10.1 반복 최소 제곱법 (RLS, Recursive Least Square method)

시스템 식별 등에서 광범위하게 사용되는 파라미터 추정 알고리즘은 최소 제곱법을 기본 개념으로 망각 인자(forgetting factor) 알고리즘이나 칼만 필터(Kalman filter) 알고리즘 등으로 발전되어 왔다. 파라미터 추정 알고리즘에서 중요한 접근 방법인 최대 경사법(steepest descent method) 방식의 RLS 방법은 일반적으로 다음과 같다.

$$\theta(k+1)=\hat{\theta}(k)+\mu L(k)\left(x(k)-\hat{\theta}(k)^{T}\phi(k)\right) \tag{10.2}$$

식(10.2)이 $\Re^n$위에서 정의된 식이라고 하면, $\hat{\theta}(k)\in\Re^n$는 시간 k일 때 추정될 파라미터 벡터이며, $x(k)$는 시간 k에서 미지 시스템의 출력이다. $\phi(k)\in\Re^n$는 시간 $k-1$까지의 입력과 시간 $k-1$까지의 미지 시스템의 출력으로 구성되는 벡터이다. 따라서 $(x(k),\ \phi(k))^T$는 전체 입출력의 모든 정보이다. $\mu\in\Re^n$는 적응속도(speed of adaptation) 혹은 step size이며 $\mu\in(0,\ 1)$이고 $L(k)\in\Re^n$는 랜덤 과정(random process)으로써 적응 이득 벡터이다. 일반적으로 적응 이득 벡터 $L(k)$를 어떻게 선택하는가에 따라, 식(10.2)의 기본 알고리즘들은 각각 NLMS(Normalized LMS), 망각 인자 알고리즘, 칼만 필터 알고리즘 등으로 구분된다. 그 중에서도 망각 인자 알고리즘의 접근 방식은 일반적인 RLS알고리즘과 비교하여 평가함수(evaluation function) 자체를 다음과 같이 놓음으로써 구하게 된다.

$$V_k(\theta)=\sum_{s=1}^{k}\lambda^{k-s}\left(x(s)-\hat{\theta}(s)^{T}\phi(s)\right)^2 \tag{10.3}$$

어떤 값을 추정하기 위해 바로 전 단계의 데이터만을 이용하면 이것으로 인해 시스템의 안정성이 나빠질 수 있다. 이것을 보완할 수 있는 방법은 바로 전 단계의 데이터만을 이용하는 것이 아니라 과거의 데이터 몇 개를 이용한다. 식(10.3)에서 λ를 망각 인자(forgetting factor)라고 한다. λ는 (0, 1)사이 양의 실수값을 가지며 클수록 과거 데이터 비중을 많이 두어 안정성을 높인다. 이것은 시스템을 안정하게 하지만 수렴 속도가 늦어진다. 반대로, λ가 작을수록 과거 데이터의 비중을 적게 두어 수렴 속도를 높인다. 이것은 시스템이 불안정하게 한다. 따라서 λ를 잘 조정하여 안정성과 수렴성에 적절한 값을 선택해야 한다. 만일 $\lambda=1$이면 일반적인 RLS 알고리즘을 유도할 수 있다. 그러나 $\lambda<1$의 경우, $k-s$의 크기가 크면 클수록 손실항 $x(s)-\hat{\theta}(s)^T\phi(s)$의 크기는 평가함수 $V_k(\theta)$에 영향을 미치지 못하게 된다. 즉, 초기 손실항의 크기는 무시되며 알고리즘이 어느 정도 진행된 다음부터의 손실항의 크기에 따라 파라미터 추정이 효과적으로 이루어지게 된다. 따라서 망각 인자의 도입은 추정된 파라미터가 불안정한 초기상태의 영향을 가급적 적게 받도록하여 보다 올바른 추정이 가능하도록 한다. 망각 인자를 적절히 선정하는 것은 어려우며, 또한 망각 인자는 추정 알고리즘의 수렴성을 나쁘게 하는 문제가 있다.

따라서 망각 인자는 보통 1보다 작은 0.9나 0.8 등의 값을 취하거나 지수함수적으로 감소하는 함수를 도입하여 사용하기도 한다.

10.2 망각 인자를 사용한 반복 최소 제곱법

망각 인자를 사용하는 RLS 알고리즘을 서술하기 전에 먼저 다음의 가정을 둔다.

《 가정 1 》

1) 미지 시스템의 입출력 특성벡터(Input-Output quantity vector) $\phi(k) \in \Re^n$는 평균 입출력 특성벡터 $E_k\phi(k) \in \Re^n$의 ε-neighborhood 주위에 충분히 조밀하게 분포하고 있다.

$$\phi(k) \in B^o(\phi_0, \varepsilon) = \{\phi(k) \in \Re^n \| \phi(k) - \phi_0 \| < \gamma\} \tag{10.4}$$

여기서 $\forall k \in Z^+, \phi(k) \in \Re^n, \exists \gamma > 0 \ sl.$ Z^+는 0과 양의 정수의 집합이며 $sl.$은 Lower specific limit을 의미하고 $\| . \|$ 은 Euclidean norm이다.

2) 미지 시스템의 모델 M_1과 시스템 ς_1은 다음의 구조를 가지고 있다.

$$M_1 : A(q)x(k) = B(q)u(k) \tag{10.5}$$

$$\begin{aligned} \varsigma_1 \ &: x(k) + a_1 x(k-1) + a_2 x(k-2) + \cdots + a_n x(k-n) \\ &= b_1 u(k-\tau) + b_2 u(k-\tau-1) + \cdots + b_m u(k-\tau-m) \end{aligned} \tag{10.6}$$

3) 미지 시스템에 가해지는 Noise $e(k)$는 I.I.D(Incremental Independent Distribution) 확률 과정(stochastic process)이다.

가정 1의 1)은 논의의 대상을 BIBO(Bounded Input Bounded Output) 시스템으로 한정하는 것이다. 가정1의 2)는 미지 시스템의 모델과 시스템 구조를 확정하는 것이다. 따라서 가정 1의 1)과 2)를 종합하여 미지 시스템의 추정 시스템을 다음과 같이 놓을 수 있다.

$$x(k) = \hat{\theta}(k)^T \phi(k) + e(k) \tag{10.7}$$

위 식에서 $\hat{\theta}(k)$는 시간 k에서의 시스템 파라미터 추정 벡터(System parameter estimation vector)로써 가정 1의 2)로부터 다음과 같이 주어진다.

$$\hat{\theta}(k)=\left(-\hat{a}_1(k),-\hat{a}_2(k),\cdots,-\hat{a}_n(k),\hat{b}_1(k),\hat{b}_2(k),\cdots,\hat{b}_m(k)\right)^T \tag{10.8}$$

식(10.8)에서 $\hat{a}_q(k)$, $\hat{b}_r(k)$은 미지의 추정 시스템의 계수 $a_q(k)$, $b_r(k)$의 시간 k에서의 추정치이며, $e(k)$는 가정 1의 3)으로부터 임의의 양수 q, r에 대하여 $Ee(k-q)e(k-r)=\delta_{qr}$의 특징을 가진다. 여기서 δ함수는 dirac-delta 함수로서, $q=r$이면 $\delta_{qr}=1$이고, $q\neq r$이면 $\delta_{qr}=0$이다. 또한 입출력 특성벡터 $\phi(k)$는 다음과 같다.

$$\begin{aligned}\phi(k)=(&x(k-1),x(k-2),\cdots,x(k-n),\\&u(k-q),u(k-q-1),\cdots,u(k-q-m))^T\end{aligned} \tag{10.9}$$

따라서 시스템 파라미터 추정 벡터 $\hat{\theta}(k)$와 입출력 특성벡터 $\phi(k)$는 다음의 domain을 가진다.

$$\hat{\theta}(k)\in D_M\subset\Re^{n+m},\phi(k)\in\Re^{n+m} \tag{10.10}$$

가정 1의 조건하에서 미지 시스템의 추정 시스템을 구하기 위한 망각 인자를 가진 RLS 알고리즘은 다음과 같다.

$$\hat{\theta}(k)=\hat{\theta}(k-1)+L(k)\cdot\left[x(k)-\hat{\theta}(k-1)^T\phi(k)\right] \tag{10.11}$$

$$L(k)=\frac{P(k-1)\phi(k)}{\lambda(k)+\phi(k)^T P(k-1)\phi(k)} \tag{10.12}$$

$$P(k)=\frac{1}{\lambda(k)}\cdot\left[P(k-1)-\frac{P(k-1)\phi(k)\phi(k)^T P(k-1)}{\lambda(k)+\phi(k)^T P(k-1)\phi(k)}\right] \tag{10.13}$$

식(10.3)에서 망각 인자는 평가함수 $V_k(\theta)$가 λ의 지수함수꼴로 나타나므로, $\forall t\in Z^+$에 대하여 $\lambda(k)=\lambda$로 놓아진다. 이 때 망각 인자는 보통 0.9에서 0.8사이의 값을 선택한다. 그러나 망각 인자가 시간에 불변인 일정한 값으로 놓아질 경우에는 추정 알고리즘에서의 파라미터 벡터는 매우 약한 위상에서 확률측도로 약한 수렴(Weak convergence in probability measure) 한다. 따라서 어느 정도 알고리즘이 진행된다 하더라도 일반적으로 사용되는 위상인 $\Re^n$ 공간상에서 보면 약간의 외란을 가지고 추정 파라미터가 움직이는 것을 관찰할 수 있다. 망각 인자 알고리즘의 안정성을 강화하기 위해 망각 인자 $\lambda(k)$를 시간에 대한 증가 함수로 놓을 수 있다.

$$\lambda(k)=1-\lambda_0^k[1-\lambda(0)] \tag{10.14}$$

위 식의 경우 다음의 과정을 거쳐 회귀 방정식(Recursive equation)으로 치환할 수 있다.

$$\lambda(k-1)=1-\lambda_0^k[1-\lambda(0)] \tag{10.15}$$

$$\lambda_0^{k-1}=-\frac{\lambda(k-1)-1}{1-\lambda(0)} \tag{10.16}$$

식(10.15)와 식(10.16)을 식(10.14)에 대입하면 아래와 같은 식을 구할 수 있다.

$$\lambda(k)=\lambda_0\lambda(k-1)+(1-\lambda_0) \tag{10.17}$$

이와 같이 지수 함수적으로 감소하는 망각 인자 알고리즘은 시불변 망각 인자를 갖는 RLS 알고리즘보다 안정성이 뛰어난 장점을 가지고 있으나 망각 인자를 도입함으로서 갖는 특성은 시불변 망각 인자 알고리즘보다 떨어지게 된다.

10.3 시불변 망각 인자를 사용한 반복 최소 제곱법

망각 인자 λ를 시불변 망각 인자로 사용한 RLS 알고리즘을 제시한다. 식(10.11)~식(10.13)으로부터 RLS 알고리즘의 미지 시스템에 대한 추정 시스템을 다음과 같이 다시 쓸 수 있다.

$$\hat{\theta}(k)=\hat{\theta}(k-1)+P(k-1)\phi(k)\varepsilon(k) \tag{10.18}$$

$$\varepsilon(k)=\frac{\varepsilon^0(k)}{\lambda+\phi(k)^T P(k-1)\phi(k)} \tag{10.19}$$

$$\varepsilon^0(k)=x(k)-\hat{\theta}(k-1)^T\phi(k) \tag{10.20}$$

$$P(k)=\frac{1}{\lambda}\cdot\left[P(k-1)-\frac{P(k-1)\phi(k)\phi(k)^T P(k-1)}{\lambda+\phi(k)^T P(k-1)\phi(k)}\right] \tag{10.21}$$

여기서, $\phi(k)$는 입출력 특성 벡터로서, 다음과 같이 표현된다.

$$\phi(k) = (x(k-1), x(k-2), \cdots, x(k-n),$$
$$u(k-1), u(k-2), \cdots, u(k-n))^T \qquad (10.22)$$

그리고 $\hat{\theta}(k)$는 시간 k에서의 시스템 파라미터 추정 벡터로서, 다음과 같이 표현된다.

$$\hat{\theta}(k) = \left[-\hat{a}_1(k), -\hat{a}_2(k), \cdots, -\hat{a}_n(k), \hat{b}_1(k), \hat{b}_2(k), \cdots, \hat{b}_n(k)\right]^T \qquad (10.23)$$

또한 $L(k)$는 적응 이득 벡터이고, $L^0(k)$는 적응 이득 벡터의 초기치, 그리고 $p(k)$는 공분산 행렬 벡터이다.

10.4 DC 모터의 플랜트 파라미터 추정

DC 모터의 수학적 모델은 그림 10.1과 같이 2차 플랜트 모델로 표현될 수 있다.

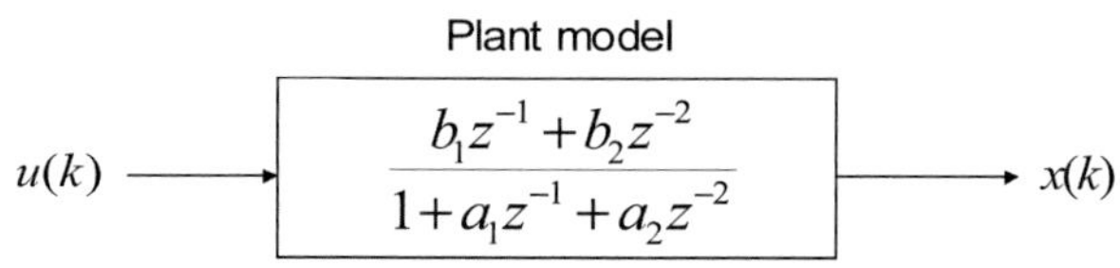

그림 10.1 DC 모터의 플랜트 모델

그림 10.1에서 플랜트의 이산 모델은 아래와 같이 벡터의 형태로 나타낼 수 있다.

$$x(k) = \theta^T \phi(k) \qquad (10.24)$$

여기서 $\phi(k)$, θ는 다음과 같다.

$$\phi(k) = [x(k-1), x(k-2), u(k-1), u(k-2)]^T \qquad (10.25)$$

$$\theta = [-a_1, -a_2, b_1, b_2]^T \qquad (10.26)$$

그리고 플랜트의 파라미터 추정을 위한 추정 모델도 아래와 같이 벡터의 형태로 나타낼 수 있다.

$$\hat{x}(k) = \hat{\theta}(k)^T \phi(k) \qquad (10.27)$$

여기서 $\hat{\theta}(k)^T$는 다음과 같다.

$$\hat{\theta}(k)=\left[-\hat{a}_1(k),-\hat{a}_2(k),\hat{b}_1(k),\hat{b}_2(k)\right]^T \tag{10.28}$$

그러면, 플랜트 매개변수 a_1, $a2$, $b1$ 그리고 $b2$는 식 (10.18)~식 (10.21)의 반복 최소 제곱(Recursive Least Square)방법에 의해 추정될 수 있다. 이를 그림으로 표시하면 그림 10.2와 같다.

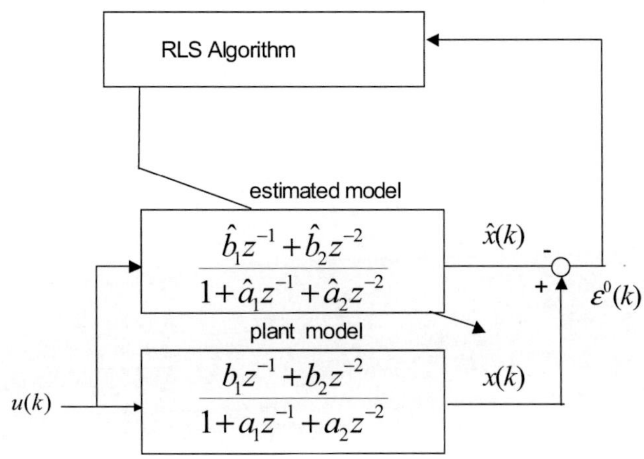

그림 10.2 플랜트 파라미터 추정

10.5 플랜트 매개변수 추정을 위한 C프로그램

식(10.19)~식(10.22)의 시스템 매개변수 추정 알고리즘을 이용하여, 플랜트 모델을 컴퓨터 모의실험을 통해 구해 본다. 컴퓨터 모의실험을 위해 다음과 같은 프로그램을 작성한다.

리스트 10.1 시스템 식별 프로그램

```
#include<stdio.h>
#include<stdlib.h>
#include<math.h>
#include"parameter.h"
#define       PULSE    0
#define       STEP     1
```

```
#define RAMP        2
#define RAND        3
#define COSINE      4
#define TRIANG     5
#define INPUT_TYPE    3
#define RAMDA     0.8
#define PHI  3.141592
#define RESET     1000
#define FILE_NAME "para_estimation08.dat"
void reference_input_set(int itype,int no_of_samples,double*u);
double PlantOut(double u,double*theta);
double p[4][4],ramda=RAMDA;
int reset=RESET;
void main()
{
    FILE *fp;
    int k;
    double x[100],u[100],theta_h[100][4];
    double theta[4]= {1.8476,-0.8476,0.01272,0.01204};
    double theta_hat[4]={0.0,0.0,0.0,0.0};
    int i,j;
    fp=fopen(FILE_NAME,"w");
    for(i=0;i<4;i++)
            p[i][i]=1000.;
    // initialize u(k)
    reference_input_set(INPUT_TYPE,100,u);
    //Calculate y(k) using difference equation
    for(k=0;k<100;k++)
    {
            x[k]=PlantOut(u[k],theta);
            RLS(u[k],x[k],theta_hat);
            for(i=0;i<4;i++)
                theta_h[k][i]=theta_hat[i];
    fprintf(fp,"%d\t%10.6f\t%10.6f\t%10.6f\t%10.6f\t%10.6f\
    t%10.6f\n",k,u[k],x[k],theta_h[k][0],theta_h[k][1],
    theta_h[k][2],theta_h[k][3]);
    }
    for (k=0;k<4;k++)
               printf("parameter theta_hat[%d]=%lf\n",k,theta_hat[k]);
    MatDisp4(p,4);
    fclose(fp);
}
```

리스트 10.1의 프로그램은 4개의 외부 함수를 호출하고 있다. 그 중 하나가 기준 입력을 만들어 주는 함수인 reference_input_set()로서, 그 내용은 다음과 같다.

리스트 10.2 기준 입력 함수

```
void reference_input_set(int itype,int no_of_samples,double *r)
{
        int k;
        if (itype==PULSE)
                for (k=0;k<no_of_samples;k++)
                {
                     if (k==0) r[k]=1.0;
                     else r[k]=0.0;
                }
        else if (itype==STEP)
                for (k=0;k<no_of_samples;k++)
                     r[k]=1.0;
        else if (itype==RAMP)
                     for (k=0;k<no_of_samples;k++)
                     r[k]=(double)k;
        else if (itype==RAND)
                     for (k=0;k<no_of_samples;k++)
                         r[k]=(double)rand()/0xffff*1000;
}
```

리스트 10.2의 reference_input_set() 함수는 펄스, 계단, 경사, 난수(random number) 등 총 4개의 입력을 발생시킬 수 있다. 리스트 10.1이 호출하는 또 하나의 함수는 식(10.2)의 차분 방정식을 계산하는 함수인 PlantOut()로서, 그 내용은 다음과 같다.

리스트 10.3 차분 방정식 계산 루틴

```
double PlantOut(double u,double*theta)
{
        static double x,x1,x2,u1,u2;
        //double a1=1.000,a2=-0.632,b1=0.368,b2=0.264;
        //x=a1*x1+a2*x2+b1*u1+b2*u2;
        x=theta[0]*x1+theta[1]*x2+theta[2]*u1+theta[3]*u2;
```

```
        u2=u1;
        u1=u;
        x2=x1;
        x1=x;
        return x;
}
```

리스트 10.1이 호출하는 RLS() 함수는 식(10.5)~식(10.8)로 구성되는 최소 자승법(RLS)에 의한 플랜트 모델 매개변수 추정 알고리즘으로 그 내용은 다음과 같다.

리스트 10.4 RLS 알고리즘

```
#include "matrix_operation.h"
extern double p[4][4],ramda;
extern int reset;
void RLS(double u,double x,double*theta_hat)
{
        void pi_eq(double u,double x,double*pi);
        double eta0_eq(double y,double*theta_hat,double*pi);
        double eta_eq(double eta0,double*pi);
        void theta_update(double*theta_hat,double*pi,double eta);
        void p_update(double*pi);
        double pi[4];
        double eta0,eta;
        static int i,k;
        k++;
        for(i=0;i<4;i++)
                if(k%reset==0) p[i][i]=1000.;
        pi_eq(u,x,pi);
        eta0=eta0_eq(x,theta_hat,pi);
        eta=eta_eq(eta0,pi);
        theta_update(theta_hat,pi,eta);
        p_update(pi);
}
void pi_eq(double u,double x,double*pi)
{
        static double x1,x2,u1,u2;
        pi[0]=x1;pi[1]=x2;pi[2]=u1;pi[3]=u2;
        u2=u1;
        u1=u;
```

```
        x2=x1;
        x1=x;
}
double eta0_eq(double y,double*theta_hat,double*pi)
{
        double eta0;
        eta0=y-MatMul141(theta_hat,pi,4);
        return eta0;
}
double eta_eq(double eta0,double*pi)
{
        double eta;
        double p_pi[4];
        MatMul441(p,pi,p_pi,4);
        eta=eta0/(ramda+MatMul141(pi,p_pi,4));
        return eta;
}
void theta_update(double*theta_hat,double*pi,double eta)
{
        int i;
        double pi_e[4];
        double p_pi_e[4];
        for(i=0;i<4;i++)
                pi_e[i]=pi[i]*eta;
        MatMul441(p,pi_e,p_pi_e,4);
        for(i=0;i<4;i++)
                theta_hat[i]=theta_hat[i]+p_pi_e[i];
}
void p_update(double*pi)
{
        double p_pi[4];
        double pi_pit[4][4],pi_pit_p[4][4],p_pi_pit_p[4][4];
        MatMul414(pi,pi,pi_pit,4);
        MatMul444(pi_pit,p,pi_pit_p,4);
        MatMul444(p,pi_pit_p,p_pi_pit_p,4);
                  //p(k-1)phi(k)phi_t(k)p(k-1)
        MatMul441(p,pi,p_pi,4);            //p(k-1)phi(k)
        MatGain44(p_pi_pit_p,1/(ramda+MatMul141(pi,p_pi,4)),
                 p_pi_pit_p,4);
        MatSub44(p,p_pi_pit_p,p,4);
        MatGain44(p,1/ramda,p,4);
}
```

그리고 이 함수가 호출하는 Mat..() 함수들은 행렬 연산 함수로서, matrix_operation.h에 작성된다. 이 파일의 내용은 다음과 같다.

리스트 10.5 행렬 연산 함수

```
void MatDisp4(double p[][4],int size);
void MatDisp1(double*p,int size);
double MatMul141(double*a,double*b,int size);
void MatMul441(double a[][4],double*b,double*c,int size);
void MatMul444(double a[][4],double b[][4],double c[][4],int size);
void MatMul414(double*a,double*b,double c[][4],int size);
void MatSub44(double a[][4],double b[][4],double c[][4],int size);
void MatGain44(double a[][4],double b,double c[][4],int size);
void MatDisp4(double p[][4],int size)
{
        int i,j;
        for(i=0;i<size;i++)
        {
                for(j=0;j<4;j++)
                      printf("\t%f",p[i][j]);
                printf("\n");
        }
}
void MatDisp1(double*p,int size)
{
        int i;
        for(i=0;i<size;i++)
                printf("\t%f\n",p[i]);
}
double MatMul141(double*a,double*b,int size)
{
        double c=0.;
        for(int i=0;i<size;i++)
                c=c+a[i]*b[i];
        return c;
}
void MatMul414(double*a,double*b,double c[][4],int size)
{
        int i,j;
        for(i=0;i<size;i++)
```

```
            for(j=0;j<4;j++)
                c[i][j]=a[i]*b[j];
}
void MatMul441(double a[][4],double*b,double*c,int size)
{
        int i,j;
        for(i=0;i<size;i++)
        {
            c[i]=0.;
            for(j=0;j<4;j++)
                c[i]=c[i]+a[i][j]*b[j];
        }
}
void MatMul444(double a[][4],double b[][4],double c[][4],int size)
{
        int i,j,k;
        for(i=0;i<size;i++)
            for(j=0;j<4;j++)
            {
                c[i][j]=0.;
            for(k=0;k<4;k++)
                    c[i][j]=c[i][j]+a[i][k]*b[k][j];
            }
}
void MatSub44(double a[][4],double b[][4],double c[][4],int size)
{
        int i,j;
        for(i=0;i<size;i++)
            for(j=0;j<4;j++)
                c[i][j]=a[i][j]-b[i][j];
}
void MatGain44(double a[][4],double b,double c[][4],int size)
{
        int i,j;
        for(i=0;i<size;i++)
            for(j=0;j<4;j++)
                c[i][j]=a[i][j]*b;
}
```

10.6 컴퓨터 시뮬레이션 결과

식(10.29)는 DC 서보모터 모델로 구한 선형 2차 이산 시스템의 펄스 전달함수이다. 이 플랜트 모델에 대해, 리스트 10.1의 프로그램을 실행시켜, 매개변수 식별을 하여 본다.

$$\frac{X(z)}{U(z)} = \frac{0.01272z^{-1} + 0.01204z^{-2}}{1 - 1.8476z^{-1} + 0.8476z^{-2}} \tag{10.29}$$

먼저 리스트 10.1의 11번 줄에서 INPUT_TYPE을 3으로 하여 입력 함수를 무작위 함수로 한다. 무작위 함수의 모양은 다음 그림과 같이, 0과 1500사이의 난수(random number)로 이루어진다.

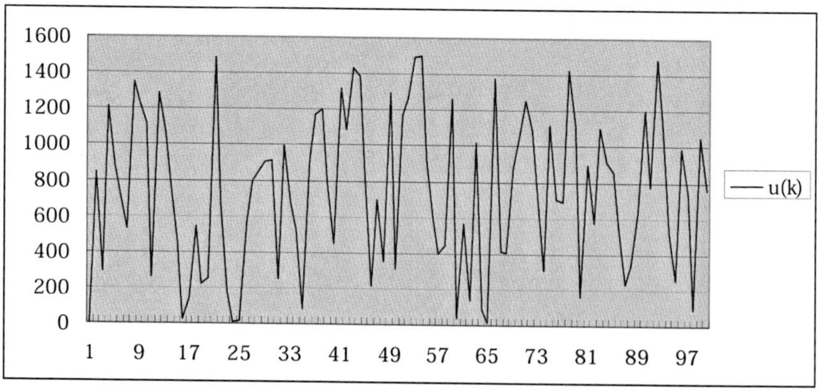

그림 10.3 난수 입력의 모양

그리고 리스트 10.1의 12번 줄과 같이 식(10.8)의 λ값을 0.8로 한다. 출력파일의 이름은 15번 줄에서와 같이 "para_estimation08.dat"로 한다. 식(10.10)의 플랜트 모델은 25번 줄에서 다음과 같이 정의한다.

$$\theta = [1.8476 \; -0.8476 \; 0.001272 \; 0.01204]^T \tag{10.30}$$

그리고 식(10.9)의 매개변수 추정값의 초기값($k=0$)은 26번 줄에서 다음과 같이 초기화 한다.

$$\hat{\theta}(0) = [0 \;\; 0 \;\; 0 \;\; 0]^T \tag{10.31}$$

29번~30번 줄에서 4X4 크기의 행렬 $P(k)$의 초기값을 다음과 같이 한다.

$$P(k) = \begin{bmatrix} 1000 & 0 & 0 & 0 \\ 0 & 1000 & 0 & 0 \\ 0 & 0 & 1000 & 0 \\ 0 & 0 & 0 & 1000 \end{bmatrix} \tag{10.32}$$

그림 10.4는 이때의 실행결과이다.

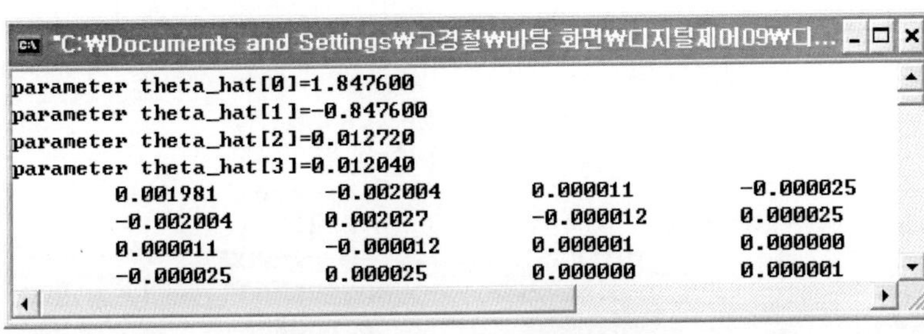

그림 10.4 리스트 10.1의 실행결과

이 그림으로부터, $k=100$까지의 난수 입력에 대해 RLS 알고리즘을 실행시켰을 때, 매개변수 추정 결과는 다음과 같이 정확히 플랜트 파라미터와 일치함을 알 수 있다.

$$\hat{\theta}(k) = [1.8476 \ -0.8476 \ 0.01272 \ 0.01204]^T \tag{10.33}$$

그리고 이 결과들로부터 식(10.11)과 비교할 때, 정확히 플랜트 모델 매개변수 값들을 추정했음을 알 수 있다. 그림 10.5는 이 매개변수들의 추정 수렴도를 보여준다.

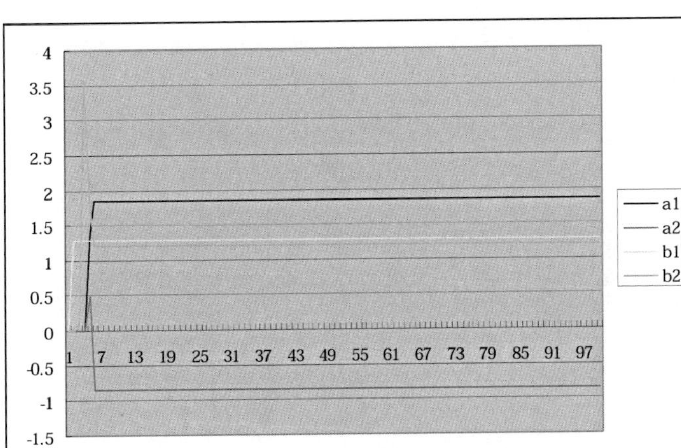

그림 10.5 매개변수 추정 값들의 변화

이번에는 엔코더 및 DA 컨버터에서 해상도에 따른 양자화 효과를 고려하여 시뮬레이션에서 입력값을 0과 1500사이의 정수로 하고, 플랜트 출력도 정수로 처리하여 본 결과를 알아본다. 그리고 리스트 10.1의 12번 줄에서, 식(10.8)의 λ값을 1.0으로 한다. 그림 10.6은 이 경우의 매개변수 추정 결과를 보여준다. 그리고 식(10.34)는 이 결과로부터 얻은 추정 플랜트 파라미터이다.

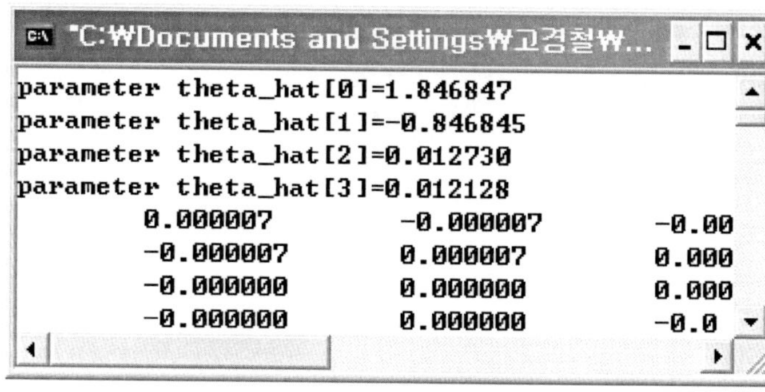

그림 10.6 **양자화를 고려한 리스트 10.1의 실행결과**

$$\hat{\theta}(k) = [1.8468 - 0.8468 \ 0.01273 \ 0.01212]^T \tag{10.34}$$

식(10.34)의 결과와 식(10.11)를 비교할 때, 대상 플랜트 모델의 출력에 양자화 효과 등과 같은 잡음이 포함될 때, 매개변수 추정시 오차가 발생함을 알 수 있다.

10.7 요약

이 장에서는 RLS 알고리즘을 사용하여 플랜트 모델의 매개변수를 추정하는 방법을 다루었다. 실제 제어 시스템 설계에 있어서, 물리적 플랜트 모델을 정확히 세운다는 것은 여러 가지 어려움이 있다. 특히 단일 입력 단일 출력 이산 제어 시스템의 제어기 설계에서 유용한 시스템 매개변수 추정 방법은 피드백 제어기나 피드포워드 제어기 설계에 있어 매우 필요하며, 이 장에서 소개한 방법은 이러한 제어기 설계에 유용함을 보여준다.

연습문제

10.1 식(10.10)의 시스템에 대해, 단위 계단입력을 사용하여, 플랜트 매개변수를 추정하고, 그 결과를 토의하라.

10.2 다음의 시스템에 대해 플랜트 매개변수를 추정하고, 그 결과를 토의하라.

$$\frac{C(z)}{U(z)}=\frac{z^{-1}+0.8760z^{-2}}{1-1.2543z^{-1}+0.2543z^{-2}}$$

Chapter

11 주파수 응답 특성

11.1 정현파 입력

어떤 샘플링된 신호가 다음과 같은 식으로 주어질 때, 이 신호를 정현파 입력 신호라 부른다.

$$u(kT) = \sin k\omega T \tag{11.1}$$

이 정현파 입력은 일정한 주기를 갖는데, 이 주기는 다음과 같이 계산된다.

$$T_s = 2\pi / \omega \tag{11.2}$$

따라서 식(11.1)을 식(11.2)를 대입하여 다시 쓰면, 다음과 같다.

$$u(kT) = \sin(\frac{2\pi kT}{T_s}) \tag{11.3}$$

다음은 이러한 정현파 입력을 만드는 프로그램의 예이다.

리스트 11.1 list9-1_sinusoidal_.cpp

```
#include<stdio.h>
#include<stdlib.h>
#include<math.h>
#define SamplingTime 0.01
#define PHI 3.141592
#define SINE 6
#define INPUT_TYPE   6
```

```
#define FILE_NAME "Sine_signal.dat"
void reference_input_set(int itype,int no_of_samples,double*u);
double T;
void main()
{
        FILE *fp;
        double u[1000];
        int k;
        T=SamplingTime;
        fp=fopen(FILE_NAME,"w");
        // initialize u(k)
        reference_input_set(INPUT_TYPE,100,u);
        //Calculate u(k)
        for(k=0;k<1000;k++)
        {
                fprintf(fp,"%11.6f\t%11.6f\n",k*T,u[k]);
        }
        fclose(fp);
}
void reference_input_set(int itype,int no_of_samples,double *r)
{
        int k;
        if (itype==SINE)
        {
                double Ts=2.;
                for(k=0;k<1000;k++)
                     r[k]=sin(2*PHI*k*T/Ts);
        }
}
```

이 프로그램을 가지고, $T=0.01$sec이고, $T_s=0.1$sec인 정현파를 만들어 보자.

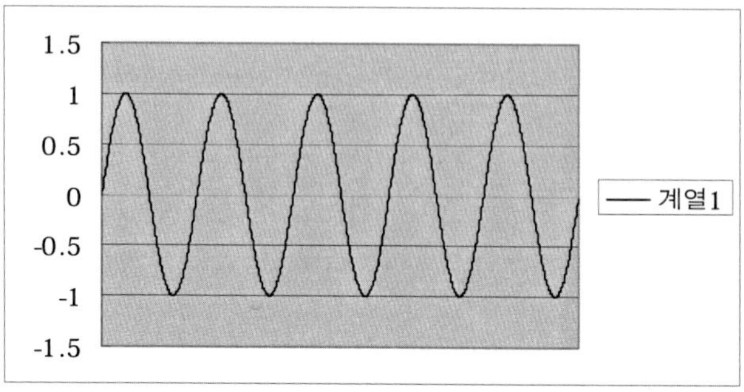

그림 11.1 정현파의 모양

이러한 모양의 입력은 실제 제어 시스템을 설계하는데 매우 많이 이용된다. 특히 진동을 다루는 시스템이나, 무선 통신과 같은 주파수 신호를 이용하는 응용 시스템에서 이러한 정현파 입력을 이용한다. 따라서 이 장에서는 이러한 정현파 입력에 대한 시스템의 응답, 즉 주파수 응답(frequency response)에 대해 간단히 논의한다.

11.2 주파수 응답 특성

그림 11.2와 같이 정현파 입력에 대한 시스템 응답을 알아본다.

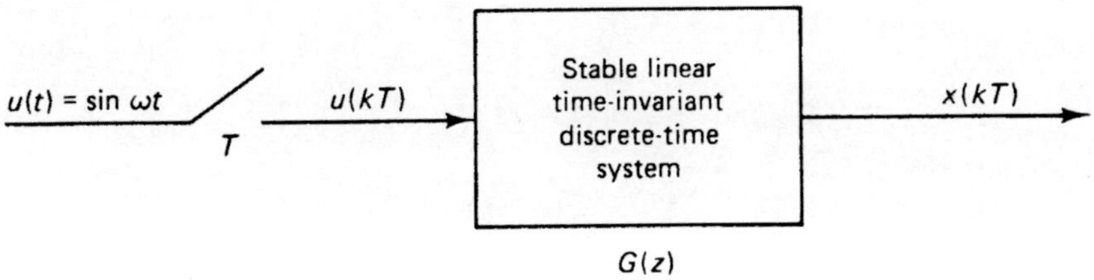

그림 11.2 정현파 신호를 갖는 제어 시스템

2.2절에서 다룬 바와 같이 정현파 입력 신호의 Z 변환은 다음과 같다.

$$U(z) = Z(\sin k\omega T) = \frac{z \sin \omega T}{(z - e^{j\omega T})(z - e^{-j\omega T})} \tag{11.4}$$

이 신호에 대한 시스템 응답은 다음과 같다.

$$X(z) = G(z)U(z) = G(z)\frac{z \sin \omega T}{(z - e^{j\omega T})(z - e^{-j\omega T})} \tag{11.5}$$

그리고 식(11.5)의 오른쪽 항을 부분분수로 분해하면, 다음과 같다.

$$G(z)\frac{z \sin \omega T}{(z - e^{j\omega T})(z - e^{-j\omega T})} = \frac{az}{z - e^{j\omega T}} + \frac{\bar{a}z}{z - e^{-j\omega T}} + \textit{terms} \text{ due to poles of G(z)} \tag{11.6}$$

이 식의 양변에, $(z - e^{j\omega T})/z$ 을 곱하면, 다음과 같다.

$$G(z)\frac{\sin \omega T}{z - e^{j\omega T}} = a + \frac{\bar{a}(z - e^{j\omega T})}{z - e^{-j\omega T}} + \frac{z - e^{j\omega T}}{z}[\textit{terms} \text{ due to poles of G(z)}] \tag{11.7}$$

그리고 이 식에 다음의 극한 값을 취하면,

$$G(z)\frac{\sin \omega T}{z-e^{-j\omega T}}\bigg|_{z=e^{j\omega T}}=a \tag{11.8}$$

이 성립한다. 그런데, 오일러 공식에 의해, $\sin \omega T = \frac{e^{j\omega T}-e^{-j\omega T}}{2j}$ 이므로, 식(11.8)은 다시 다음과 같이 쓸 수 있다.

$$a=\frac{G(e^{j\omega T})}{2j} \tag{11.9}$$

그리고 같은 방법으로 $\bar{a}$를 구하면, 다음과 같다.

$$\bar{a}=-\frac{G(e^{-j\omega T})}{2j} \tag{11.10}$$

그리고 다음과 같이 정의하면,

$$G(e^{j\omega T})=Me^{j\theta} \tag{11.11}$$

$$G(e^{-j\omega T})=Me^{-j\theta} \tag{11.12}$$

이다. 식(11.5)는 다음과 같이 쓸 수 있다.

$$X(z)=\frac{Me^{j\theta}}{2j}\frac{z}{z-e^{j\omega T}}-\frac{Me^{-j\theta}}{2j}\frac{z}{z-e^{-j\omega T}}+[\textit{terms}\text{ due to poles G(z)}] \tag{11.13}$$

$$=\frac{M}{2j}(\frac{e^{j\theta}z}{z-e^{j\omega T}}-\frac{e^{-j\theta}z}{z-e^{-j\omega T}})+[\textit{terms}\text{ due to poles G(z)}] \tag{11.14}$$

그리고 식(11.14)의 양변을 역 Z 변환을 취하면 다음과 같다.

$$X(k)=\frac{Me^{j\theta}}{2j}e^{j\omega kT}-\frac{Me^{-j\theta}}{2j}e^{-j\omega kT}+[\textit{terms}\text{ due to poles G(z)}] \tag{11.15}$$

만약 시스템이 안정적이라면, 식(11.15)의 오른쪽 항의 극점에 관련된 항은 정상 상태에서 0이 된다고 볼 수 있다. 따라서 정상 상태의 응답은 다음과 같다.

$$x_{ss}=\frac{M}{2j}(e^{j\theta}e^{j\omega kT}-e^{-j\theta}e^{-j\omega kT}) \tag{11.16}$$

그런데 다시 오일러 공식에 의해,

$$\frac{e^{j\theta}e^{j\omega kT}-e^{-j\theta}e^{-j\omega kT}}{2j}=\sin(\theta+\omega kT) \tag{11.17}$$

이 성립하므로, 최종적으로 식(11.16)은 다음과 같이 된다.

$$x_{ss}=M\sin(\omega kT+\theta) \tag{11.18}$$

여기서, M과 θ는 식(11.11)에 의해, 다음과 같이 구할 수 있다.

$$M=\left|G(e^{j\omega T})\right| \tag{11.19}$$

$$\theta=\angle G(e^{j\omega T}) \tag{11.20}$$

따라서 식(11.19)와 식(11.20)을 식(11.18)에 대입하면, 다음과 같은 정상 상태 주파수 응답 공식을 이끌어 낼 수 있다.

$$x_{ss}(kT)=\left|G(e^{j\omega T})\right|\sin(\omega kT+\angle G(e^{j\omega T})) \tag{11.21}$$

복소수 함수의 특성을 이용하면, 다음과 같이 주어지는 시스템의

$$G(z)=G_1(z)G_2(z) \tag{11.22}$$

주파수 응답특성은 다음과 같다.

$$x(kT)=\left|G_1(e^{j\omega T})\right|\left|G_2(e^{j\omega T})\right|\sin(\omega kT+\angle G_1(e^{j\omega T})+\angle G_2(e^{j\omega T})) \tag{11.23}$$

11.3 1차 시스템의 주파수 응답특성

다음식과 같이 차분 방정식으로 주어지는 이산 선형 1차 시스템의

$$x(kT)=u(kT)+ax((k-1)T), \qquad 0<a<1 \tag{11.24}$$

의 주파수 응답을 알아본다. 이를 펄스 전달함수의 형태로 바꾸면 다음과 같다.

$$\frac{X(z)}{U(z)}=G(z)=\frac{1}{1-az^{-1}} \tag{11.25}$$

식(11.25)에 $z=j\omega T$ 를 대입하면, 다음과 같다.

$$G(j\omega T)=\frac{1}{1-a^{-j\omega T}} \tag{11.26}$$

$$=\frac{1}{1-a\cos\omega T+ja\sin\omega T} \tag{11.27}$$

따라서 식(11.27)을 식(11.19)에 대입하면, 다음과 같이 증폭률(amplitude)과 위상차(phase)를 구할 수 있다.

$$M=\left|G(e^{j\omega T})\right|=\frac{1}{\sqrt{1+a^2-2a\cos\omega T}} \tag{11.28}$$

$$\theta=\angle G(e^{j\omega T})=-\tan^{-1}\frac{a\sin\omega T}{1-a\cos\omega T} \tag{11.29}$$

따라서 식(11.24)의 1차 시스템은 다음과 같은 정상 상태 주파수 응답을 갖는다.

$$x_{ss}(kT)=\frac{1}{\sqrt{1+a^2-2a\cos\omega T}}\sin(k\omega T-\tan^{-1}\frac{a\sin\omega T}{1-a\cos\omega T}) \tag{11.30}$$

예제 11.1

다음과 같은 시스템의 주파수 응답을 구하라.

$$\frac{X(z)}{U(z)}=G(z)=\frac{z^{-1}}{1-az^{-1}} \tag{11.31}$$

식(11.31)을 다음과 같이 쓰면,

$$G(z)=G_1(z)G_2(z)=z^{-1}\cdot\frac{1}{1-az^{-1}} \tag{11.32}$$

이다. 따라서

$$\left|G_1(e^{j\omega T})\right|=\left|e^{-j\omega T}\right|=1 \tag{11.33}$$

$$\angle G_1(e^{j\omega T})=\angle e^{-j\omega T}=-\omega T \tag{11.34}$$

이므로, 식(11.23)으로부터 주파수 응답을 구하면 다음과 같다.

$$x_{ss}(kT)=\frac{1}{\sqrt{1+a^2-2a\cos\omega T}}\sin((k-1)\omega T-\tan^{-1}\frac{a\sin\omega T}{1-a\cos\omega T}) \tag{11.35}$$

예제 11.2

다음과 같은 시스템에서 $K=1$이고 $\tau=1$일 때, 이 시스템의 정상 상태 주파수 응답을 구하라.

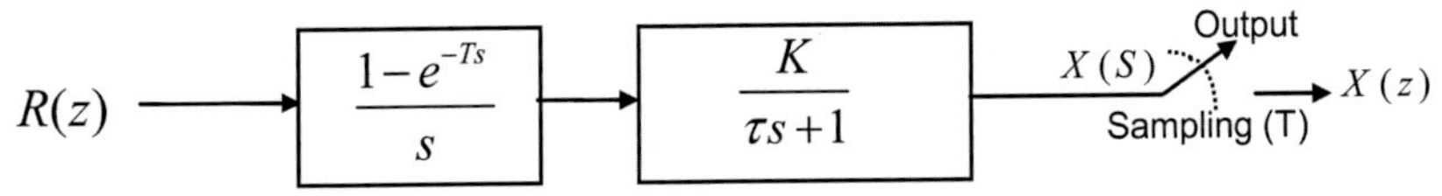

그림 11.3 1차 시스템의 이산화

이 시스템의 펄스 전달함수를 구하면 다음과 같다.

$$G(z) = K\frac{1-\tau+(\tau-e^{-T/\tau})z^{-1}}{1-e^{-T/\tau}z^{-1}} \tag{11.36}$$

$K=1$이고 $\tau=1$일 때, 식(11.36)은 다음과 같이 된다.

$$G(z) = \frac{(1-e^{-T})z^{-1}}{1-e^{-T}z^{-1}} \tag{11.37}$$

따라서 식(11.35)로부터 식(11.37)의 시스템의 정상 상태 주파수 응답은 다음과 같다.

$$M = \left|G(e^{j\omega T})\right| = \frac{1-e^{-T}}{\sqrt{1+e^{-2T}-2e^{-T}\cos\omega T}} \tag{11.38}$$

$$\theta = \angle G(e^{j\omega T}) = -\tan^{-1}\frac{e^{-T}\sin\omega T}{1-e^{-T}\cos\omega T} - \omega T \tag{11.39}$$

예를 들어, $T=0.01$이고 $\omega=2\pi$일 때, 식(11.38)과 식(11.39)를 계산하면

$$M = \frac{1-e^{-0.01}}{\sqrt{1+e^{-0.02}-2e^{-0.01}\cos 0.02\pi}} = 0.1572 \tag{11.40}$$

$$\theta = -\tan^{-1}\frac{e^{-0.01}\sin 0.02\pi}{1-e^{-0.01}\cos 0.02\pi} - 0.02\pi = 0.23 \tag{11.41}$$

이다.

다음은 식(11.38)과 식(11.39)를 계산하는 프로그램이다.

리스트 11.2 list9-2_1st_Mag&Phase.cpp

```
#include<stdio.h>
#include<stdlib.h>
#include<math.h>
#define SamplingTime 0.01
#define PHI 3.141592
double T;
void main()
{
        double M,Theta,Ts,omeg;
        T=SamplingTime;
        Ts=1.0;
        omeg=2.0*PHI/Ts;
        M=(1-exp(-T))/sqrt(1+exp(-2.0*T)-2.0*exp(-T)*cos(omeg*T));
        Theta=-atan(exp(-T)*sin(omeg*T)/(1.0-exp(-T)*cos(omeg*T)))-omeg*T;
        printf("M, Theta=%f\t%f\n",M,-Theta/2./PHI*Ts);
}
```

그리고 그림 11.4는 리스트 11.2의 실행결과이다.

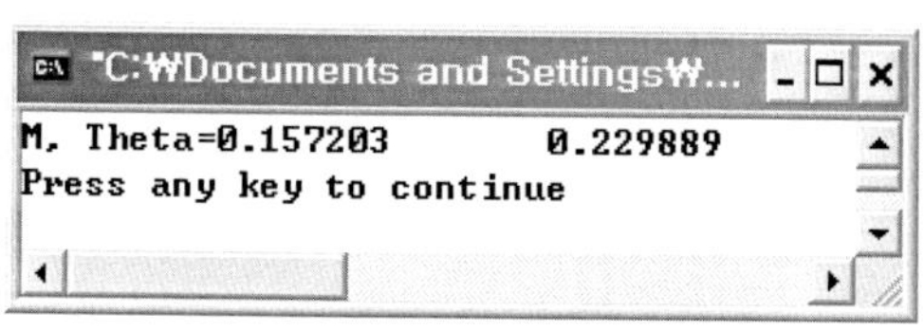

그림 11.4 리스트 11.2의 실행결과

그러면 시간응답을 통해 실제 이 결과를 확인해 본다.

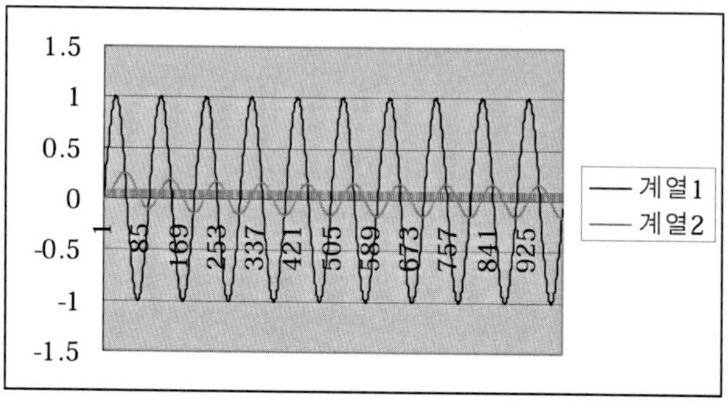

그림 11.5 시간응답 결과

11.4 2차 시스템의 주파수 응답특성

다음식과 같이 차분 방정식으로 이산 시간 2차 시스템이 주어질 때,

$$\frac{C(z)}{R(z)} = \frac{Kz}{z^2 + \alpha z + \beta} \tag{11.42}$$

이 시스템의 정상 상태 주파수 응답 특성을 알아본다. 먼저 이 시스템은 다음과 같은 $z_{1,2} = a \pm bj$의 켤레 복소수의 극점을 갖는다.

$$G(z) = \frac{Kz^{-1}}{(1-(a+bj)z^{-1})(1-(a-bj)z^{-1})} \tag{11.43}$$

따라서 식(11.23)으로부터 다음과 같이 쓸 수 있다.

$$\left|G(e^{j\omega T})\right| = K \frac{1}{\left|1-(a+bj)e^{-j\omega T}\right|} \frac{1}{\left|1-(a-bj)e^{-j\omega T}\right|} \tag{11.44}$$

$$\angle G(e^{j\omega T}) = -\angle[1-(a+bj)e^{-j\omega T}] - \angle[1-(a-bj)e^{-j\omega T}] - \omega T \tag{11.45}$$

여기서

$$\left|1-(a+bj)e^{-j\omega T}\right| = \sqrt{(1+a^2+b^2-2(a\cos\omega T + b\sin\omega T)} \tag{11.46}$$

$$\left|1-(a-bj)e^{-j\omega T}\right| = \sqrt{(1+a^2+b^2-2(a\cos\omega T - b\sin\omega T)} \tag{11.47}$$

$$\angle[1-(a+bj)e^{-j\omega T}] = \tan^{-1}\frac{a\sin\omega T - b\cos\omega T}{1-a\cos\omega T - b\sin\omega T} \tag{11.48}$$

$$\angle[1-(a-bj)e^{-j\omega T}] = \tan^{-1}\frac{a\sin\omega T + b\cos\omega T}{1-a\cos\omega T + b\sin\omega T} \tag{11.49}$$

이다. 식(11.46)~식(11.49)의 계산을 프로그램으로 구현하면 다음과 같다.

리스트 11.3 list9-3_2nd_Mag&Phase.cpp

```
#include<stdio.h>
#include<stdlib.h>
#include<math.h>
#define SamplingTime 1.
```

```
#define PHI 3.141592
double T,Ts;
void main()
{
      double M,M1,M2,Theta,Theta1,Theta2,omeg;
      T=SamplingTime;
      Ts=10.0;
     //G(z)=1/(z*z+alpha*z+beta)
      double alpha, beta,K,a,b;
      printf("alpha,beta,K=");
      scanf("%lf %lf %lf",&alpha,&beta,&K);
      //G(z)=1/(z-z1)(z-z2), z1=a+bj, z2=a-bj
      a=-alpha/2.0;
      b=sqrt(4.0*beta-alpha*alpha)/2.0;
      //Amplitue and phase
      omeg=2.0*PHI/Ts;
      M1=1/sqrt(1+a*a+b*b-2.0*(a*cos(omeg*T)+b*sin(omeg*T)));
      M2=1/sqrt(1+a*a+b*b-2.0*(a*cos(omeg*T)-b*sin(omeg*T)));
      M=K*M1*M2;
      Theta1=atan((a*sin(omeg*T)-b*cos(omeg*T))/(1.-a*cos(omeg*T)-
            b*sin(omeg*T)));
      Theta2=atan((a*sin(omeg*T)+b*cos(omeg*T))/(1.-a*cos(omeg*T)+
            b*sin(omeg*T)));
      Theta=-Theta1-Theta2-omeg*T;
      printf("M=%f\n",M);
      printf("theta(in radian),theta(in sec)=%f\t%f\n",
            Theta,Theta/2./PHI*Ts);
 }
```

예제 11.3

다음과 같이 주어지는 2차 이산 시스템에 대해,

$$\frac{C(z)}{R(z)} = -\frac{C(z)}{R(z)} = \frac{0.128z}{z^2 - 1.5327z + 0.6607} \tag{11.50}$$

$T = 1,\ \omega = \frac{\pi}{5}$ 일 때, 리스트11.3의 프로그램을 이용하여 식(11.50)의 시스템의 정상상태 응답을 구하라.

[풀이] $T=1$이므로, 리스트 11.3의 4번 줄과 같이 Sampling Time을 1.0로 정의하고, 정현파 입력의 각속도 $\omega=\dfrac{2\pi}{10}$ 이므로, 11번 줄에서, 변수 T_s를 10으로 초기화한다. 그림 11.6과 같이 변수 alpha, beta, K를 식(11.50)과 같이 입력하면, 프로그램 실행결과는 다음과 같다.

```
"C:\Documents and Settings\고경철\2003-2학기\논문...
alpha,beta,K=-1.5327 0.6607 0.1280
M=0.465661
theta(in radian),theta(in sec)=-2.329772          -3.707948
Press any key to continue_
```

그림 11.6 2차 시스템의 정상 상태 주파수 응답

이 결과로부터 식(11.45)의 시스템은 다음과 같은 응답을 가짐을 알 수 있다.

$$\left|G(e^{j\omega T})\right| = 0.4657 \tag{11.51}$$

$$\angle G(e^{j\omega T}) = -2.3298 \tag{11.52}$$

그림 11.7은 이 시스템의 시간 응답으로, 그림 11.6의 정상 상태 주파수 응답의 결과를 확인할 수 있다.

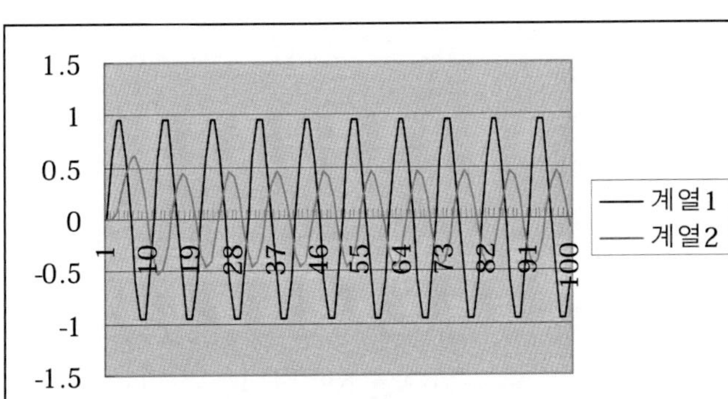

그림 11.7 2차 시스템의 주파수 시간응답

11.5 요약

주파수 응답 특성은 제어 시스템의 성능을 판정하는 또 하나의 중요한 요소 중의 하나이다. 정현파 입력에 대한 시스템의 정상 상태 주파수 응답은 출력이 입력의 주파수에 에 따라, 어떻게 변화하는가 알아보는데 유용하다. 이 장에서는 복소수 함수 해석을 통해, 1차 및 2차 선형 이산 시간 시스템의 주파수 응답을 이론적으로 분석하는 방법을 보았다. 그리고 직접 C프로그램을 이용한 컴퓨터 시뮬레이션을 통해, 주파수 응답 특성을 확인하여 보았다.

연습문제

11.1 식(11.17)의 유도과정을 보여라.

11.2 식(11.23)의 유도과정을 보여라.

11.3 다음 식으로 주어지는 시스템의 정상 상태 주파수 응답을 구하라.

$$\frac{X(z)}{U(z)} = G(z) = \frac{b + cz^{-1}}{1 - az^{-1}}$$

11.4 식(11.36)의 시스템에서 $\tau=0.1$일 때, 시스템의 정상 상태 주파수 응답을 구하라.

11.5 문제 11.4의 결과를 계산하는 C프로그램을 리스트 11.2를 수정하여 작성하라. 이 프로그램을 실행하여, $T=0.01$이고 $\omega = 2\pi$ 일 때, 정상 상태 주파수 응답을 계산하라.

11.6 그림 11.5의 시간응답을 계산하는 C프로그램을 리스트 11.1을 이용하여, 작성하라.

11.7 문제 11.6의 프로그램을 이용하여, $T=0.01$이고 $\omega = \pi$ 일 때, 주파수 시간 응답을 계산하고, 그 출력을 그림 11.5처럼 그림으로 그려라.

11.8 식(11.36)의 시스템에서 $\tau=0.1$, $T=0.01$이고, $\omega = 2\pi$ 일 때, 시스템의 주파수 시간응답을 구하라.

11.9 그림 11.7의 결과를 출력하는 프로그램을 작성하고, $T=1$이고, $\omega=\pi/10$ 일 때, 시스템의 주파수 시간응답을 구하라.

11.10 다음 시스템의 주파수 응답 특성을 분석하고, $T=1$이고, $\omega=\pi/5$ 일 때, 시스템의 주파수 시간응답을 구하라.

$$\frac{C(z)}{R(z)}=\frac{0.4673z-0.3393}{z^2-1.5327z+0.6607}$$

Chapter

12 모터 제어 시뮬레이션 제작

이장에서는 윈도우 기반 모터 제어 시뮬레이션 프로그램인 MotorControl을 제작하여 보자. MFC 프로그래밍 초보자이더라도, 이장을 통해 윈도즈기반 모터 제어 시뮬레이션 SW를 쉽게 프로그래밍할 수 있도록 프로그래밍 전과정을 상세히 기술한다. 프로그램은 Microsoft Visual C++ 6.0을 기반으로 작성된다.

12.1 삼각함수 곡선 그리기

본격적인 시뮬레이션 프로그램 제작에 앞서, 전단계로, 간단한 그래픽 화면에 삼각함수 곡선을 그리는 프로그램을 제작해 본다.

(1) 프로젝트생성: MFC AppWizard(exe)

먼저, 그림 12.1과 같이 Microsoft Visual C++ 6.0을 실행하여 나오는 화면에서, 메뉴바의 "File"을 클릭한다. 그림과 같이 풀다운메뉴에서 "New…"를 클릭한다.

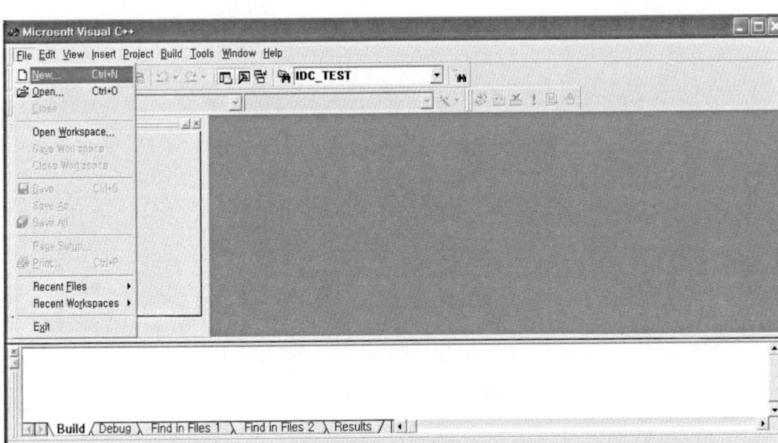

그림 12.1 Microsoft Visual C++ 6.0의 초기화면

그러면 그림 12.2와 같은 "New"라는 이름의 팝업창이 나온다. 여기서 "Projects” 유형으로 “MFC AppWizard(exe)”를 선택하고, Project name으로 “Motor-Control_v1”이라고 입력한다. Location에서는 “…” 버튼을 눌러 프로젝트가 저장될 폴더의 위치를 지정한다. 이와 같이 프로젝트 유형과 프로젝트 이름을 지정한 후, “OK” 버튼을 누른다.

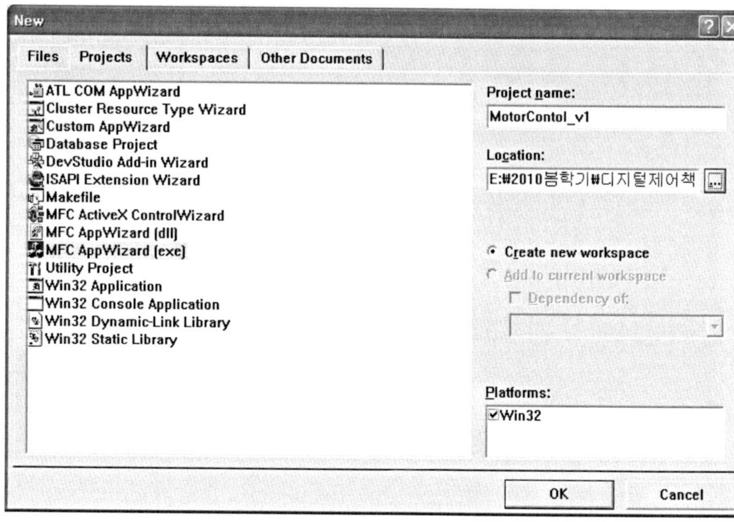

그림 12.2 프로젝트 유형 및 프로젝트 이름 설정화면

그러면 그림 12.3과같이 “MFC AppWizard-Step 1”이라는 팝업창이 나타난다. 여기에서는 애플리케이션 유형을 설정하는데, 그림과 같이 “Dialog based”를 선택하고, “Finish” 버튼을 누른다.

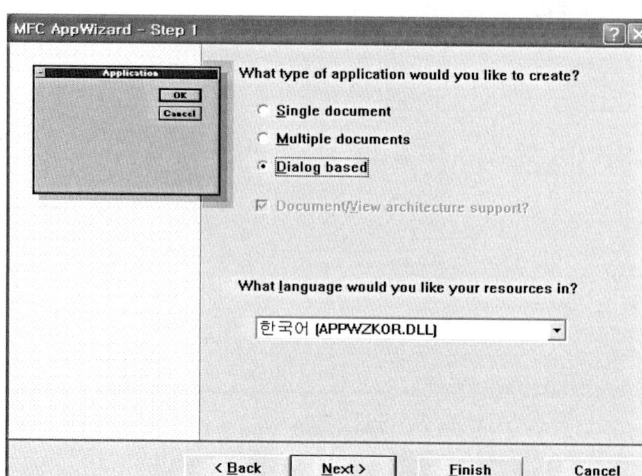

그림 12.3 애플리케이션 유형 설정화면

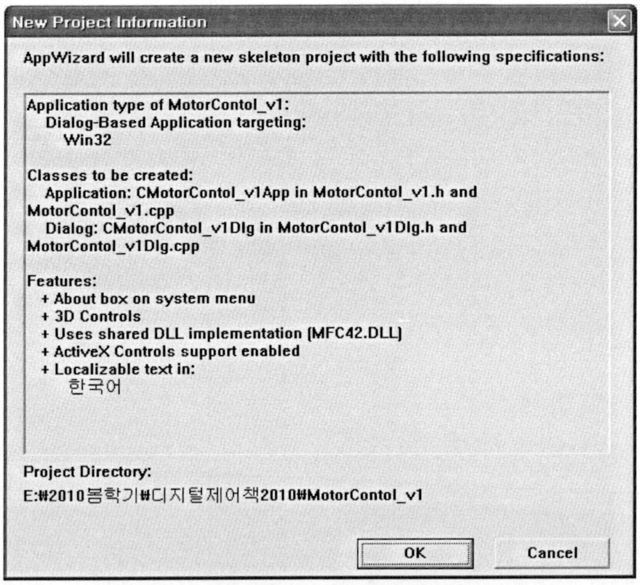

그림 12.4 New Project Information 화면

그러면, 그림 12.4와 같은 공지화면이 나타난다. 내용을 확인한 후, "OK" 버튼을 누른다.

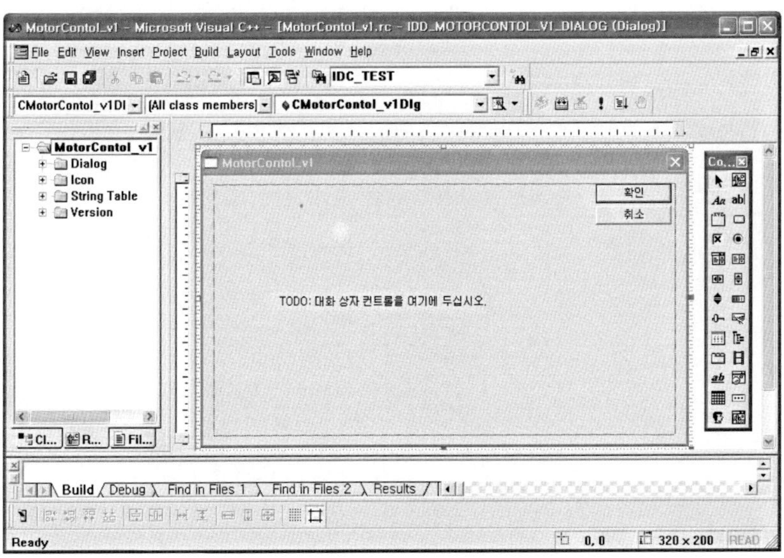

그림 12.5 초기 다이얼로그 화면

그러면, 그림 12.5와 같이 다이얼로그 초기화면이 나타난다.

(2) 다이얼로그 디자인

그림 12.5에서 "취소" 버튼을 클릭하여 삭제하고, "확인" 버튼을 드래그하여 하단에 놓는다. "TODO:대화 상자 컨트롤을 여기에 두십시오."라는 정적텍스트도 클릭하여 삭제한다.

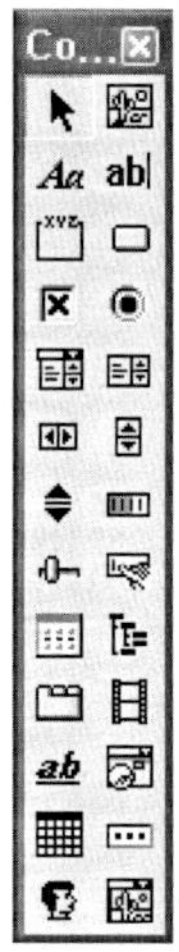

그림 12.6 컨트롤 도구박스

그림 12.6은 MFC가 제공하는 컨트롤 도구박스를 보여준다.

그림 12.7 픽쳐컨트롤이 놓여진 다이얼로그 모습

여기서 [아이콘]은 픽쳐컨트롤이라 하는데, 이를 선택하여 드래그하여 다이얼로그 화면에 갖다 놓는다. 그림 12.7은 이와 같이 새롭게 디자인된 다이얼로그 화면을 보여준다.

그림 12.7의 다이얼로그에서 픽쳐컨트롤 객체를 클릭하여 선택하고, 오른쪽 마우스 버튼을 누르면, 그림 12.8과 같이 팝업메뉴가 나타난다. 여기서 "Properties"를 선택한다.

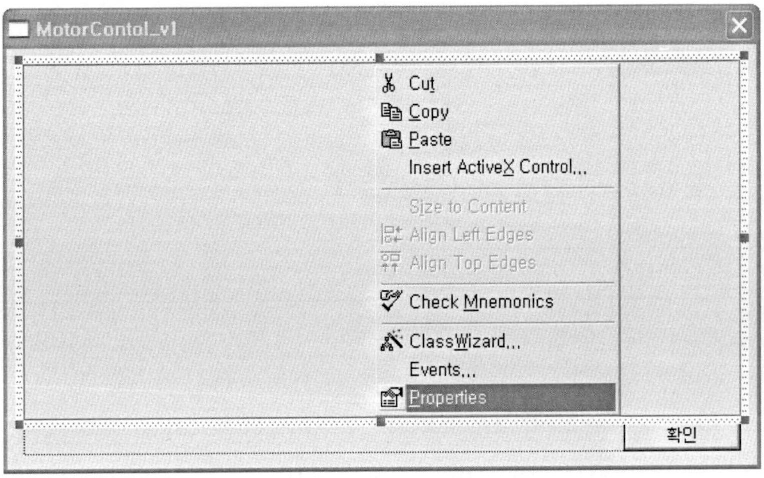

그림 12.8 **픽쳐컨트롤의 속성 변경을 위한 팝업메뉴**

그림 12.7의 다이얼로그에서, 픽쳐컨트롤 객체를 클릭하여 선택하고, 오른쪽 마우스 버튼을 누르면, 그림 12.8과 같이 팝업메뉴가 나타난다. 여기서 "Properties"를 선택한다. 그러면 그림 12.9와 같은 팝업창이 뜨는데, 여기서 ID를 "IDC_MAIN_GRAPH" 수정하고 창을 닫는다. 이제 이 컨트롤에 멤버변수를 연결해 보자. ctrl+w 키를 누르면, 그림 12.10과 같이 MFC ClassWizard 팝업창이 나타난다. 이 팝업창의 탭 메뉴에서 "Member Varibles"를 누르면, 그림 12.11과 같이 창의 모양이 바뀐다.

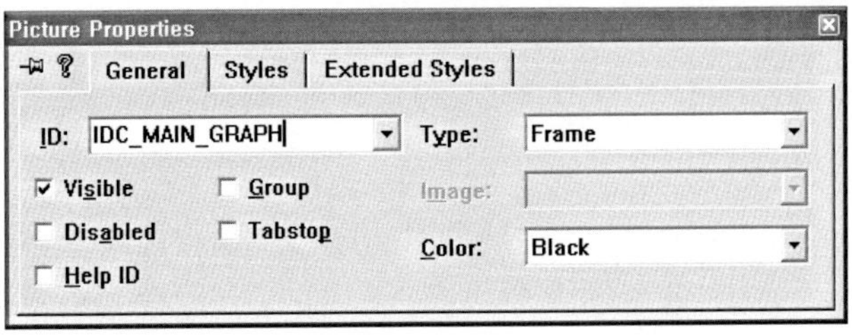

그림 12.9 Picture Properties **설정화면**

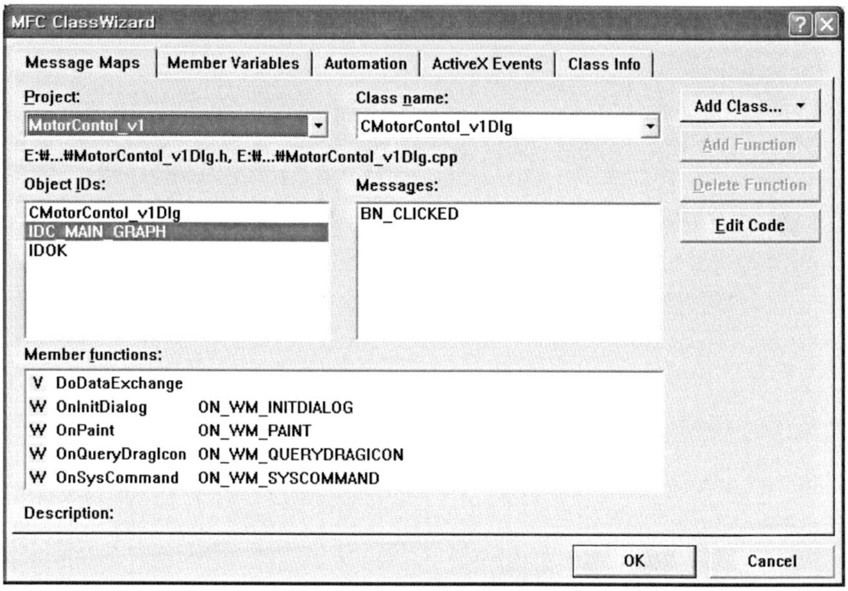

그림 12.10 MFC ClassWizard의 Message Maps 메뉴화면

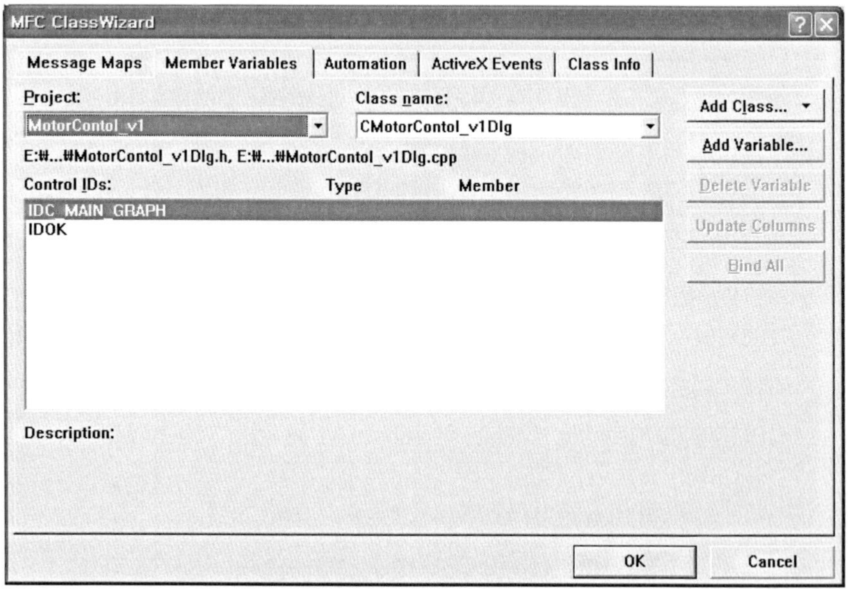

그림 12.11 MFC ClassWizard의 Member Variables 메뉴화면

그림 12.11에서 Control IDs에서 픽쳐컨트롤의 새로운 ID명인 "IDC_MAIN_GRAPH" 클릭하여 선택한 후 "Add Variable…" 버튼을 클릭한다. 그러면 그림 12.12와 같은 "Add Member Variable"이라는 팝업창이 나타난다. 여기에서 Member variable name을 “m_rect”로 입력하고, Category는 “Control”을 선택한다. 그러면 Varialbe type은 자동으로 CStatic이 된다. 이렇게 설정한 후, “OK” 버튼을 누른다.

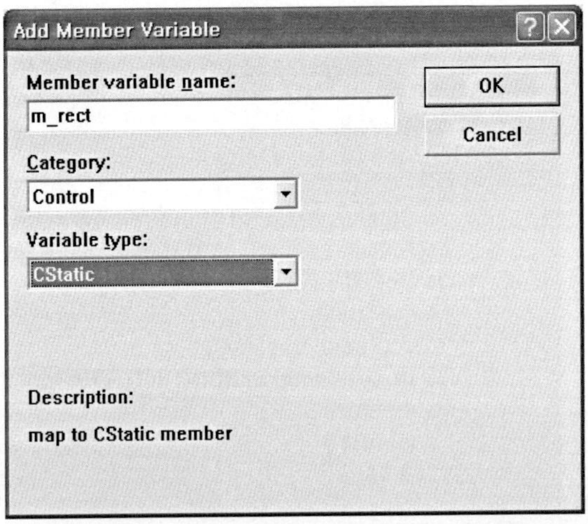

그림 12.12 Add Member Variable 팝업창

그러면 그림 12.13에서 IDC_MAIN_GRAPH에 CStatic형 m_rect라는 멤버변수가 연결된 것을 확인한 “OK” 버튼을 누른다.

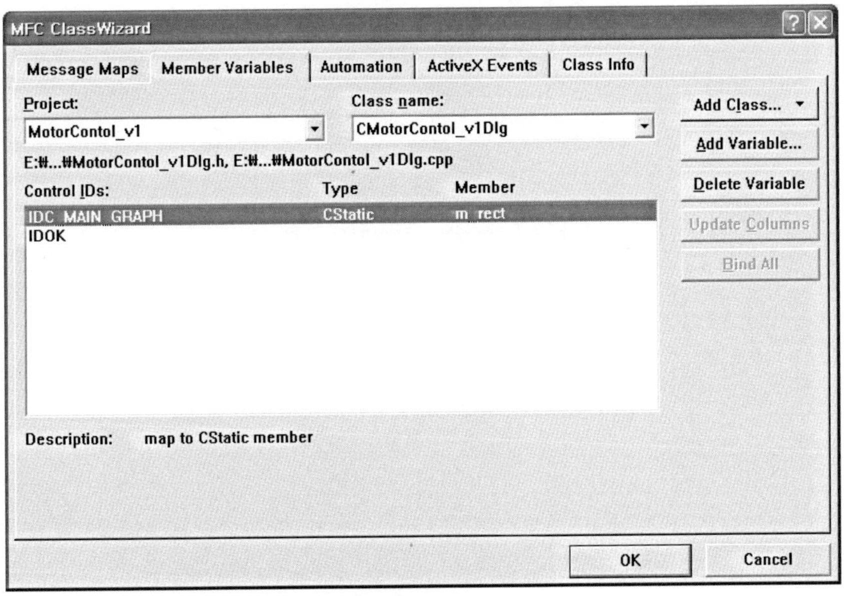

그림 12.13 Add Member Variable 팝업창

(3) CRect형 변수 rect_user의 선언

먼저, 그림 12.14와 같이 Workspace 창에서 하단의 ClassView 탭 메뉴를 선택한 후 CMotorControl_v1Dlg 클래스를 선택한다.

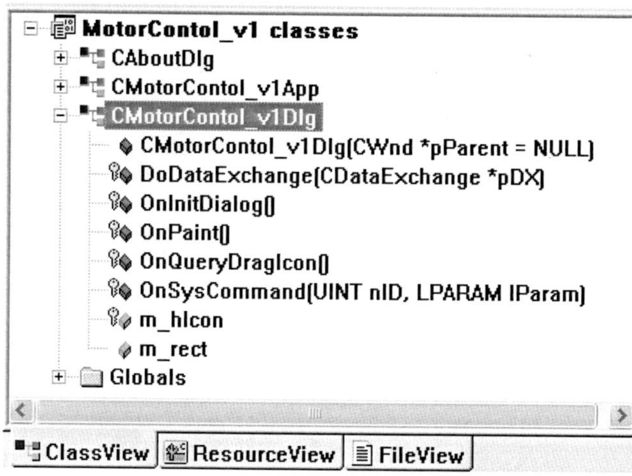

그림 12.14 Workspace에서 클래스 트리구조

오른 클릭하여 나오는 팝업창에서 그림 12.15와 같이 "Add Member Varialbes …"를 클릭한다. 그러면 그림 12.16과 같은 팝업창이 나오는데, 여기서 CRect형 rect_user라는 멤버변수를 입력하고, "OK" 버튼을 누른다.

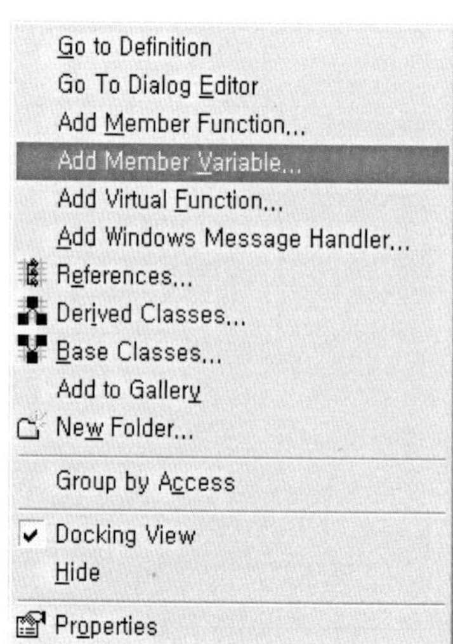

그림 12.15 Workspace에서 클래스 트리구조

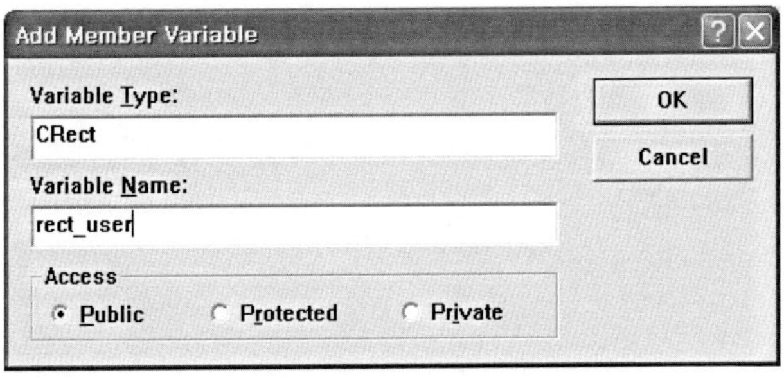

그림 12.16 Add Meber Varialble 팝업창

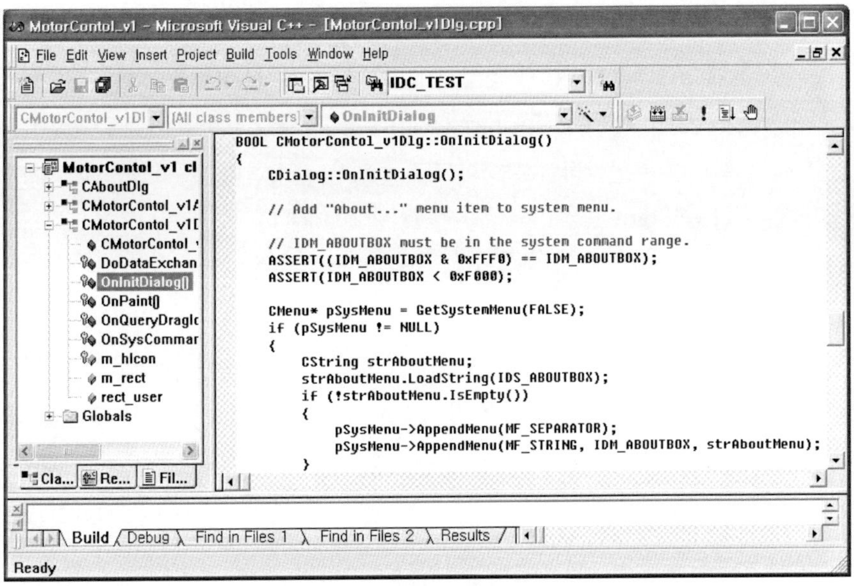

그림 12.17 OnInitDialog() 함수

(4) OnInitDialog() 함수의 추가

그림 12.17과 같이 Workspace 창에서 하단의 ClassView 탭 메뉴를 선택한 후 CMotorControl_v1Dlg 클래스 밑에 OnInitDialog()를 더블클릭한다. 그러면, 그림 12.1.17과 같이 에디트 창에 OnInitDialog() 함수의 소스코드 리스트가 나타난다. 스크롤바를 움직여 내려가 보면, 다음과 같은 주석문을 찾을 수 있다.

```
// TODO: Add extra initialization here
```

위 주석문 밑에 다음과 같은 코드를 추가한다.

리스트 12.1 OnInitDialog() 함수에 추가된 코드

```
// TODO: Add extra initialization here
//화면에 그리기 위한 매핑////
m_rect.GetClientRect(&rect_user);
rect_user.NormalizeRect();
m_rect.ClientToScreen(&rect_user);
ScreenToClient(&rect_user);
```

여기서 사용된 GetClientRect() 함수는 m_rect의 클래스인 CStactic의 메소드로서, m_rect 객체의 정보를 rect_user에 전달한다. NormalizeRect() 함수는 rect_user의 클래스인 CRect의 메소드로서, 픽쳐의 크기 정보를 정규화한다. ClientToScreen() 함수나 ScreenToCLient() 함수 등 자세한 내용은 윈도즈프로그램에서 그래픽에 관련된 일반적인 사항이므로 설명을 생략한다. 윈도즈 프로그래밍 관련 서적을 참조한다.

(5) OnPaint() 함수의 수정

그림 12.18과 같이 Workspace 창에서 하단의 ClassView 탭 메뉴를 선택한 후 CMotorControl_v1Dlg 클래스 밑에 OnPaint()를 더블클릭한다. 그러면, 그림 12.18과 같이 에디트 창에 OnInitDialog() 함수의 소스코드 리스트가 나타난다.

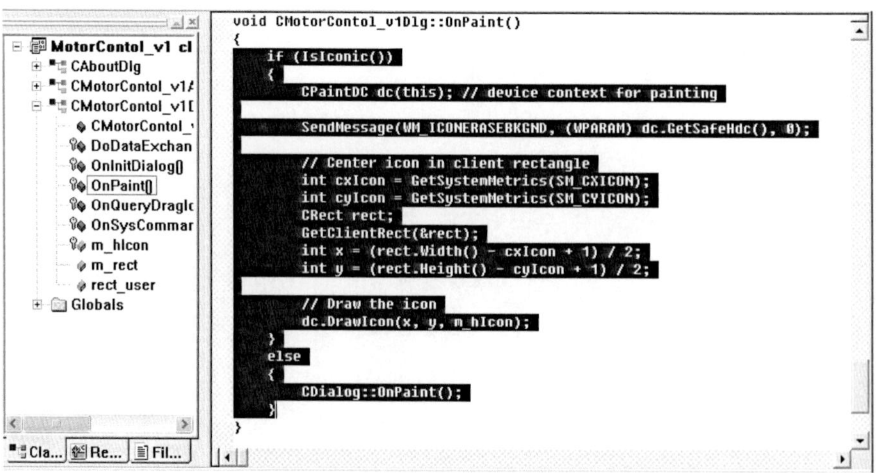

그림 12.18 OnPaint() 함수

그림 12.18에서 검은색 블록부분의 코드를 다음과 같은 코드로 대체한다.

리스트 12.2 OnPaint() 함수에서 대체된 코드

```
CPaintDC dc(this); // device context for painting
CBrush brush;
brush.CreateSolidBrush(RGB(255, 255, 255)); //배경
dc.FillRect(rect_user,&brush);
```

이 코드에 사용된 CPaintDC 클래스, CBrush 클래스, CreateSolidBrusch(), RGB(), FillRect() 함수들은 모두 윈도즈 그래픽에 관련된 것들이다. 자세한 내용은 윈도즈 프로그래밍 관련 서적을 참조한다.

일단 여기까지 작성하고, 프로그램 컴파일 및 실행을 하여 보자. 컴파일을 위해 12.19와 같이 메뉴바에서 “Buile”를 클릭하고, 풀다운메뉴에서 “Rebuild All”을 클릭한다.

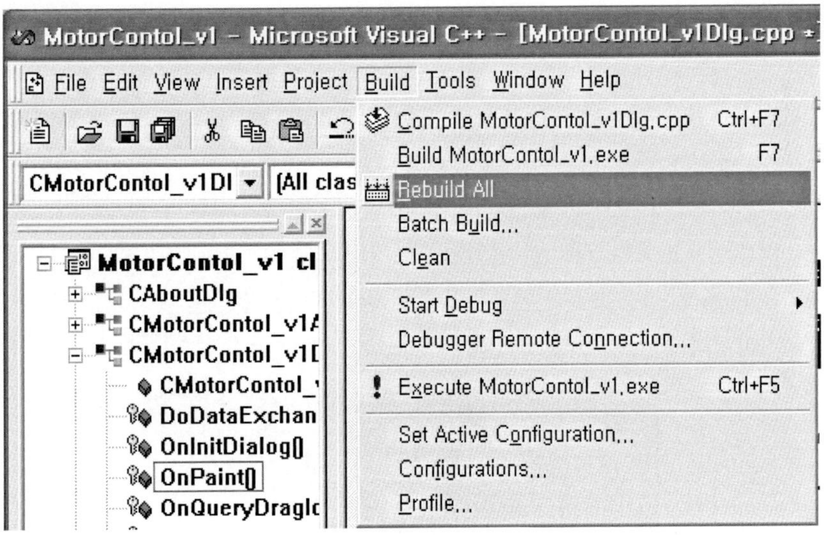

그림 12.19 Build의 풀다운 메뉴

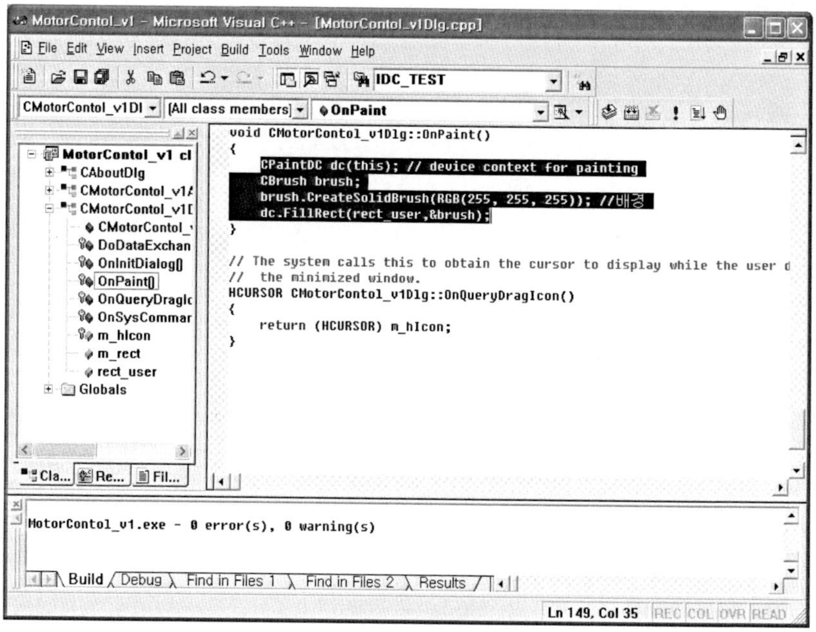

그림 12.20 컴파일 이후의 디버그 창

프로그램에 오류가 없다면, 그림 12.20과 같이 디버그 창에 다음과 같은 메시지가 나타난다.

"MotorControl_v1.exe - 0 error(s), 0 warning(s)

즉 컴파일 오류가 없다는 뜻이다. 이제 Ctrl+F5 키를 눌러 실행을 하여보자. 그림 12.21은 실행했을 때, 나타나는 다이얼로그 화면이다. 픽처 객체의 바탕이 흰색으로 칠해진 것을 확인할 수 있다. 지금까지 한 작업은 흰색바탕의 화폭을 만드는 것이었다.

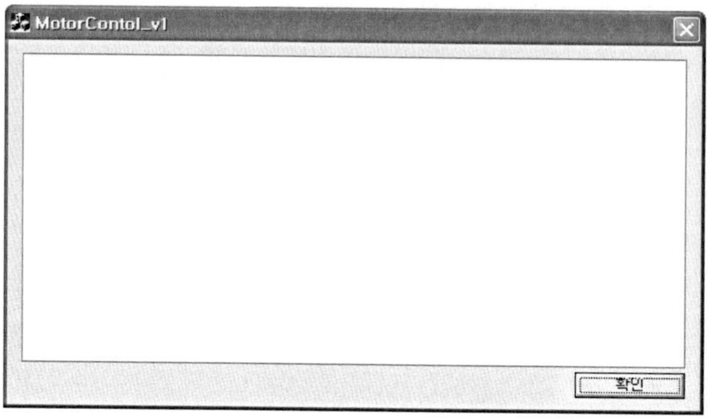

그림 12.21 실행화면(1)-흰색 바탕의 그림

(6) 멤버변수 real_data와 graph_data, samp_num 추가

이제 본격적으로 그림 12.21의 화폭에 그림을 그려보자. 그림은 1500개의 데이터로 이루어진 곡선이며, 1500개의 데이터는 삼각함수를 이용하여 계산한다. 이를 위해, 2개의 배열변수 real_data와 graph_data를 선언한다. 먼저, 그림 12.22와 같이 CMotorControl_v1Dlg 클래스 밑에 멤버변수 real_data를 1500개의 요소를 갖는 long형 배열변수로 선언한다.

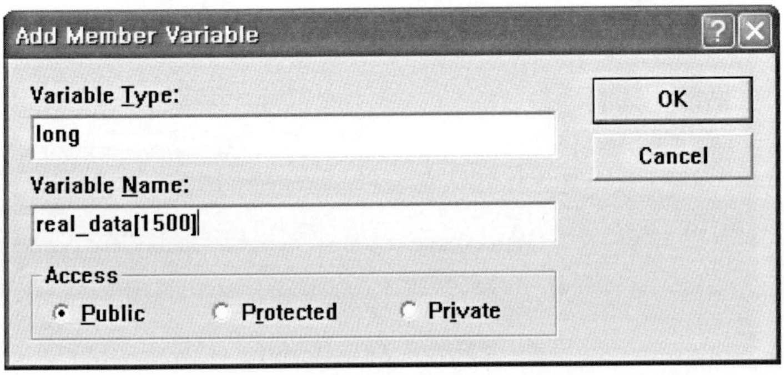

그림 12.22 멤버변수 real_data의 추가

그림 12.23과 같이 CMotorControl_v1Dlg 클래스 밑에 멤버변수 real_data를 1500개의 요소를 갖는 CPoint형 배열변수로 선언한다.

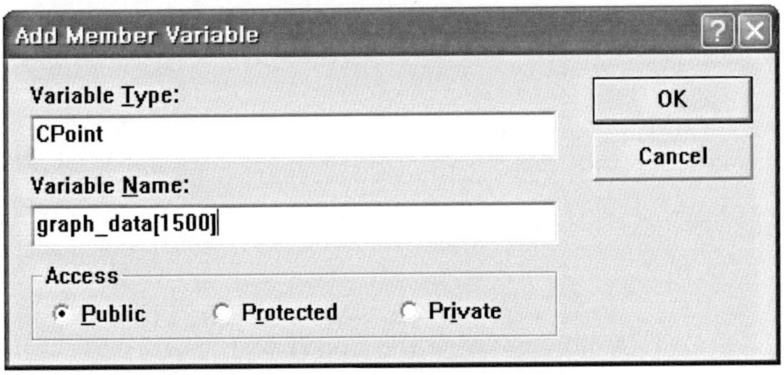

그림 12.23 멤버변수 graph_data의 추가

그림 12.24와 같이 CMotorControl_v1Dlg 클래스 밑에 멤버변수 samp_num를 int형으로 선언한다.

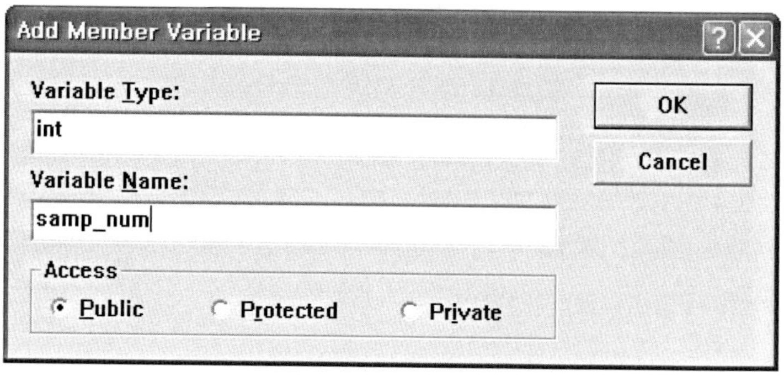

그림 12.24 멤버변수 samp_num의 추가

(7) CMotorControl_v1Dlg() 함수에 코드 추가

그림 12.17과 같이 Workspace 창에서 하단의 ClassView 탭 메뉴를 선택한 후 CMotorControl_v1Dlg 클래스 밑에 CMotorControl_v1Dlg()를 더블클릭한다. 에디트 창에서 다음과 같은 코드를 CMotorControl_v1Dlg() 함수에 추가한다.

리스트 12.3 CMotorControl_v1Dlg() 함수에 추가된 코드

```
samp_num=1500;
for(int i=0;i<samp_num;i++)
{
        real_data[i]=(long)(127.5*sin((2*PI/samp_num)*i));
}
```

그리고 그림 12.17과 같이 에디트 창에서 스크롤바를 올려, MotorControl_v1Dlg.cpp 상단에 다음과 같이 코드를 추가한다(굵은 색 글씨).

리스트 12.4 MotorControl_v1Dlg.cpp의 상단 코드

```
// MotorContol_v1Dlg.cpp : implementation file

#include "stdafx.h"
#include "MotorContol_v1.h"
#include "MotorContol_v1Dlg.h"
#include "math.h"
#define PI 3.141592
```

(8) 멤버변수, max_data, min_data, data_pule 등의 추가

그림 12.25와 그림 12.26과 같이 CMotorControl_v1Dlg 클래스 밑에 멤버변수 data_puls와 zero_off와 int형 전역변수로 선언한다. 마찬가지 방법으로 멤버변수 max_data와 min_data를 int형 전역변수로 선언한다.

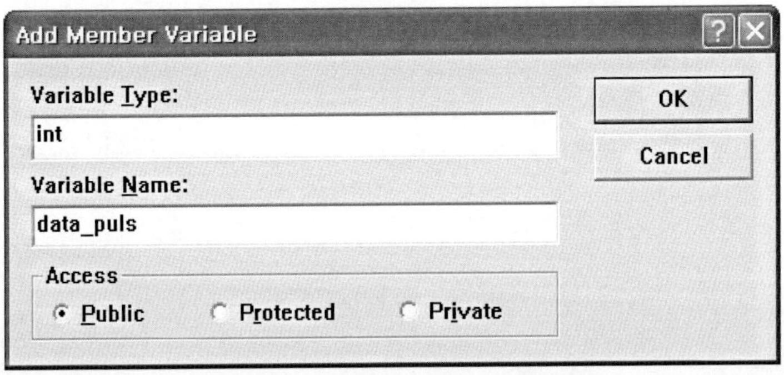

그림 12.25 멤버변수 data_puls의 추가

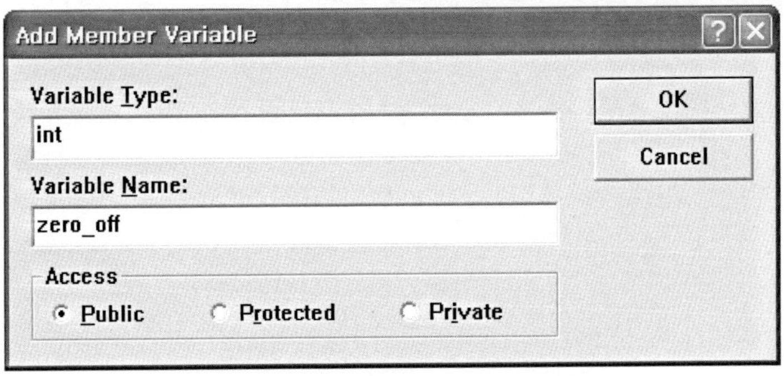

그림 12.26 멤버변수 zero_off의 추가

(9) init_graph() 함수의 추가

먼저, 그림 12.14와 같이 Workspace 창에서 하단의 ClassView 탭 메뉴를 선택한 후 CMotorControl_v1Dlg 클래스를 선택한다. 오른 클릭하여 나오는 팝업창에서 "Add Member Function…"을 클릭한다. 그러면 그림 12.27과 같은 팝업창이 나오는데, 여기서 void형 init_graph()라는 멤버변수를 입력하고, "OK" 버튼을 누른다.

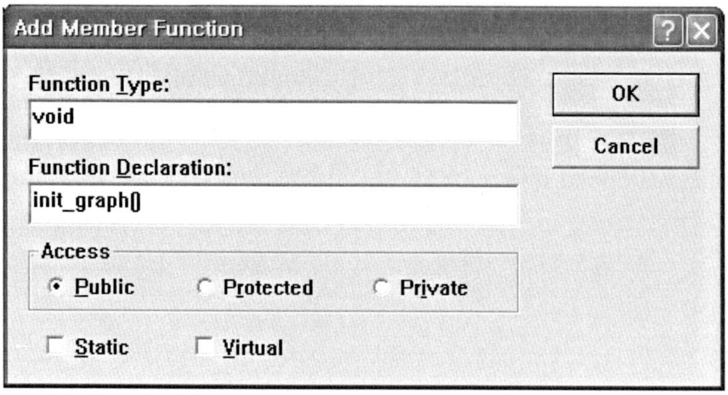

그림 12.27 멤버함수 init_graph()의 추가

그리고 다음과 같이 init_graph()의 코드를 작성한다.

리스트 12.5 init_graph() 함수에 추가된 코드

```
void CMotorContol_v1Dlg::init_graph()
{
        int i;
        int margin=20; //그래프의 margin
        max_data=min_data=real_data[0];
        for(i=1;i<samp_num;i++)
        {
                if(real_data[i]>max_data)
                     max_data=real_data[i];
                if(real_data[i]<min_data)
                     min_data=real_data[i];
        }
        data_puls=max_data-min_data+2*margin; //data_puls는 데이터의 진폭
    zero_off=-(min_data-margin);
        for(i=0;i<samp_num;i++)
        {
                graph_data[i].x=rect_user.left+rect_user.Width()*i/samp_num;
                graph_data[i].y=rect_user.bottom-rect_user.Height()*
                     (real_data[i]+zero_off)/data_puls;
        }
}
```

그런 다음, 다음과 같이 OnInitDialog() 함수에서 init_graph() 함수를 호출하는

코드를 추가한다(굵은 글씨 부분).

리스트 12.6 OnInitDialog() 함수에서 추가된 코드

```
BOOL CMotorContol_v1Dlg::OnInitDialog()
{
        CDialog::OnInitDialog();
        .........................................
        // TODO: Add extra initialization here
         //화면에 그리기 위한 매핑////
        m_rect.GetClientRect(&rect_user);
        rect_user.NormalizeRect();
        m_rect.ClientToScreen(&rect_user);
        ScreenToClient(&rect_user);
        init_graph();
        return TRUE;  // return TRUE unless you set the focus to a control
}
```

(10) OnPaint() 함수에 코드 추가

OnPaint() 함수에 다음과 같이 코드(굵은 글씨 부분)를 추가한다.

리스트 12.7 OnPaint() 함수에서 추가된 코드

```
void CMotorContol_v1Dlg::OnPaint()
{
        CPaintDC dc(this); // device context for painting
        CBrush brush;
        brush.CreateSolidBrush(RGB(255, 255, 255)); //배경
        dc.FillRect(rect_user,&brush);
        CPen pen2,*pOldpen;
        pen2.CreatePen(PS_SOLID, 1,RGB(255,0,0));
        pOldpen=dc.SelectObject(&pen2);
        for(int i=0;i<samp_num-1;i++)
        {
                dc.MoveTo(graph_data[i]);
                dc.LineTo(graph_data[i+1]);
        }
}
```

여기서, CPen 클래스, CreatePen() 함수, SelectObject() 함수, MoveTo() 함수, LineTo() 함수 등은 그래픽 화면에 그림을 그리기 위한 것들이다. 자세한 내용은 윈도즈 프로그래밍 관련서적을 참조한다.

그림 12.28은 지금까지 작성한 상태에서 다시 한 번 컴파일과 실행을 했을 때의 중간 결과이다. 그림에 붉은색 선으로 사인함수의 그래프가 그려지는 것을 확인할 수 있다.

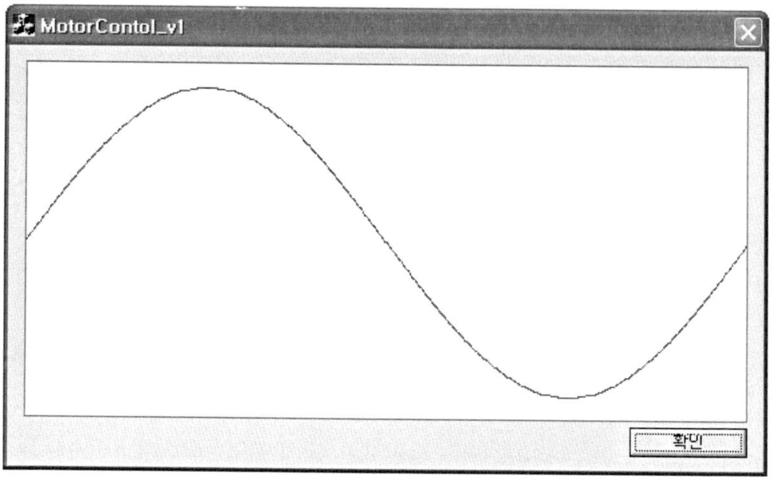

그림 12.28 그래픽 화면에 그려진 삼각함수 곡선

(11) 중심선과 레이블

OnPaint() 함수에 다음과 같이 중심선을 그리는 코드를 추가한다. 그림 12.29는 다시 프로그램을 컴파일하고, 실행한 결과를 보여준다. 점선형태의 중심선이 그려지고, y축에 0의 값이 쓰여진 것을 확인할 수 있다.

리스트 12.8 OnPaint() 함수에서 추가된 코드(2)

```
CPen pen3;
int k;
pen3.CreatePen(PS_DOT,1,RGB(100,100,100));
pOldpen=dc.SelectObject(&pen3);

CString y_val;
CRect y_pos;
```

```
k=rect_user.bottom-(rect_user.Height()*(zero_off))/data_puls;
y_pos.top=k;
y_pos.bottom=k+20;
y_pos.left= rect_user.left-40;
y_pos.right= rect_user.left;

// 중심선
dc.MoveTo(rect_user.left,k);
dc.LineTo(rect_user.right,k);
y_val.Format("%d",0);
dc.DrawText(y_val,y_pos,DT_RIGHT);
```

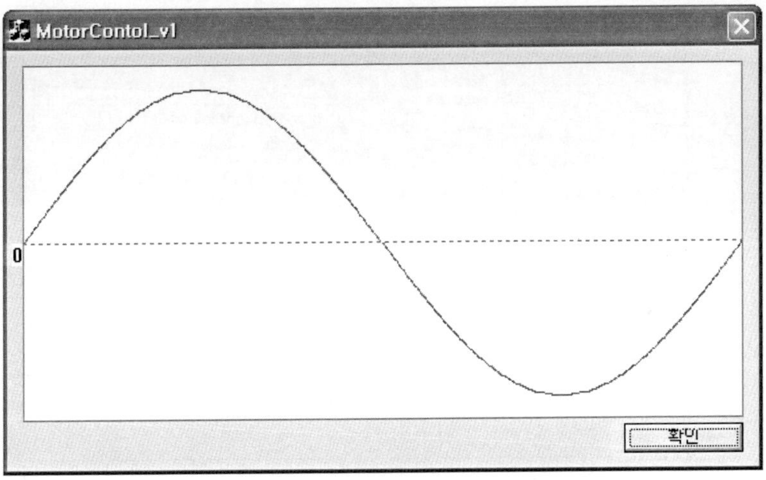

그림 12.29 중심선이 추가된 그래픽 화면

(12) x축 레이블과 격자

이번에는 그래픽 화면에 x축 레이블과 격자를 표시해 보자. 이를 위해 OnPaint() 함수에 다음과 같은 코드를 추가한다. 그리고 중간 실행을 하여 보면, 그림 12.30과 같이 점선으로 격자가 그려지고, x축 레이블이 표시된다.

리스트 12.9 OnPaint() 함수에서 추가된 코드(3)

```
//x축 격자
CString x_val;
CRect x_pos;
```

```
x_pos.top =rect_user.bottom;
x_pos.bottom =x_pos.top+20;
for (int j=1500/10;j<1500;j=j+(1500/10))
{
        k=rect_user.left+(rect_user.Width()*j)/1500;
        x_pos.left=k-20;
        x_pos.right=x_pos.left+40;
        x_val.Format("%d", j);
        dc.MoveTo(k, rect_user.top);
        dc.LineTo(k, rect_user.bottom);
        dc.DrawText(x_val,x_pos, DT_CENTER);
}
```

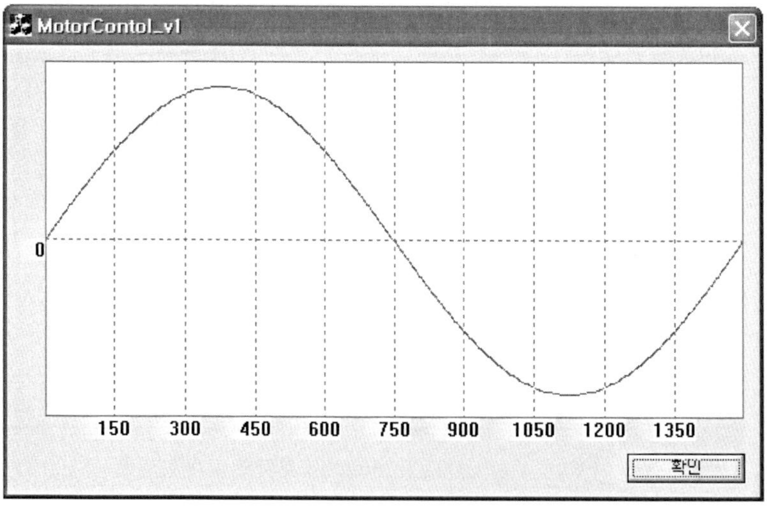

그림 12.30 격자와 x축 레이블이 추가된 그래픽 화면

(13) 최대값과 최소값

이번에는 그래픽 화면에 최대값과 최소값을 표시해 보자. 다음과 같은 코드를 OnPaint() 함수에 추가한다. 그리고 중간 실행을 하여 보면, 그림 12.31과 같이 최대값과 최소값이 표시된다.

리스트 12.10 OnPaint() 함수에서 추가된 코드(4)

```
//y축 최대/ 최소값 표기
CPen pen4;
```

```
pen4.CreatePen(PS_SOLID,1,RGB(0,0,255));
pOldpen=dc.SelectObject(&pen4);
for(i=0;i<2;i++)
{
        if(i==0)
        {
                k=rect_user.bottom-(rect_user.Height()*
                  (max_data+zero_off))/data_puls;
                y_val.Format("%d",max_data);
        }
        else
        {
                k=rect_user.bottom-(rect_user.Height()*
                  (min_data+zero_off))/data_puls;
                y_val.Format("%d",min_data);
        }
        y_pos.top=k;
        y_pos.bottom=k+20;
        dc.MoveTo(rect_user.left,k);
        dc.LineTo(rect_user.right,k);
        dc.SetTextColor(RGB(0,0,255));
        dc.DrawText(y_val,y_pos,DT_RIGHT);
}
```

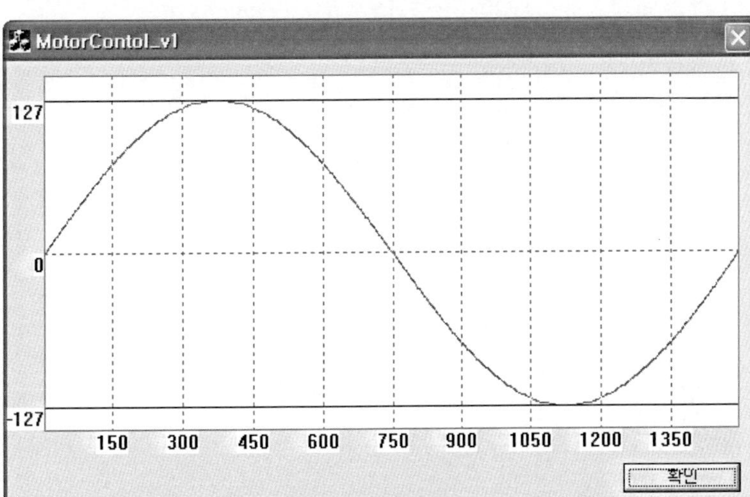

그림 12.31 최대값과 최소값이 추가된 그래픽 화면

지금까지 내용을 정리해 보면 다음과 같다.

[컨트롤 요약]

IDC_MAIN_GRAPH : picture 컨트롤의 ID로서 화면에 그림을 대상

[변수요약]

m_rect: IDC_MAIN_GRAPH에 연결된 CStatic형 변수

rect_user: 화면에 그림을 그리는 객체로서, picture 영역에 대한 정보를 제공

graph_data2[1500]: CPoint형 데이터로서, OnPaint()에서 그려질 위치를 저장

real_data[1500]: long형으로 실제 물리적인 데이터

[함수요약]

CMotorControlDlg(): 생성자 함수로서, real_data값을 초기화

OnInitDialog(): rect_user를 정의하고 화면에 그리기 위한 매핑, init_graph() 함수 호출

init_graph(): real_dat값을 분석(최대, 최소)하여, rect_user의 사이즈에 맞게 graph_data값을 생성

OnPaint(): 화폭의 색상을 초기화한 후, graph_data에 저장된 값에 따라 pen을 지정하여 선을 그림

12.2 제어 시뮬레이터 제작

12.1절에서 작성한 프로그램을 기반으로 코드를 추가하여 본격적인 모터 제어 시뮬레이션 프로그램을 제작하여 본다. 여기에서는 제어 시뮬레이션에 관련된 코드 위주로 설명한다. 따라서 일반적인 윈도즈 프로그래밍에 관련된 사항은 윈도즈 프로그램 관련 서적을 참조한다.

(1) Dialog box에 실행버튼 추가

그림 12.32와 같이 다이얼로그에서 "확인" 버튼을 삭제하고, 레이아웃을 조정한 후, "실행" 버튼을 추가한다. 그림 12.33과 같이 Button 컨트롤의 ID를 "IDC_BUTTON_EXEC"로 지정한다.

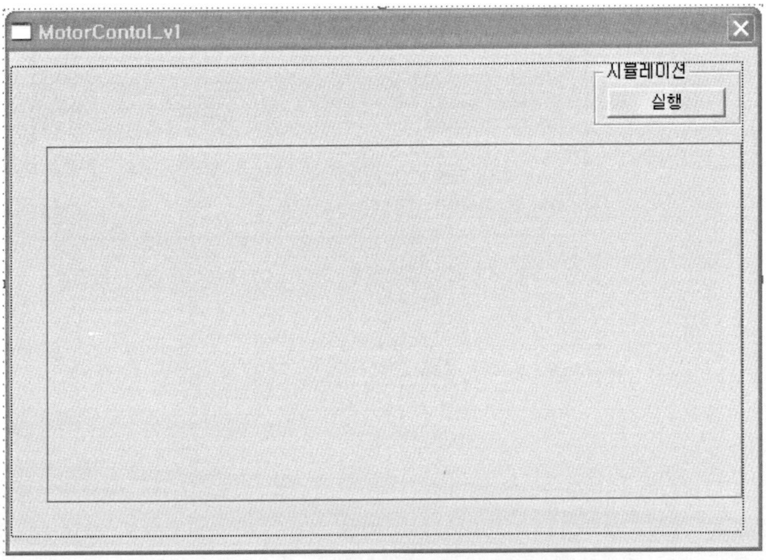

그림 12.32 실행버튼이 추가된 다이얼로그 박스

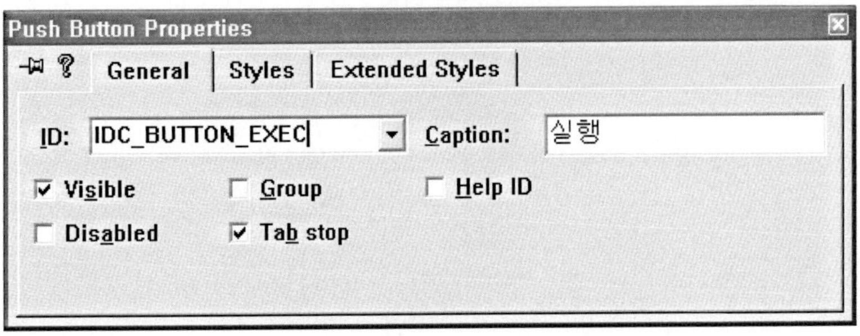

그림 12.33 실행버튼의 속성 설정화면

(2) OnButtonExec() 함수의 추가

다이얼로그 상에서 "실행" 버튼을 더블 클릭하면, 그림 12.34와 같은 "Add Member Function" 팝업창이 나타난다. 여기에서 "OK" 버튼을 누르면, OnButton-Exec()" 함수가 추가되고, 이 함수는 "실행" 버튼을 누를 때, 발생하는 메시지의 핸들러가 된다.

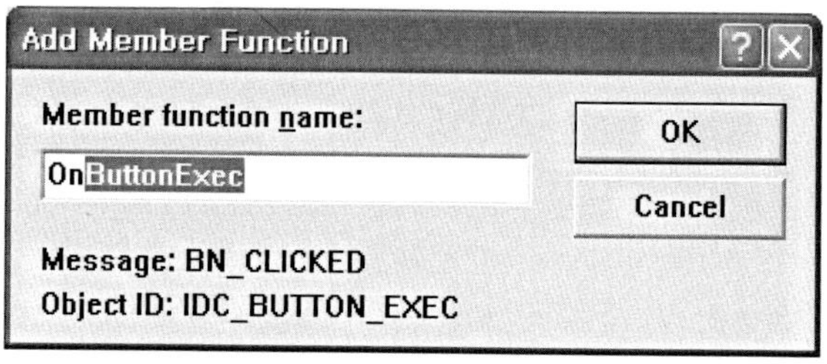

그림 12.34 멤버함수 OnButtonExec의 추가 화면

그리고 OnButtonExec() 함수의 코드를 다음과 같이 작성한다.

리스트 12.11 OnButtonExec() 함수의 코드

```
        doube x[1500],r[1500];
        samp_num=100;
        reference_input_set(0,samp_num,r);
        a1=-1.8349,a2=0.8597,b1=0.01272,b2=0.01203;
        x[0]=0.0;
        for (int k=0;k<samp_num;k++)
        {
                x[k+1]=PlantOut(r[k]);
        }
        for(int i=0;i<samp_num;i++)
        {
                real_data[i]=(long)x[i];
        }
        init_graph();
        Invalidate();
}
```

(3) PlantOut() 함수의 추가

리스트 12.12와 같이 CMotorControlDlg 클래스의 전역 멤버변수로서 a1, a2, b1, b2를 double형으로 추가한다. 그리고 그림 12.35와 같이 PlantOut() 함수를 CMotorControl_v1Dlg 클래스의 멤버함수로 작성한다.

리스트 12.12 CMotorContol_v1Dlg 클래스의 a1,a2,b1,b2 멤버 변수 추가 코드

```
class CMotorContol_v1Dlg : public CDialog
{
// Construction
public:
        double a1,a2,b1,b2;
        int samp_num;
        .......................................
```

여기서 PlantOut() 함수는 5장 리스트 5.1에서 작성한 함수로 다음과 같이 코드를 추가한다.

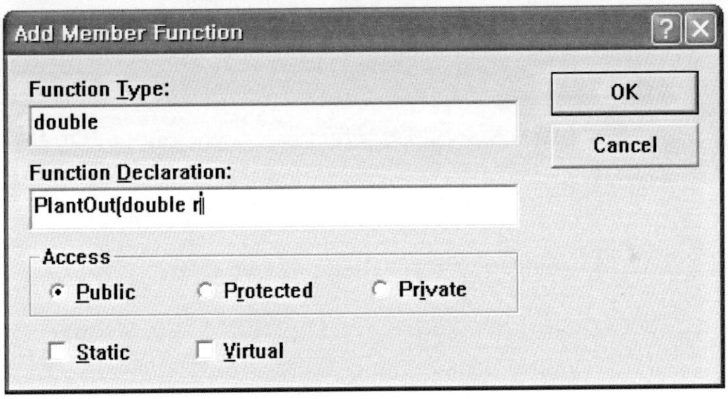

그림 12.35 멤버함수 PlantOut()의 추가 화면

리스트 12.13 PlantOut() 함수의 코드

```
double CMotorContol_v1Dlg::PlantOut(double r)
{
        static double x,x1,x2,r1;
        x=-a1*x1-a2*x2+b1*r+b2*r1;
        r1=r;
        x2=x1;
        x1=x;
        return x;
}
```

(4) reference_input_set() 함수의 추가

또한 reference_input_set() 함수를 그림 12.36과 같이 CMotorControl_v1Dlg 클래스의 멤버함수로 작성한다. 여기서 reference_input_set() 함수는 5장 리스트 5.3에서 작성한 함수로 다음과 같이 코드를 추가한다.

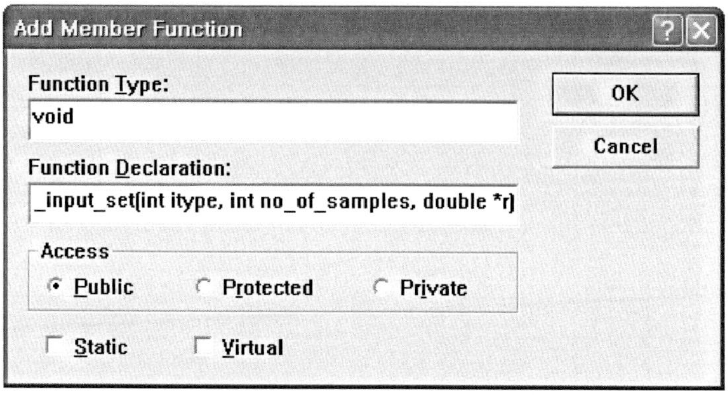

그림 12.36 멤버함수 reference_input_set()의 추가 화면

리스트 12.14 reference_input_set() 함수의 코드(4)

```
void CMotorContol_v1Dlg::reference_input_set(int itype, int no_of_
                                              samples, double *r)
{
        int k;
        if (itype==0)
                for (k=0;k<no_of_samples;k++)
                     r[k]=512.0;
        else if (itype==1)
                for (k=0;k<no_of_samples;k++)
                     r[k]=(double)k*4;
        else if (itype==2)
                for (k=0;k<no_of_samples;k++)
                r[k]=(double)k*k;
}
```

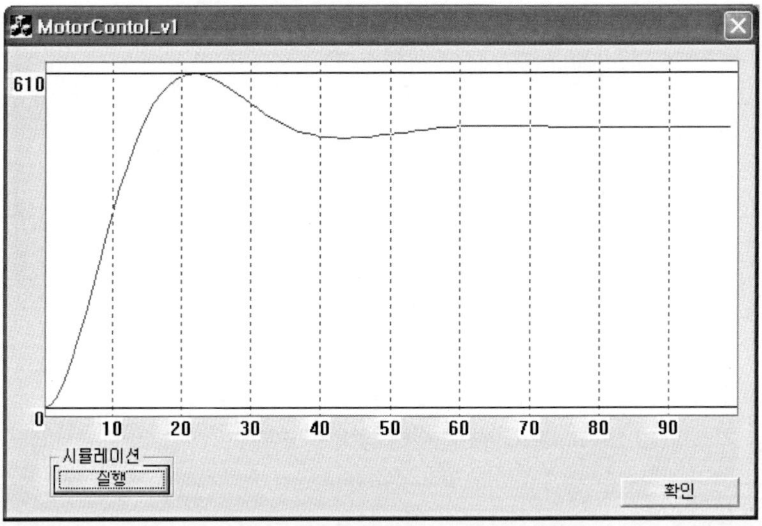

그림 12.37 실행 버튼을 눌렀을 때 화면

(5) 기준입력 그리기

2개의 배열변수 real_data2와 graph_data2를 선언한다. 먼저, 그림 12.38과 같이 CMotorControl_v1Dlg 클래스 밑에 멤버변수 real_data2를 1500개의 요소를 갖는 long형 배열변수로 선언한다.

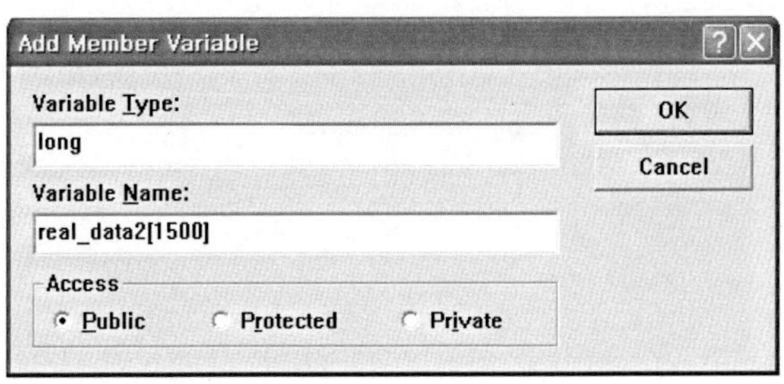

그림 12.38 멤버변수 real_data의 추가

그림 12.39와 같이 CMotorControl_v1Dlg 클래스 밑에 멤버변수 real_data2를 1500개의 요소를 갖는 CPoint형 배열변수로 선언한다. 리스트 12.15의 굵은 색 코드를 추가한다.

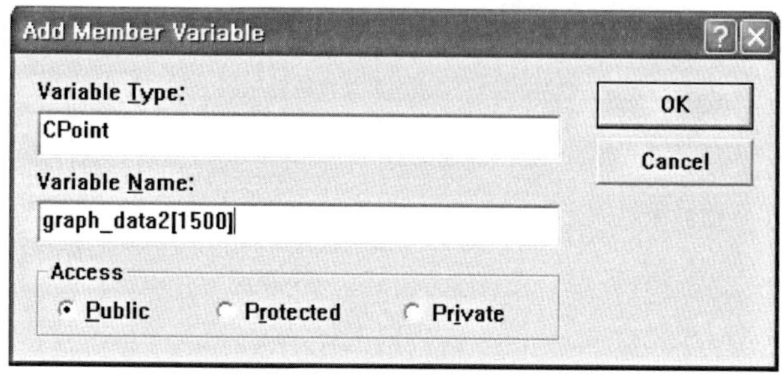

그림 12.39 멤버변수 graph_data의 추가

리스트 12.15 OnPaint() 함수에 추가된 코드(5)

```
CPen pen2,*pOldpen;
pen2.CreatePen(PS_SOLID, 1,RGB(255,0,0));
pOldpen=dc.SelectObject(&pen2);
for(int i=0;i<samp_num-1;i++)
{
        dc.MoveTo(graph_data[i]);
        dc.LineTo(graph_data[i+1]);
}
CPen pen5;
pen5.CreatePen(PS_DOT,1,RGB(0,255,0));
pOldpen=dc.SelectObject(&pen5);
for (i=0; i<samp_num-1; i++)
{
        dc.MoveTo(graph_data2[i]);
        dc.LineTo(graph_data2[i+1]);
}
```

OnButtonExec() 함수에 리스트 12.2.6과 같이(굵은 글씨) 코드를 추가한다.

리스트 12.16 OnButtonExec() 함수에 추가된 코드

```
for(int i=0;i<samp_num;i++)
{
        real_data2[i]=(long)r[i];
        real_data[i]=(long)x[i];
}
```

init_graph() 함수에 리스트 12.17과 같이(굵은 글씨) 코드를 추가한다.

리스트 12.17 init_graph() 함수에 추가된 코드

```
for(i=0;i<samp_num;i++)
{
        graph_data[i].x=rect_user.left+rect_user.Width()*i/samp_num;
        graph_data[i].y=rect_user.bottom-rect_user.Height()*
                (real_data[i]+zero_off)/data_puls;
        graph_data2[i].x=rect_user.left+rect_user.Width()
                        *i/samp_num;
        graph_data2[i].y=rect_user.bottom-rect_user.Height()*
                (real_data2[i]+zero_off)/data_puls;
}
```

그림 12.40은 중간실행 화면으로 그림 12.32에서 "실행" 버튼을 눌렀을 때, 기준입력이 추가로 그려진 모습을 보여준다.

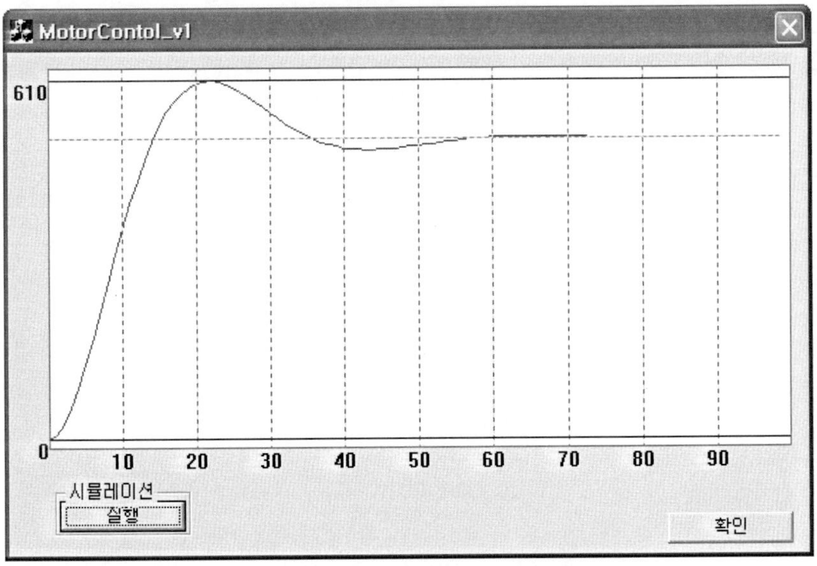

그림 12.40 기준입력과 출력이 그려진 화면

(6) 플랜트 파라미터 에디트박스 추가

그림 12.41과 같이 플랜트 파라미터 입력을 위해 4개의 에디트박스를 다이얼로그에 추가한다.

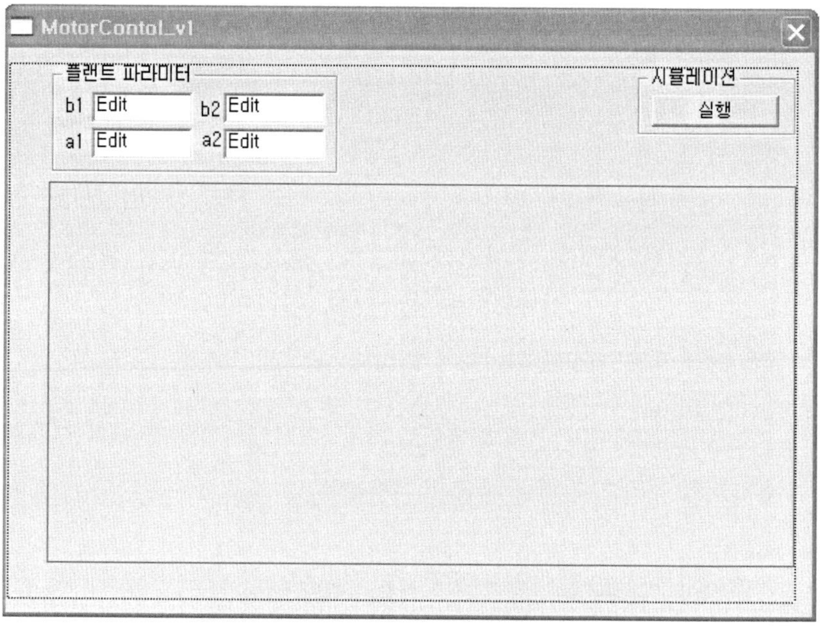

그림 12.41 플랜트 파라미터 에디트박스의 추가

4개의 에디트박스 아이디는 그림 12.42와 같이, IDC_EDIT_A1, IDC_EDIT_A2, IDC_EDIT_B1, IDC_EDIT_B2 등으로 설정한다.

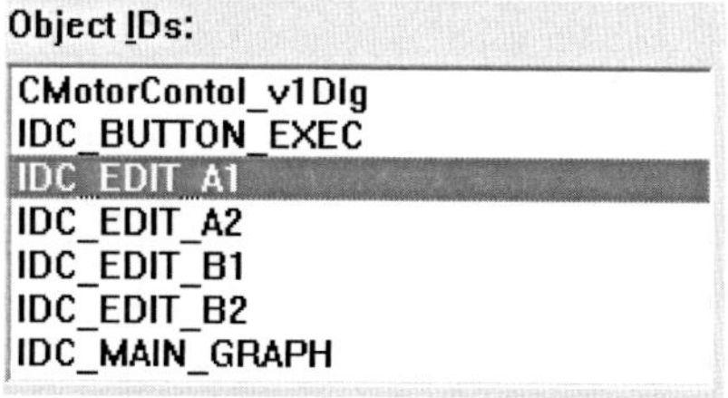

그림 12.42 플랜트 파라미터의 에디트박스 컨트롤 ID

그림 12.43과 같이 4개의 에디트박스 컨트롤에 m_a1, m_a2, m_b1, m_b2 등 4개의 double형 변수를 각각 연결한다.

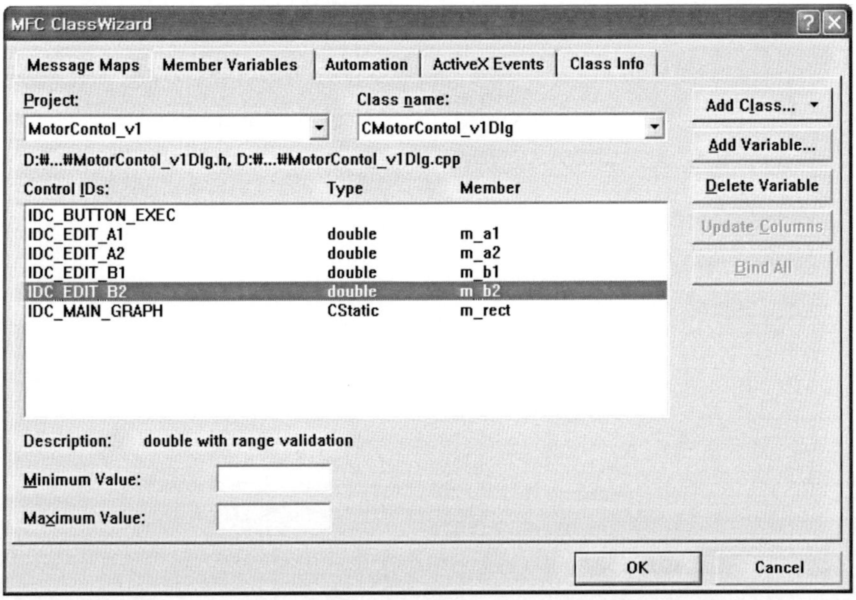

그림 12.43 플랜트 파라미터의 에디트박스 컨트롤에 연결된 변수 리스트

리스트 12.18의 굵은 글씨부분과 같이, OnButtonExec() 함수에 코드를 추가하고, 기존의 a1, a2, b1, b2 초기화 부분은 주석문처리(//)한다.

리스트 12.18 OnButtonExec() 함수에 추가된 코드

```
void CMotorContol_v1Dlg::OnButtonExec()
{
        // TODO: Add your control notification handler code here
        double x[1500],r[1500];
        samp_num=100;
        reference_input_set(0,samp_num,r);
        UpdateData(TRUE); //Edit box값 읽어오기
        a1=m_a1;a2=m_a2;b1=m_b1;b2=m_b2;
        //a1=-1.8349,a2=0.8597,b1=0.01272,b2=0.01203;
        x[0]=0.0;
        ........................
}
```

(7) PlantOut() 함수의 프로토타입 및 코드를 변경한다.

PlantOut() 함수는 내부에서 정적변수들을 사용한다. 따라서 시뮬레이션 초기에는 이러한 정적변수들을 모두 0으로 초기화해야 한다. 이를 위해, 리스트 12.19와 같이 PlantOut() 함수의 인수리스트에 int형 reset 변수를 추가하고, 굵은 색부분과 같이 초기화 코드를 추가한다.

리스트 12.19 PlantOut() 함수의 코드 변경

```
double CMotorContol_v1Dlg::PlantOut(double r,int reset)
{
        static double x,x1,x2,r1;
        if (reset==1)
                x1=x2=r1=0.0;
        x=-a1*x1-a2*x2+b1*r+b2*r1;
        r1=r;
        x2=x1;
        x1=x;
        return x;
}
```

또한 리스트 12.20의 굵은 색 부분과 같이 PlantOut() 함수의 프로토타입을 변경한다.

리스트 12.20 PlantOut() 함수의 프로토타입 변경

```
class CMotorContol_v1Dlg : public CDialog
{
// Construction
public:
        double a1,a2,b1,b2;
        int samp_num;
        int min_data;
        int max_data;
        int data_puls;
        int zero_off;
        void reference_input_set(int itype, int no_of_samples, double *r);
        double PlantOut(double r,int reset);
        void init_graph();
```

```
.....................................................................
}
```

그리고 리스트 12.21의 굵은색 부분과 같이 코드를 추가 변경한다.

리스트 12.21 OnButtonExec() 함수에 추가된 코드(2)

```
void CMotorContol_v1Dlg::OnButtonExec()
{
        // TODO: Add your control notification handler code here
        double x[1500],r[1500];
        samp_num=100;
        reference_input_set(0,samp_num,r);
        UpdateData(TRUE); //Edit box값 읽어오기
        a1=m_a1;a2=m_a2;b1=m_b1;b2=m_b2;
        //a1=-1.8349,a2=0.8597,b1=0.01272,b2=0.01203;
        x[0]=0.0;
        PlantOut(0.0,1); //초기화
        for (int k=0;k<samp_num;k++)
        {
                x[k+1]=PlantOut(r[k],0);
        }
        ...............................
}
```

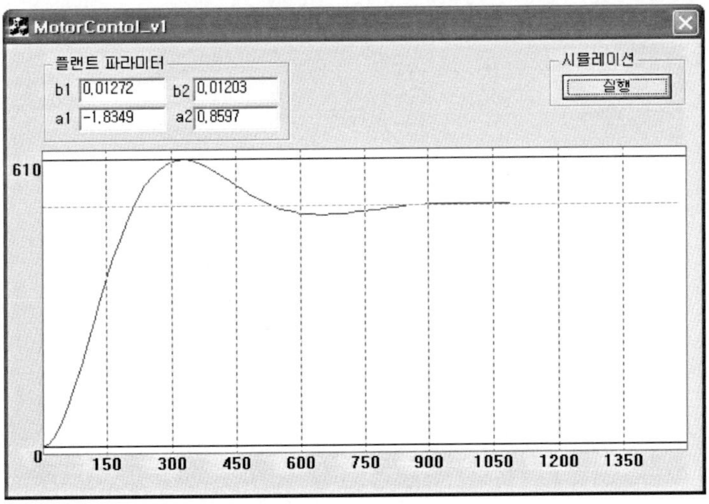

그림 12.44 플랜트 파라미터 입력에 의한 시뮬레이션 결과 화면

그림 12.44는 4개의 에디트박스에 플랜트 파라미터를 입력하고, “실행” 버튼을 눌렀을 때 중간실행 결과화면이다.

(8) InitParameter 함수의 추가

그림 12.45와 같이, CMotorControl_v1Dlg 클래스 밑에 멤버함수 InitParameter()를 void형으로 추가한다.

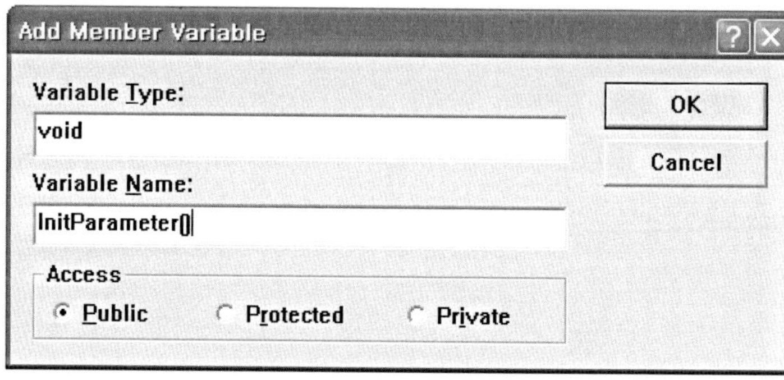

그림 12.45 InitParameter 멤버함수의 추가

리스트 12.22와 같이 InitParameter() 함수의 코드를 작성한다.

리스트 12.22 InitParameter() 함수의 코드

```
void CMotorContol_v1Dlg::InitParameter()
{
        //모터 프랜트 파라미터
        m_a1=-1.8349;
        m_a2=0.8597;
        m_b1=0.01272;
        m_b2=0.01203;
        UpdateData(FALSE);
}
```

리스트 12.23 OnInitDialog() 함수에 추가된 코드

```
BOOL CMotorContol_v1Dlg::OnInitDialog()
{
        ........................................
```

```
        m_rect.GetClientRect(&rect_user);
        rect_user.NormalizeRect();
        m_rect.ClientToScreen(&rect_user);
        ScreenToClient(&rect_user);
        init_graph();
        InitParameter();
        return TRUE;  // return TRUE  unless you set the focus to a control
}
```

그리고 리스트 12.23의 코드를 OnInitDialog() 함수에 추가한다.

(9) 기준입력 관련 컨트롤 추가

이번에는 기준입력의 종류를 래디오버튼으로 선택하고, 입력데이터의 크기 및 개수를 에디트박스로 지정해보자. 이를 위해, 그림 12.36와 같이 다이얼로그 박스에 기준입력 관련 컨트롤들을 추가한다.

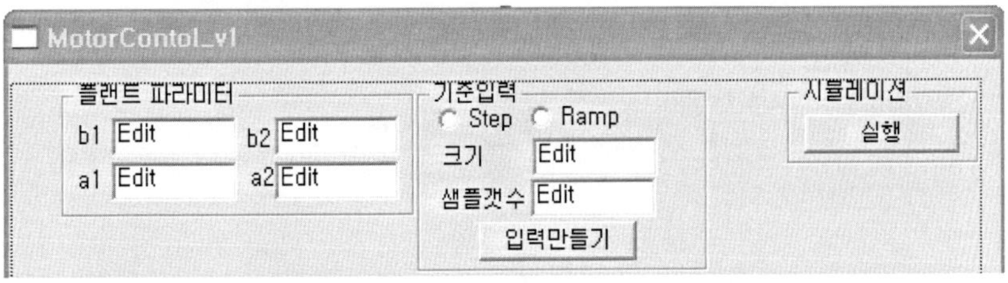

그림 12.46 기준입력 관련 컨트롤들이 추가된 다이얼로그 리소스 화면

그리고 "Step" 래디오컨트롤의 속성을 12.47과 같이 지정한다.

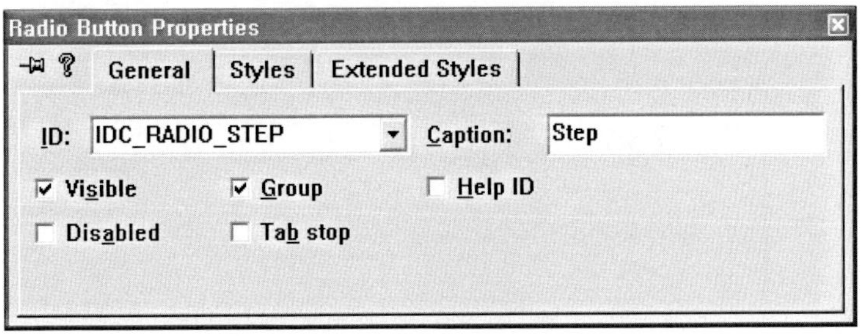

그림 12.47 Step 래디오컨트롤의 속성화면

나머지 기준입력 컨트롤들의 ID는 다음과 같이 지정한다.

표 12.1 기준입력 관련 컨트롤의 ID

컨트롤	캡션	컨트롤 ID
래디오버튼	Step	IDC_RADIO_STEP
래디오버튼	Ramp	IDC_RADIO_RAMP
에디트박스	크기	IDC_EDIT_INPUT_SIZE
에디트박스	샘플갯수	IDC_EDIT_INPUT_NO
푸시버튼	입력만들기	IDC_BUTTON_MAKE_REF

그리고 "크기"와 "샘플갯수" 에디트박스에 그림 12.48과 같이 m_input_size와 m_input_no를 int형 변수로 연결한다.

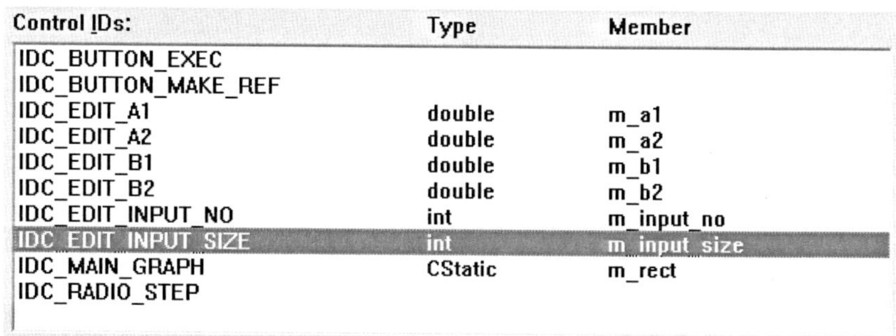

그림 12.48 MFC ClassWizard의 변수 연결상태

그림 12.49와 같이, CMotorControl_v1Dlg 클래스 밑에 멤버변수 input_type을 int형으로 추가한다.

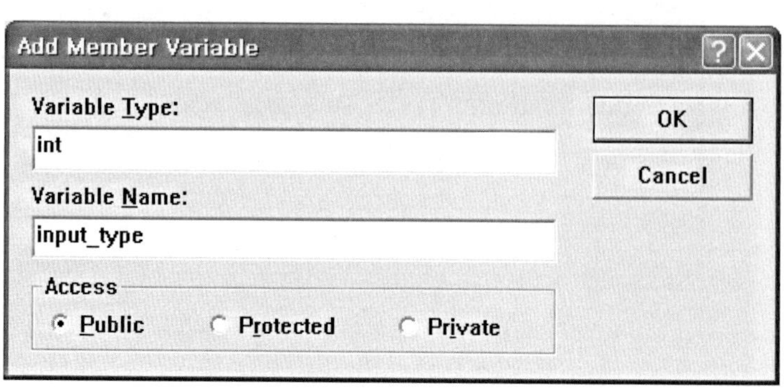

그림 12.49 멤버변수 input_type의 추가

다이얼로그 리소스화면에서 "Step" 래디오버튼을 더블 클릭하면, "Add Member Function" 팝업창이 나타난다. 여기에서 "OK" 버튼을 누르면, OnRadioStep() 함수가 추가되고, 이 함수는 "Step" 래디오버튼을 누를 때, 발생하는 메시지의 핸들러가 된다. 마찬가지로 다이얼로그 리소스화면에서 "Ramp" 래디오버튼을 더블 클릭하면, "Add Member Function" 팝업창이 나타난다. 여기에서 "OK" 버튼을 누르면, OnRadioRamp() 함수가 추가되고, 이 함수는 "Ramp" 래디오버튼을 누를 때, 발생하는 메시지의 핸들러가 된다.

리스트 12.24와 같이 각각 OnRadioStep()과 OnRadioRamp()를 작성한다.

리스트 12.24 OnRadioStep() 함수와 OnRadioRamp() 함수의 코드

```
void CMotorContol_v1Dlg::OnRadioStep()
{
        // TODO: Add your control notification handler code here
        input_type=0;
}
void CMotorContol_v1Dlg::OnRadioRamp()
{
        // TODO: Add your control notification handler code here
        intpu_type=1;
}
```

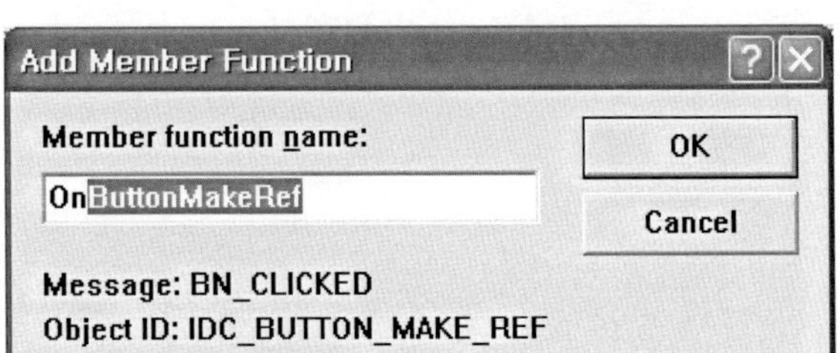

그림 12.50 메시지 핸들러 OnButtonMakeRef() 함수의 추가

(10) "입력만들기" 관련 함수 코드 추가

다이얼로그 리소스화면에서 "입력만들기" 버튼을 더블 클릭하면, 그림 12.50와 같은 "Add Member Function" 팝업창이 나타난다. 여기에서 "OK" 버튼을 누르면 OnButtonMakeRef() 함수가 추가되고, 이것은 "입력만들기" 버튼을 누를 때 발생

하는 메시지의 핸들러가 된다. 리스트 12.25와 같이 OnButtonMakeRef() 함수의 코드를 작성한다.

리스트 12.25 OnButtonMakeRef() 함수의 코드

```
void CMotorContol_v1Dlg::OnButtonMakeRef()
{
        // TODO: Add your control notification handler code here
        double r[1500+1];
        UpdateData(TRUE); //Edit box값 읽어오기
        samp_num=m_input_time;
        reference_input_set(r);
        for(int i=0;i<samp_num;i++)
        {
                real_data[i]=(long)r[i];
                real_data2[i]=(long)r[i];
        }
        init_graph();
        Invalidate();
}
```

그리고 리스트 12.26의 굵은색 부분과 같이 reference_input_set() 함수를 수정한다. 그리고 리스트 12.27의 굵은색 부분과 같이 InitParameter() 함수에 기준입력 관련 컨트롤들의 초기 상태를 지정하는 코드를 추가한다.

리스트 12.26 변경된 reference_input_set() 함수

```
void CMotorContol_v1Dlg::reference_input_set(int itype, int no_of_
                                             samples, double *r)
{
        int k;
        if(itype==0)
                for(k=0;k<no_of_samples;k++)
                     r[k]=(double) m_input_size;
        else if(itype==1)
                for(k=0;k<no_of_samples;k++)
```

```
                    r[k]=(double)k*m_input_size;
        else if(itype==2)
                for(k=0;k<no_of_samples;k++)
                    r[k]=(double)k*k;
}
```

리스트 12.27 InitParameter() 함수에 추가된 코드

```
void CMotorContol_v1Dlg::InitParameter()
{
        ..................................................
        //라디오버튼 선택하기
        ((CButton *)GetDlgItem(IDC_RADIO_STEP))->SetCheck(true);
        m_input_no=100;
        m_input_size=512;
        input_type=0;
        UpdateData(FALSE);
}
```

리스트 12.28과 같이, reference_input_set() 함수 호출부분을 수정한다.

리스트 12.28 OnButtonExec() 함수에 변경된 코드

```
void CMotorContol_v1Dlg::OnButtonExec()
{
        // TODO: Add your control notification handler code here
        double x[1500],r[1500];
        samp_num=100;
        reference_input_set(input_type,samp_num,r);
        ..................................................
}
```

그림 12.51은 기준입력으로 “Ramp”를 선택하고, 크기와 샘플 개수를 각각 4와 100으로 입력했을 때, 시뮬레이션 결과화면이다.

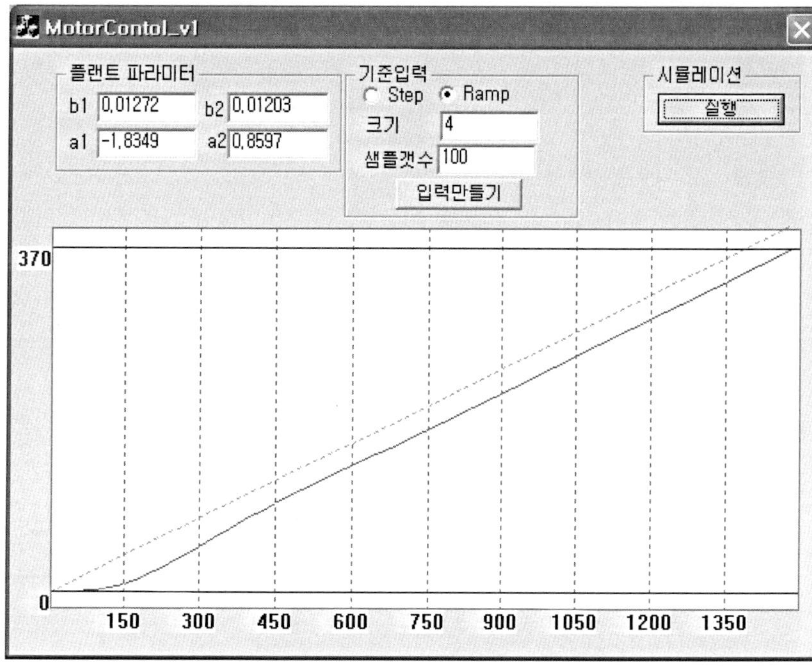

그림 12.51 기준입력을 "Ramp"로 선택했을 때, 시뮬레이션 결과화면

(11) 과도응답 관련 컨트롤 추가

이번에는 주어진 플랜트에 대해 과도응답 분석을 하고, 그 결과를 에디트박스를 통해 출력하는 프로그램을 만들어 보자. 먼저, 그림 12.52 같이 다이얼로그 리소스를 만들어 보자. 감쇄계수, 고유주파수, 오버슈트, 정착시간을 표시하는 4개의 에디트박스를 추가한다. 그리고 각 에디트박스의 ID를 표 12.2 같이 지정한다.

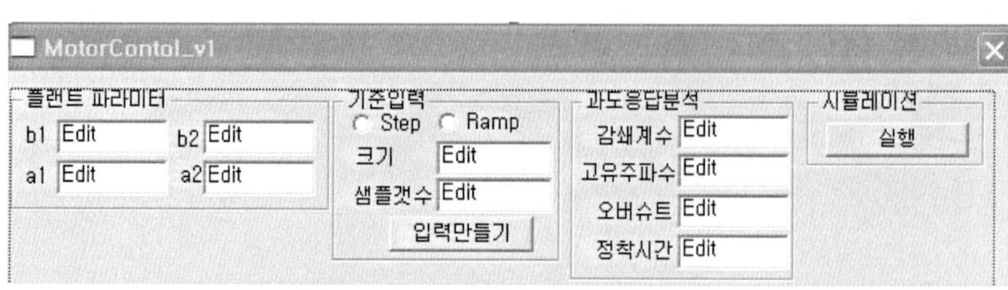

그림 12.52 과도응답 분석 관련 에디트박스가 추가된 다이얼로그 박스

표 12.2 과도응답 관련 컨트롤의 ID

컨트롤	캡션	컨트롤 ID
에디트박스	감쇄계수	IDC_EDIT_CHETA
에디트박스	고유주파수	IDC_EDIT_FREQ
에디트박스	오버슈트	IDC_EDIT_OVER
에디트박스	정착시간	IDC_EDIT_TS

그리고 각 "감쇄계수", "고유주파수", "오버슈트", "정착시간" 등 에디트박스에 그림 12.53과 같이 m_cheta, m_omega_n, m_mp, m_ts를 double형 변수로 연결한다.

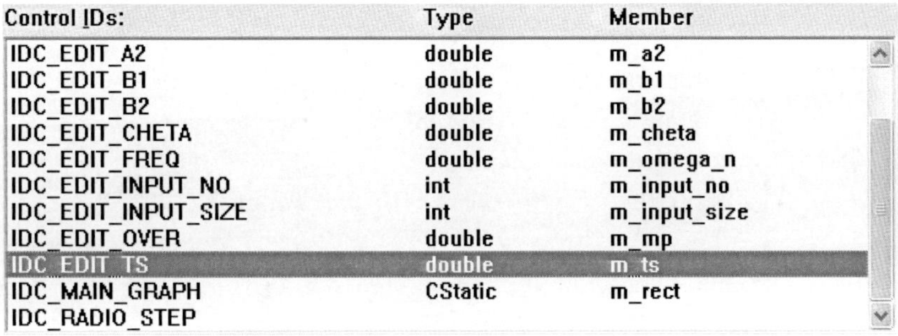

그림 12.53 MFC ClassWizard의 과도응답 관련 변수 연결상태

그림 12.54 같이, CMotorControl_v1Dlg 클래스 밑에 멤버함수 ChetaOmega()를 void형으로 추가한다.

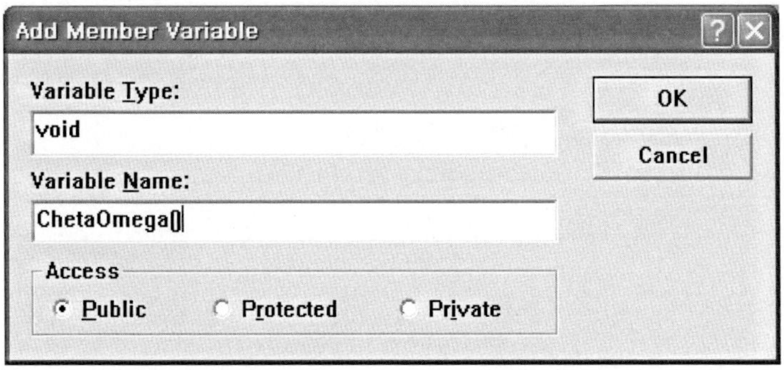

그림 12.54 InitParameter 멤버함수의 추가

그리고 리스트 12.29와 같이 ChetaOmega() 함수를 작성한다. 이는 과도응답 관련 코드로 자세한 사항은 6.3절을 참조한다.

리스트 12.29 ChetaOmega() 함수의 코드

```
void CMotorContol_v1Dlg::ChetaOmega()
{
        double a1,a2,a,b,sigma,omega;
        double cheta,omegan,ts,Mp,T=0.001;
        a1 = m_a1;
        a2 = m_a2;
        a = -a1/2.0;
        double temp = 4.0*a2-a1*a1;
        if (temp < 0)
                temp *= -1;
        b=sqrt(temp)/2.0;
        sigma=-log(a*a+b*b)/T/2.0;
        omega=atan(b/a)/T;
        omegan=sqrt(sigma*sigma+omega*omega);
        cheta=sigma/omegan;
        Mp=exp(-sigma/omega*3.141592);
        ts=4.0/cheta/omegan;
        m_cheta = cheta;
        m_omega_n = omegan;
        m_mp = Mp;
        m_ts = ts;
        UpdateData(FALSE);
}
```

그리고 리스트 12.30의 굵은색 부분과 같이 OnButtonExec() 함수에 과도응답 관련 변수들을 계산하는 ChetaOmega() 함수를 호출하는 코드를 추가한다.

리스트 12.30 OnButtonExec() 함수의 코드

```
void CMotorContol_v1Dlg::OnButtonExec()
{
        // TODO: Add your control notification handler code here
        ................................
        init_graph();
        Invalidate();
        ChetaOmega();
}
```

그림 12.55는 기준입력으로 "step" 입력을 선택하고, 실행 버튼을 눌렀을 때 과도응답 관련 결과값들이 에디트박스에 출력되는 화면을 보여준다.

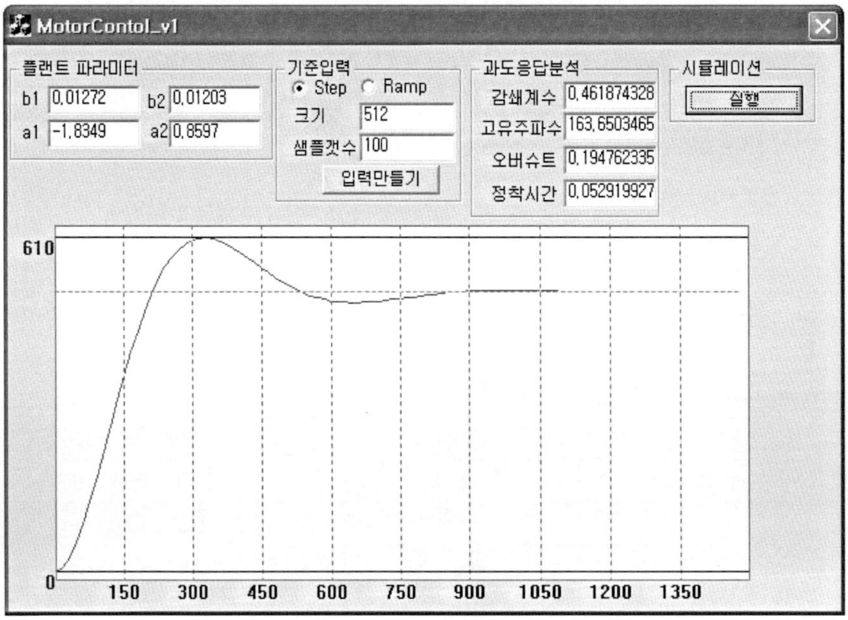

그림 12.55 **과도응답분석 결과를 표시한 화면**

12.3 PID 제어 시뮬레이터

12.2절에서 작성한 프로그램을 기반으로 코드를 추가하여 PID 제어 시뮬레이션 프로그램을 제작하여 본다. 여기에서는 제어 시뮬레이션에 관련된 코드 위주로 설명한다. 따라서 일반적인 윈도즈 프로그래밍에 관련된 사항은 윈도즈 프로그램 관련 서적을 참조한다.

(1) 다이얼로그 박스에 모터 파라미터 에디트박스 추가

그림 12.56과 같이 다이얼로그에서 "모터 물리량"에 관련된 에디트박스 4개와 버튼 하나를 추가하고, 컨트롤들의 레이아웃을 조정한다.

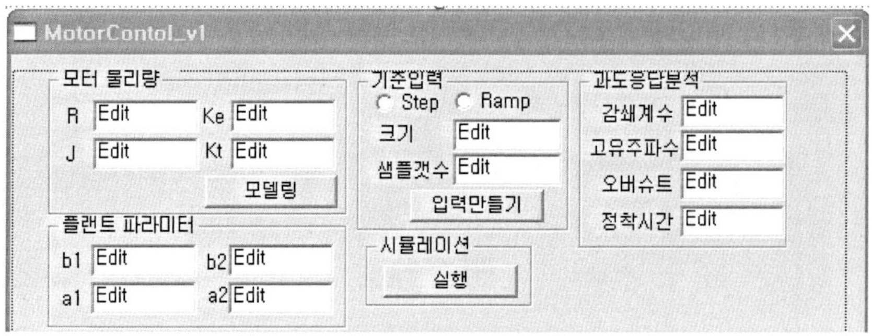

그림 12.56 실행버튼이 추가된 다이얼로그 박스

모터 물리량에 관련된 에디트박스의 ID를 표 12.3과 같이 지정한다.

표 12.3 모터 물리량 관련 컨트롤의 ID

컨트롤	캡션	컨트롤 ID
에디트박스	R	IDC_EDIT_R
에디트박스	J	IDC_EDIT_J
에디트박스	Ke	IDC_EDIT_KE
에디트박스	Kt	IDC_EDIT_KT
버튼	모델링	IDC_BUTTON_MODEL

그리고 "R", "J", "Ke", "Kt" 에디트박스에 그림 12.57과 같이 m_R, m_J, m_Ke, m_Kt를 double형 변수로 연결한다.

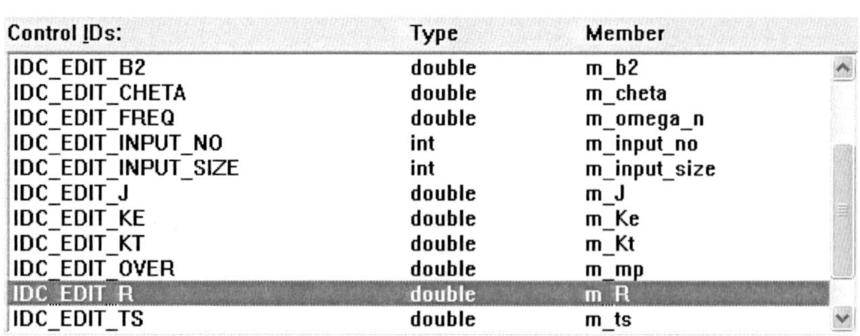

그림 12.57 MFC ClassWizard의 모터 관련 변수 연결상태

(2) OnButtonModel() 함수의 추가

다이얼로그 상에서 "모델링" 버튼을 더블 클릭하면, 그림 12.58과 같은 "Add

Member Function" 팝업창이 나타난다. 여기에서 "OK" 버튼을 누르면, OnButton-Model()" 함수가 추가되고, 이 함수는 "모델링" 버튼을 누를 때, 발생하는 메시지의 핸들러가 된다.

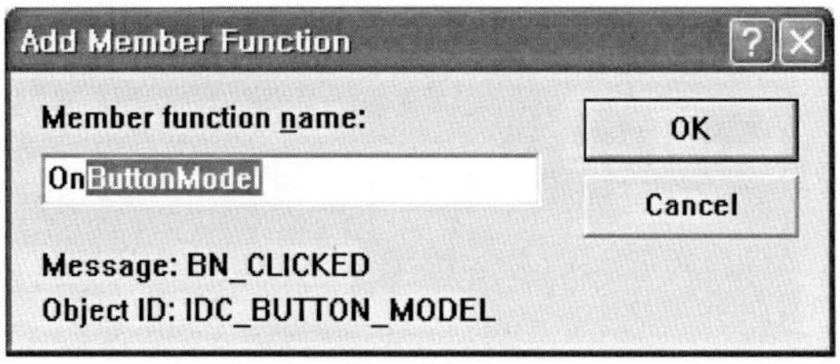

그림 12.58 멤버함수 OnButtonExec의 추가 화면

OnButtonModel() 함수의 코드를 다음과 같이 작성한다.

리스트 12.31 OnButtonModel() 함수의 코드

```
void CMotorContol_v1Dlg::OnButtonModel()
{
        // TODO: Add your control notification handler code here
        double Tconst,K,m_b=0.0,T=0.001;
        double a1,a2,b1,b2;
        UpdateData(TRUE);
        // calculation of continuous model parameters
        Tconst=m_R*m_J/(m_R*m_b+m_Kt*m_Ke);
        K=m_Kt/(m_R*m_b+m_Kt*m_Ke);
        //calculation of plant
        a1=-(1.+exp(-T/Tconst));
        a2=exp(-T/Tconst);
        b1=K*(T-Tconst+Tconst*exp(-T/Tconst));
        b2=K*(Tconst-(T+Tconst)*exp(-T/Tconst));
        m_a1 = a1;
        m_a2 = a2;
        m_b1 = b1;
        m_b2 = b2;
        UpdateData(FALSE);
}
```

리스트 12.31의 소스코드의 내용은 4장의 예제 4.7에서 다뤄진 바 있다. 자세한 내용은 4장을 참조하라. 그림 12.59는 모터 물리량을 입력하고, “모델링” 버튼을 눌렀을 때, 플랜트 파라미터(a1, a2, b1, b2)의 값들이 해당 에디트박스에 출력되는 중간결과를 보여준다.

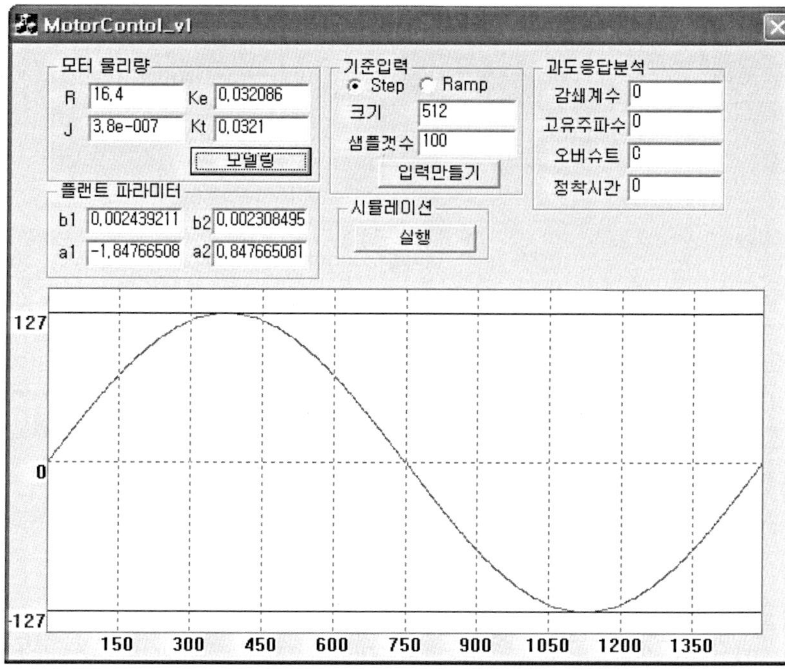

그림 12.59 모터모델링이 포함된 중간 실행결과

(3) 제어모드와 PID 제어기 추가

그림 12.60과 같이 다이얼로그에서 “제어모드”에 관련된 래디오 버튼 2개와 “제어게인”에 관련된 에디트박스 3개(kp, ki, kd)를 추가하고, 컨트롤들의 레이아웃을 조정한다.

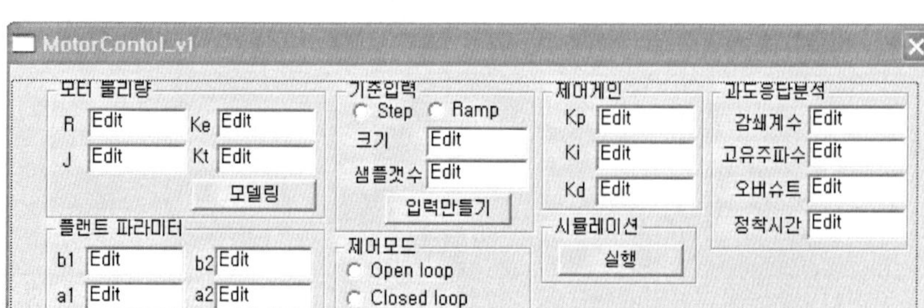

그림 12.60 제어모드와 제어게인 설정 컨트롤이 포함된 다이얼로그

그리고 “Open loop” 래디오컨트롤의 속성을 그림 12.61과 같이 지정한다.

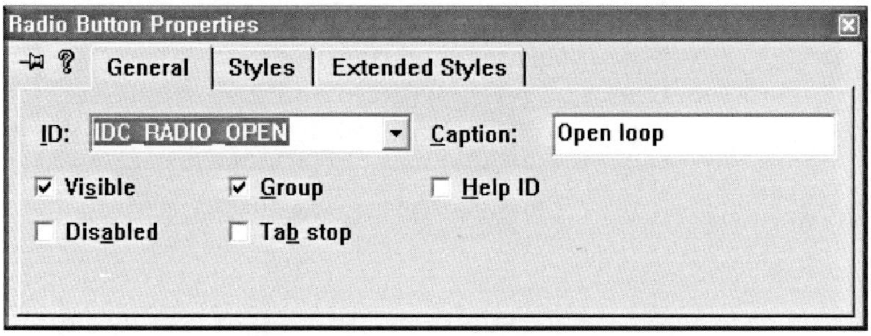

그림 12.61 Open loop 래디오컨트롤의 속성화면

나머지 기준입력 컨트롤들의 ID는 표 12.4와 같이 지정한다.

표 12.4 제어모드 및 제어게인 관련 컨트롤의 ID

컨트롤	캡션	컨트롤 ID
래디오버튼	Open loop	IDC_EDIT_Open
래디오버튼	Closed loop	IDC_EDIT_Closed
에디트박스	Kp	IDC_EDIT_KP
에디트박스	Ki	IDC_EDIT_KI
에디트박스	Kd	IDC_EDIT_KD

그림 12.62과 같이, CMotorControl_v1Dlg 클래스 밑에 멤버변수 control_mode를 int형으로 추가한다.

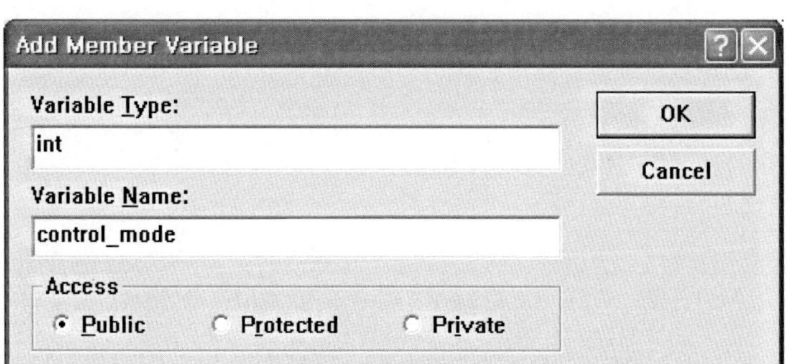

그림 12.62 멤버변수 control_mode의 추가

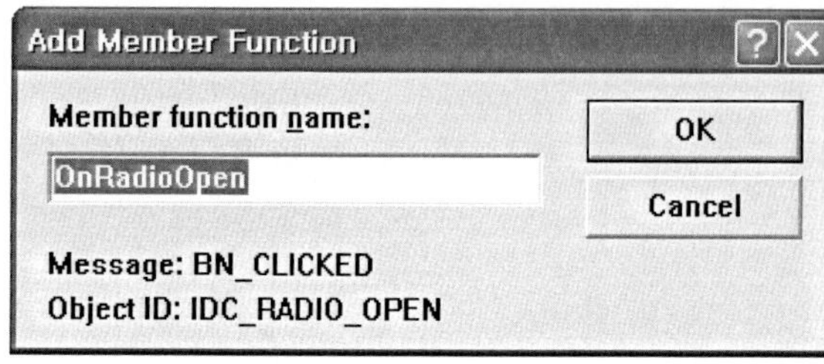

그림 12.63 OnRadioOpen() 함수 추가

다이얼로그 리소스화면에서 "Open loop" 래디오버튼을 더블 클릭하면, 그림 12.63과 같이 "Add Member Function" 팝업창이 나타난다. 여기에서 "OK"버튼을 누르면 OnRadioOpen() 함수가 추가되고, 이 함수는 "Open loop" 래디오버튼을 누를 때, 발생하는 메시지의 핸들러가 된다.

마찬가지로 다이얼로그 리소스화면에서 "Closed loop" 래디오버튼을 더블 클릭하면, 그림 12.64와 같이 "Add Member Function" 팝업창이 나타난다. 여기에서 "OK" 버튼을 누르면 OnRadioClosed() 함수가 추가되고, 이 함수는 "Closed loop" 래디오버튼을 누를 때, 발생하는 메시지의 핸들러가 된다.

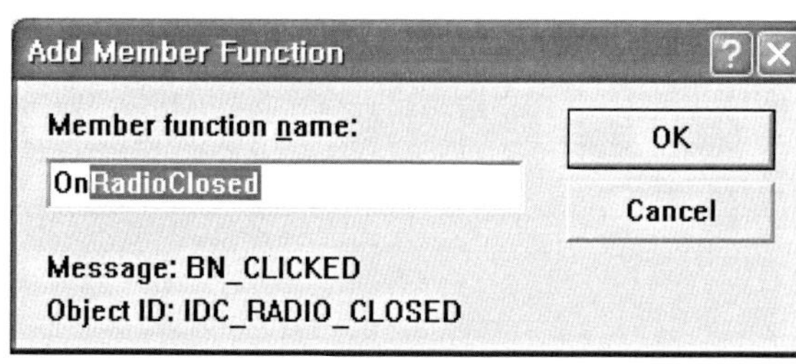

그림 12.64 OnRadioClosed() 함수 추가

OnRadioOpen() 함수와 OnRadioClose() 함수의 코드는 리스트 12.32와 같다. 이 함수들은 전역 변수 control_mdoe를 "Open" 래디오 버튼 또는 "Closed" 버튼의 선택에 따라 0 또는 1로 지정하는 것으로 작성한다.

리스트 12.32 OnRadioOpen() 함수와 OnRadioClose() 함수의 코드

```
void CMotorContol_v1Dlg::OnRadioOpen()
{
        // TODO: Add your control notification handler code here
```

```
        control_mode=0;
}
void CMotorContol_v1Dlg::OnRadioClosed()
{
        // TODO: Add your control notification handler code here
        control_mode=1;
}
```

리스트 12.33과 같이 InitParameter() 함수에 굵은 글씨부분과 같이 추가된 변수들의 초기화에 관련된 명령문들을 추가한다.

리스트 12.33 InitParameter() 함수의 추가된 코드

```
void CMotorContol_v1Dlg::InitParameter()
{
        //모터 프랜트 파라미터
        m_a1=-1.8349;
        m_a2=0.8597;
        m_b1=0.01272;
        m_b2=0.01203;
        //모터 물리량
        m_R=16.4;
        m_J=3.8e-7;
        m_Ke=0.032086;
        m_Kt=0.0321;
        //라디오버튼 선택하기
        ((CButton *)GetDlgItem(IDC_RADIO_STEP))->SetCheck(true);
        ((CButton *)GetDlgItem(IDC_RADIO_OPEN))->SetCheck(true);
        m_input_no=100;
        m_input_size=512;
        input_type=0;
        control_mode=0;
        UpdateData(FALSE);
}
```

그림 12.65와 같이 3개의 제어게인 에디트박스 컨트롤에 m_Kp, m_Ki, m_Kd 등 3개의 double형 변수를 각각 연결한다.

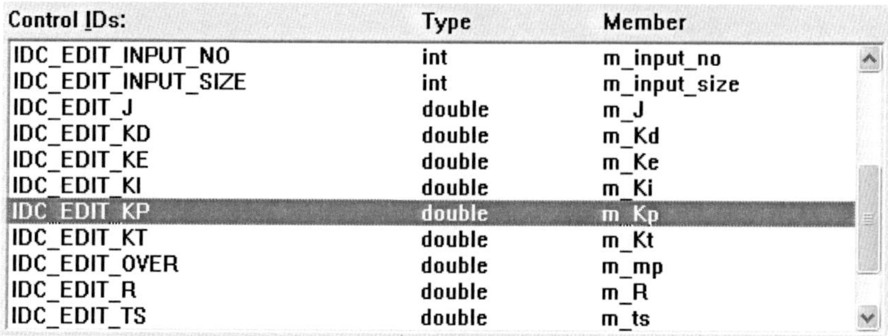

Control IDs:	Type	Member
IDC_EDIT_INPUT_NO	int	m_input_no
IDC_EDIT_INPUT_SIZE	int	m_input_size
IDC_EDIT_J	double	m_J
IDC_EDIT_KD	double	m_Kd
IDC_EDIT_KE	double	m_Ke
IDC_EDIT_KI	double	m_Ki
IDC_EDIT_KP	double	m_Kp
IDC_EDIT_KT	double	m_Kt
IDC_EDIT_OVER	double	m_mp
IDC_EDIT_R	double	m_R
IDC_EDIT_TS	double	m_ts

그림 12.65 제어게인 에디트박스에 변수 연결하기

PIDControl() 함수를 그림 12.66과 같이 CMotorControl_v1Dlg 클래스의 멤버함수로 작성한다. 여기서 PIDControl() 함수는 5장 리스트 5.3에서 작성한 함수로 리스트 12.34와 같이 코드를 추가한다.

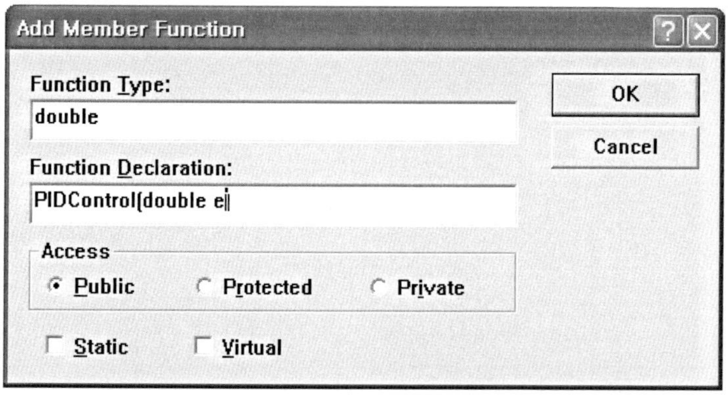

그림 12.66 멤버함수 PIDControl() 함수의 추가 화면

리스트 12.34 CMotorContol_v1Dlg 클래스의 멤버 함수 PIDControl() 함수의 코드

```
double CMotorContol_v1Dlg::PIDControl(double e)
{
        double up,ui,ud,kp=m_Kp,u,ki=m_Ki,kd=m_Kd;
        static double ui1,e1;
        up=kp*e;
        ui=ui1+ki*e;
        ud=kd*(e-e1);
        ui1=ui;
        e1=e;
```

```
        u=up+ui+ud;
        return u;
}
```

리스트 12.35 OnButtonExec() 함수에 추가된 코드

```
void CMotorContol_v1Dlg::OnButtonExec()
{
        // TODO: Add your control notification handler code here
        double x[1500],r[1500];
        double Ka=24.0/1500.0, Kc=2048/2/3.141592;
        samp_num=100;
        reference_input_set(input_type,samp_num,r);
        UpdateData(TRUE); //Edit box값 읽어오기
        a1=m_a1;a2=m_a2;b1=m_b1;b2=m_b2;
        //a1=-1.8349,a2=0.8597,b1=0.01272,b2=0.01203;
        x[0]=0.0;
        PlantOut(0.0,1); //초기화
        for (int k=0;k<samp_num;k++)
        {
                if(control_mode==0)
                     x[k+1]=PlantOut(r[k],0);
                else
                     x[k+1]=PlantOut(PIDControl(r[k]-x[k])*Ka,0)*Kc;
        }
        ..................................................
}
```

리스트 12.36 ChetaOmega() 함수에 추가된 코드

```
void CMotorContol_v1Dlg::ChetaOmega()
{
        double a1,a2,a,b,sigma,omega;
        double cheta,omegan,ts,Mp,T=0.001;
        double Ka=24.0/1500.0, Kc=2048/2/3.141592;
        if(control_mode==0)
        {
                a1 = m_a1;
                a2 = m_a2;
```

```
        }
        else
        {
                a1=m_a1+m_Kp*Ka*Kc*m_b1;
                a2=m_a2+m_Kp*Ka*Kc*m_b2;
        }
        ..............................................................
}
```

리스트 12.36과 같이 ChetaOmega() 함수에 굵은 글씨 부분과 같이 코드를 추가한다. 비례제어가 포함된 전체 폐루프시스템의 플랜트 파라미터 계산식은 6.3절을 참조한다.

그림 12.67은 비례제어 게인을 1로 하고 제어모드를 "Closed loop"로 선택한 후 시뮬레이션 "실행" 버튼을 눌렀을 때의 결과화면을 보여준다.

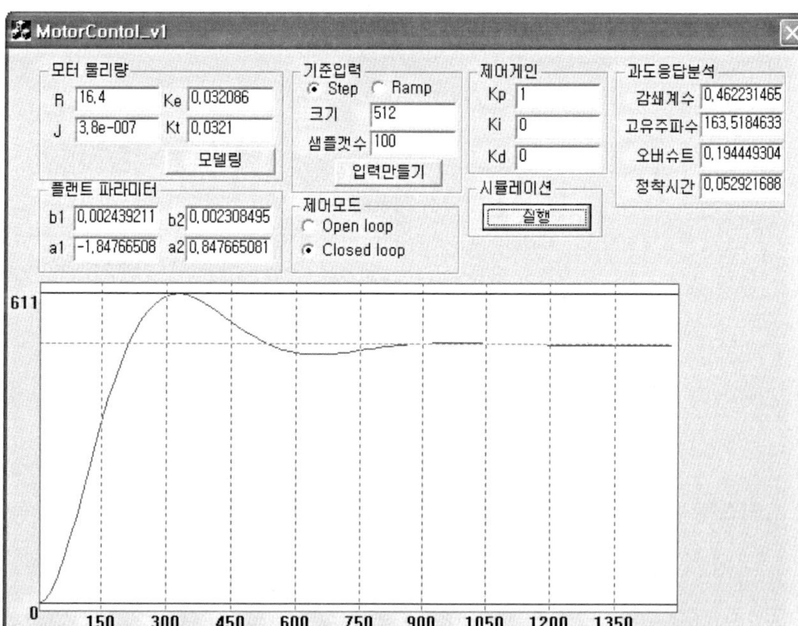

그림 12.67 PID 제어기가 포함된 시뮬레이터 중간 실행화면

(4) 시뮬레이션 관련 체크박스 컨트롤의 추가

이번에는 다이얼로그 리소스에서 그림 12.68과 같이 체크박스 컨트롤을 추가한다.

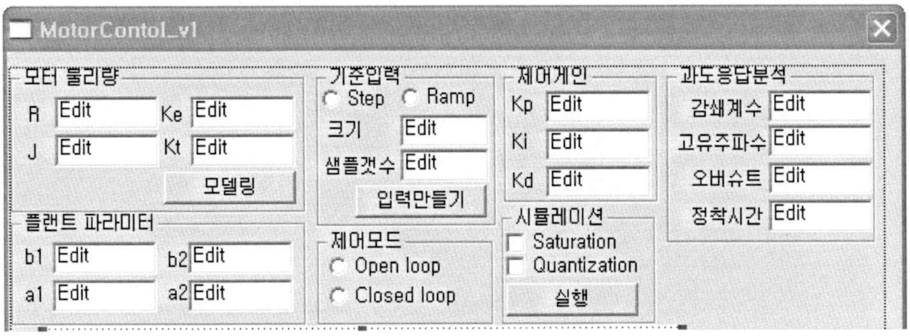

그림 12.68 시뮬레이션 관련 체크박스의 추가

체크박스 컨트롤들의 ID를 표 12.5와 같이 지정한다.

표 12.5 제어모드 및 제어게인 관련 컨트롤의 ID

컨트롤	캡션	컨트롤 ID
체크박스	Saturation	IDC_CHECK_SAT
체크박스	Quantization	IDC_CHECK_QUANT

그림 12.69와 같이 IDC_CHECK_SAT에 변수 m_sat을 추가한다. 이때, m_sat의 Category를 "Control"로 콤보박스를 이용하여 지정하여 변수의 타입을 CButton형으로 한다.

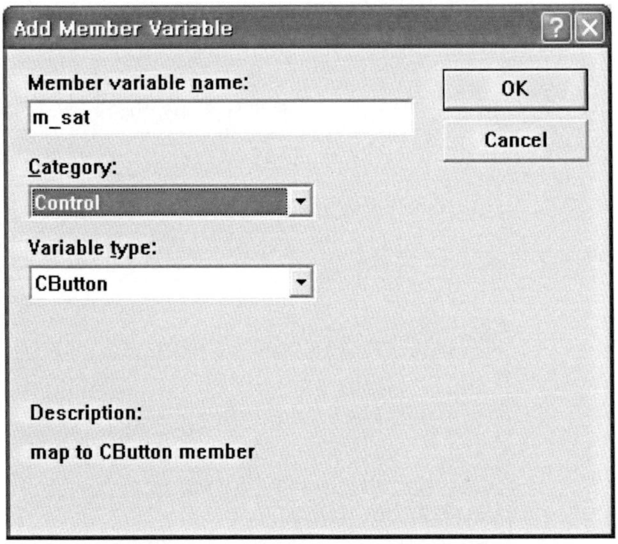

그림 12.69 시뮬레이션 관련 체크박스의 추가

마찬가지 방법으로 IDC_CHECK_QUANT에도 변수 m_quant를 CButton형으로 추가한다. 그림 12.70은 클래스위저드에서 체크박스 IDC_CHECK_SAT 및 IDC_CHECK_QUANT의 변수 연결상태를 보여준다.

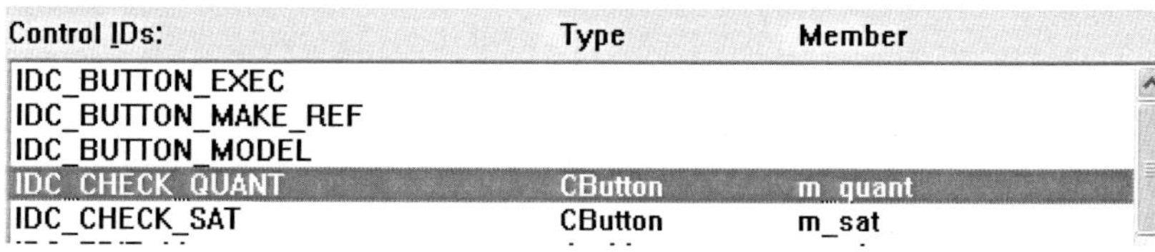

그림 12.70 클래스위저드에서 체크박스의 변수 연결상태

다이얼로그 리소스화면에서 "Saturation" 체크박스를 더블 클릭하면, 그림 12.71과 같이 "Add Member Function" 팝업창이 나타난다. 여기에서 "OK" 버튼을 누르면 OnCheckSat() 함수가 추가되고, 이 함수는 "Saturation" 체크박스를 클릭했을 때, 발생하는 메시지의 핸들러가 된다.

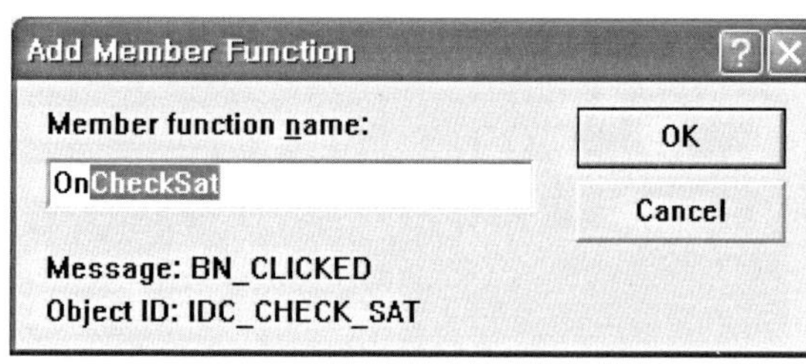

그림 12.71 OnRadioOpen() 함수 추가

마찬가지로 다이얼로그 리소스화면에서 "Quantization" 체크박스를 더블 클릭하면, 그림 12.72와 같이 "Add Member Function" 팝업창이 나타난다. 여기에서 "OK" 버튼을 누르면 OnCheckQuant() 함수가 추가되고, 이 함수는 "Quantization" 래디오버튼을 누를 때, 발생하는 메시지의 핸들러가 된다.

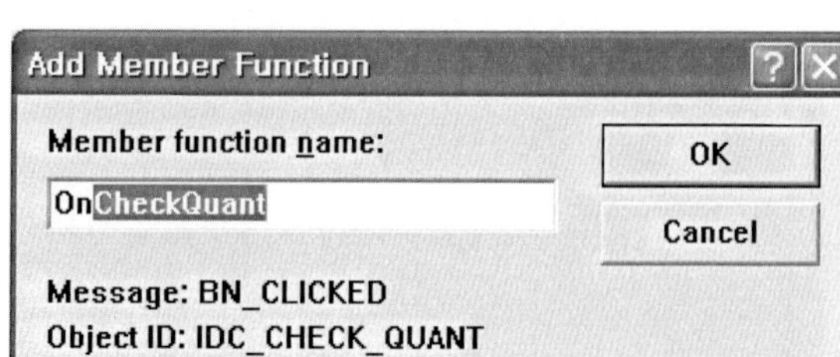

그림 12.72 OnRadioOpen() 함수 추가

그림 12.73과 같이 CMotorControl_v1Dlg 클래스 밑에 saturation 변수를 int형 전역변수로 추가한다. 마찬가지 방법으로 quantizaton 변수를 int형 전역변수로 추가한다.

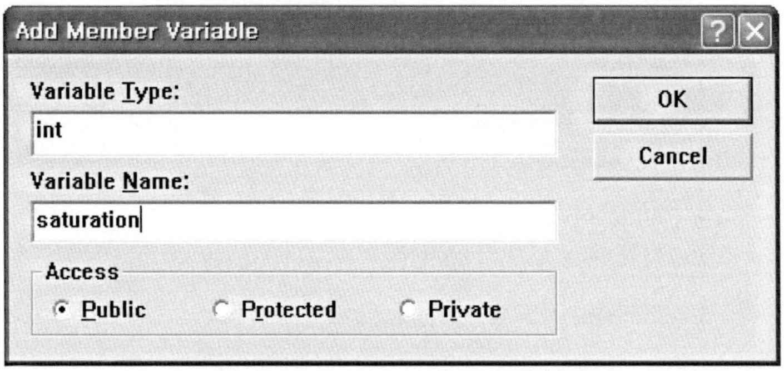

그림 12.73 전역변수 saturation의 추가

리스트 12.37 OnCheckSat() 함수 및 OnCheckQuant() 함수의 코드

```
void CMotorContol_v1Dlg::OnCheckSat()
{
        // TODO: Add your control notification handler code here
        if(m_sat.GetCheck()==BST_CHECKED)
                saturation=1;
        else
                saturation=0;
        }
void CMotorContol_v1Dlg::OnCheckQuant()
{
        // TODO: Add your control notification handler code here
        if(m_quant.GetCheck()==BST_CHECKED)
                quantization=1;
        else
                quantization=0;
}
```

리스트 12.37과 같이 OnCheckSat() 함수 및 OnCheckQuant() 함수의 코드를 작성한다.

그림 12.74와 같이 CMotorControl_v1Dlg 클래스 밑에 sat() 함수를 double형 멤

버함수로 추가한다. 마찬가지 방법으로 sgn()을 int형 sat() 함수를 double형 멤버함수로 추가하고, abs()를 double 멤버함수로 추가한다.

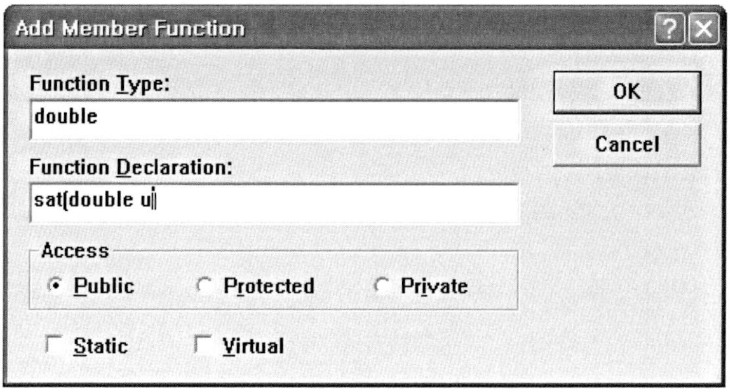

그림 12.74 멤버함수 sat()의 추가

리스트 12.38과 같이 sgn(), abs(), sat() 함수를 작성한다. sgn() 함수는 전달된 인수의 값이 양이면 1, 음이면 -1을 반환하는 시그모이드 함수이다. abs() 함수는 전달된 인수의 절대값을 실수로 반환하는 함수이다. sat() 함수는 전달된 인수의 크기를 최대값으로 제한하는 함수이다.

리스트 12.38 sat() 함수, sgn() 함수 및 abs() 함수의 코드

```
double CMotorContol_v1Dlg::sat(double u,double umax)
{
        if(abs(u)>umax)
                u=umax*sgn(u);
        return u;
}
int CMotorContol_v1Dlg::sgn(double x)
{
        if(x>0.0)
                return 1;
        else
                return -1;
}
double CMotorContol_v1Dlg::abs(double x)
{
```

```
        if(x>0.0)
                return x;
        else
                return -x;
}
```

리스트 12.39 OnButtonExec()의 수정된 코드

```
void CMotorContol_v1Dlg::OnButtonExec()
{
        // TODO: Add your control notification handler code here
        ......................................................
        for (int k=0;k<samp_num;k++)
        {
                if(control_mode==0)
                     x[k+1]=PlantOut(r[k],0);
                else
                {
                     double ufb;
                     ufb=PIDControl(r[k]-x[k]);
                     if(saturation==1)
                        ufb=sat(ufb,1500);
                     if(quantization==0)
                        x[k+1]=PlantOut(ufb*Ka,0)*Kc;
                     else
                        x[k+1]=(int)(PlantOut((int)ufb*Ka,0)*Kc);
                }
        .........................................................
}
```

리스트 12.39와 같이 OnButtonExec()에 코드(굵은 글씨 부분)를 추가한다. 이 코드는 제어입력의 크기가 제한되는 경우(예를 들어 어떤 모터 제어 보드 PWM 출력이 1500의 최대값을 가진다)를 고려한 것이다. 그림 12.75는 "Saturation" 체크박스가 체크되었을 때 시뮬레이션 중간실행 화면을 보여준다.

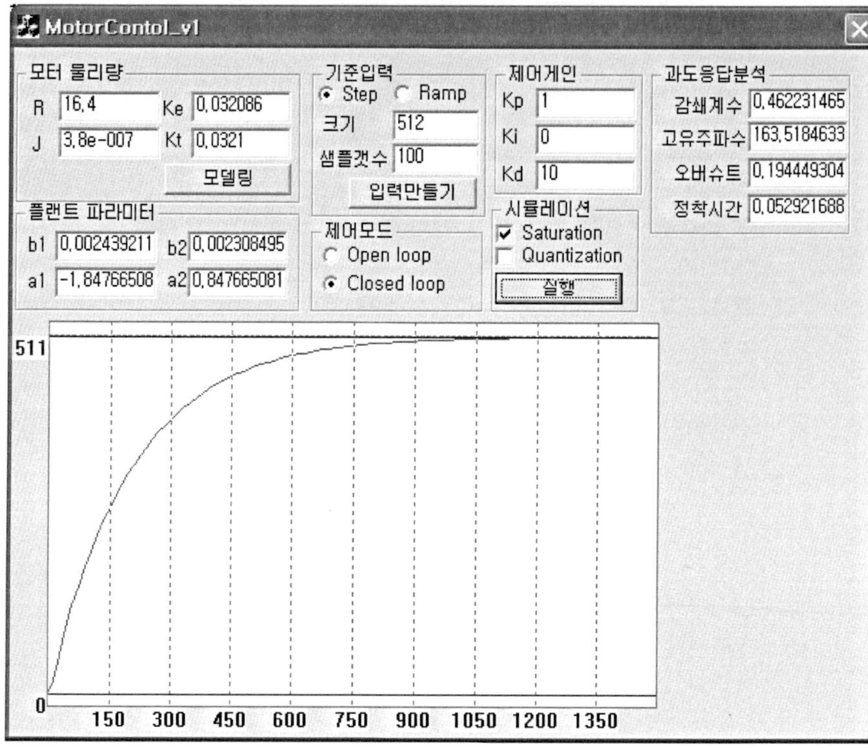

그림 12.75 **체크박스를 추가한 후 중간실행 화면**

(5) 리스트박스 컨트롤의 추가

이번에는 시뮬레이션 결과를 텍스트로 출력하는 리스트박스를 추가해 보자. 먼저 다이얼로그 리소스에 그림 12.76과 같이 리스트박스 컨트롤을 추가하고, 그림 12.77과 같이 리스트박스 컨트롤의 아이디를 IDC_LIST_OUT로 지정한다.

그림 12.78과 같이 IDC_LIST_OUT에 CListBox형 변수 m_listOut을 추가하여 연결한다. 그림 12.79와 같이, CMotorControl_v1Dlg 클래스 밑에 ShowListbox() 함수를 void형 멤버함수로 추가한다.

리스트 12.40과 같이 ShowListbox() 함수의 코드를 작성하고, 리스트 12.41과 같이 OnButtonExec ()에, ShowListbox()를 호출하는 코드(굵은 글씨 부분)를 추가한다.

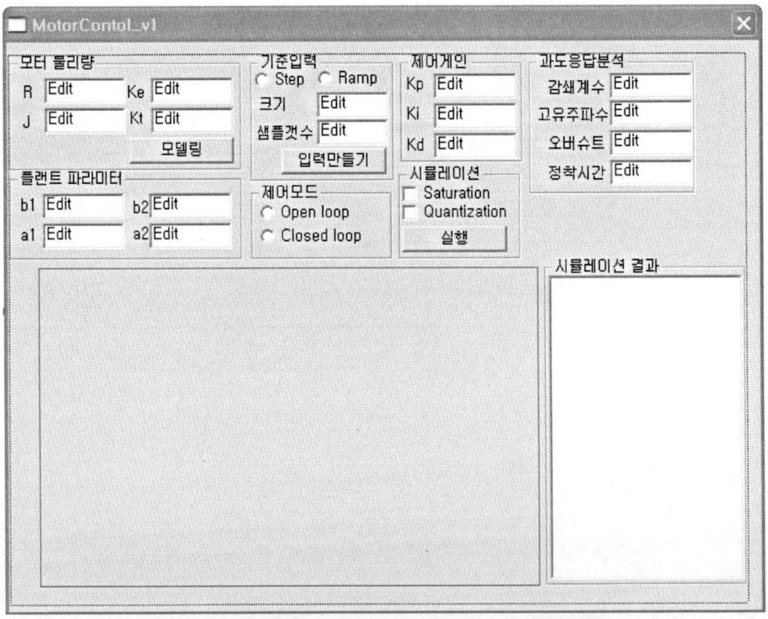

그림 12.76 리스트박스를 추가한 다이얼로그 리소스

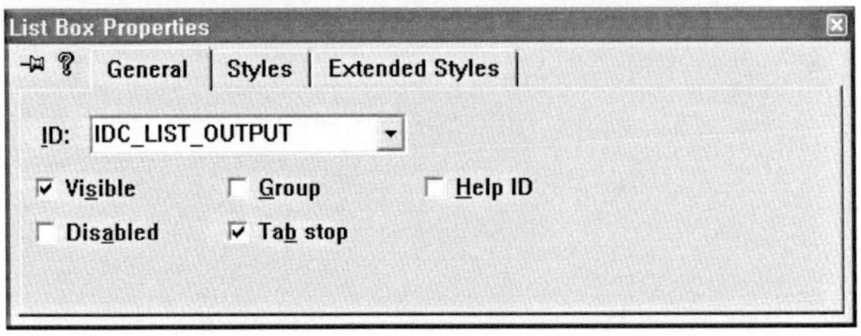

그림 12.77 리스트박스의 아이디 변경

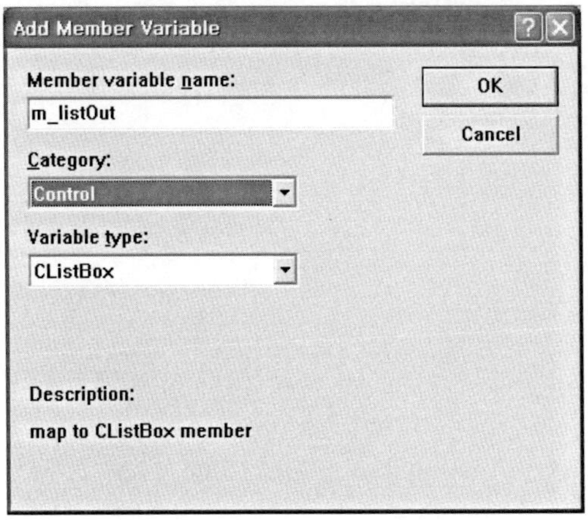

그림 12.78 리스트박스에 변수 연결

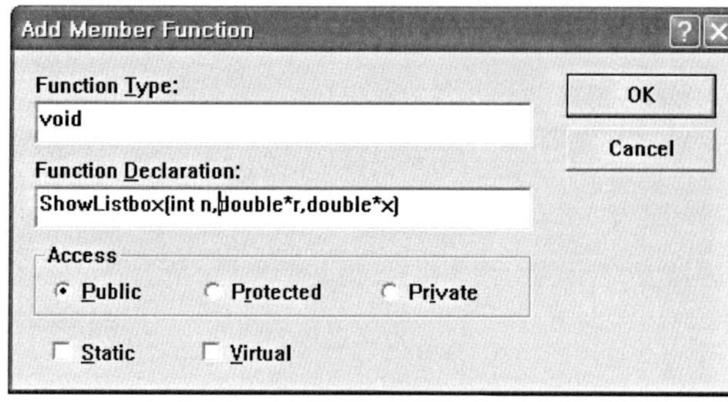

그림 12.79 ShowListbox() 함수의 추가

리스트 12.40 ShowListbox()의 수정된 코드

```
void CMotorContol_v1Dlg::ShowListbox(int n, double *r, double *x)
{
	CString str;
	for(int i=0;i<1500;i++)
		m_listOut.DeleteString(0);
	for(i=0;i<n;i++)
	{
		str.Format("%4d %7.8f %7.8f %6.4f",i,r[i],x[i],r[i]-x[i]);
		m_listOut.AddString(str);
	}
}
```

리스트 12.41 OnButtonExec()의 수정된 코드

```
void CMotorContol_v1Dlg::OnButtonExec()
{
	..........................................................................
	init_graph();
	Invalidate();
	ChetaOmega();
	ShowListbox(samp_num,r,x);
}
```

그림 12.80은 리스트박스가 추가된 이후 중간 실행결과를 보여준다.

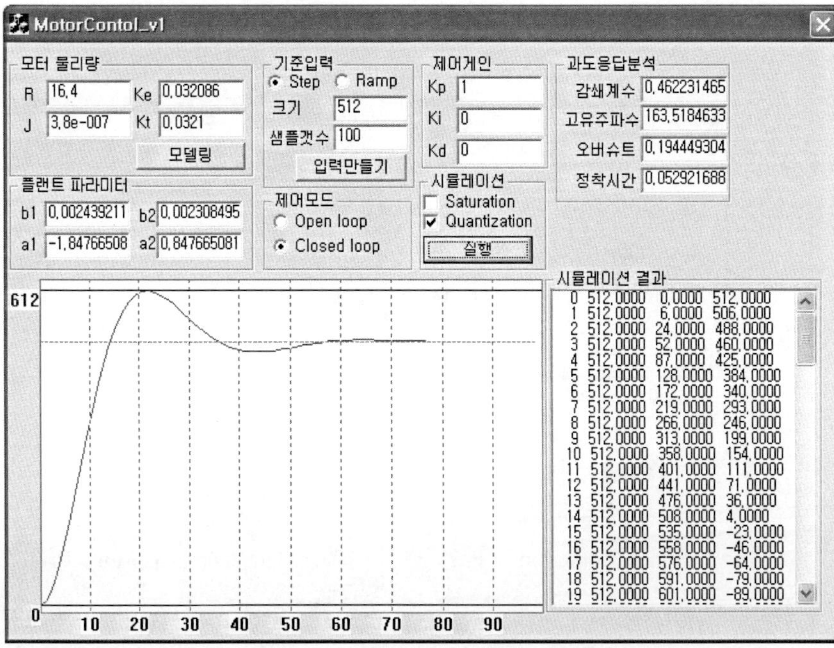

그림 12.80 ShowListbox() 함수의 추가

(6) 파일 저장 버튼의 추가

이번에는 시뮬레이션 결과를 파일로 저장해 보자. 먼저, 그림 12.81과 같이 다이얼로그 리소스에서 "저장" 버튼을 추가한다.

그림 12.81 저장 버튼의 추가

그림 12.82와 같이 "저장" 버튼의 아이디를 "IDC_BUTTON_SAVE"로 변경한다.

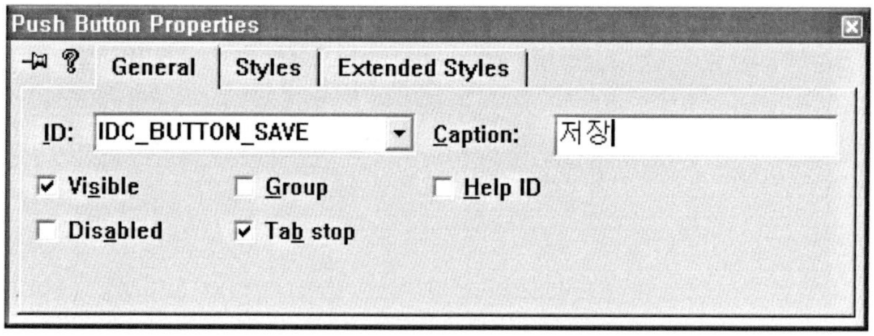

그림 12.82 저장 버튼의 아이디 변경

다이얼로그 리소스화면에서 "저장" 버튼을 더블 클릭하면, 그림 12.83과 같이 "Add Member Function" 팝업창이 나타난다. 여기에서 "OK"버튼을 누르면 OnButtonSave() 함수가 추가되고, 이 함수는 "저장" 버튼을 누를 때, 발생하는 메시지의 핸들러가 된다.

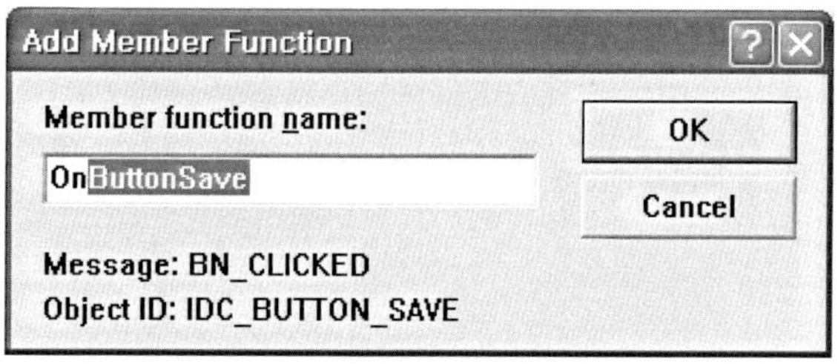

그림 12.83 OnButtonSave() 함수의 추가

리스트 12.42 OnButtonSave()의 코드

```
void CMotorContol_v1Dlg::OnButtonSave()
{
        // TODO: Add your control notification handler code here
        CString filename= "txt파일(*.txt)|*.txt|모든파일|*.*||";
        CFileDialog dlg(FALSE, ".txt", NULL, OFN_HIDEREADONLY|
              OFN_OVERWRITEPROMPT, filename);
        if (dlg.DoModal()==IDOK)
        {
```

```
            FILE *fp;
            filename=dlg.GetFileName();
            fp=fopen(filename, "w");
            for (int i=0; i<samp_num; i++)
            fprintf(fp, "%d\t%d\t%d\n",i,real_data2[i],real_data[i]);
            fclose(fp);
        }
}
```

리스트 12.42와 같이 OnButtonSave()의 코드를 작성한다. 그림 12.84는 중간 실행결과이며, 저장버튼을 눌렀을 때, "다른 이름으로 저장"이라는 팝업창이 나타나는 것을 보여준다.

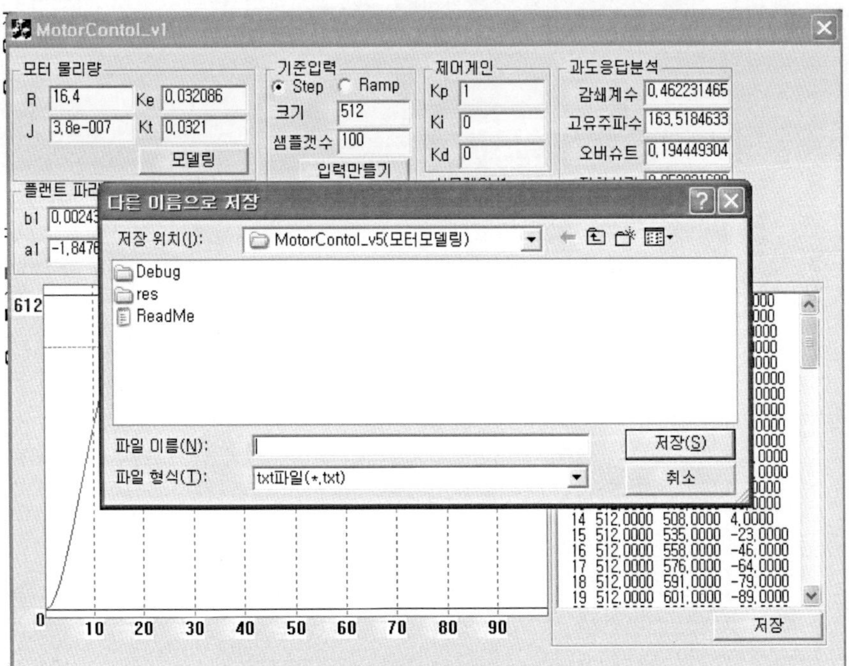

그림 12.84 저장버튼을 눌렀을 때, 중간 실행결과

12.4 피드포워드 제어 시뮬레이터

12.3절에서 작성한 프로그램을 기반으로 코드를 추가하여 8장에서 다룬 피드포워드 제어 시뮬레이션 프로그램을 제작하여 본다. 여기에서는 제어 시뮬레이션에 관련된 코드 위주로 설명한다. 따라서 일반적인 윈도즈 프로그래밍에 관련된 사항은 윈도즈 프로그램 관련 서적을 참조한다.

(1) Dialog box에 컨트롤 추가

먼저 그림 12.85와 같이 다이얼로그 리소스 상에서 기준입력 그룹에 “Para”와 “Sine” 래디오버튼을 추가한다. 제어모드에서는 “Feedforward” 래디오버튼을 추가한다. 또한 “위치게인”, “속도게인”, 가속게인”, “저크게인” 등 4개의 피드포워드 게인을 위한 에디트박스를 추가한다. 추가된 컨트롤들의 속성은 표 12.6과 같이 설정한다.

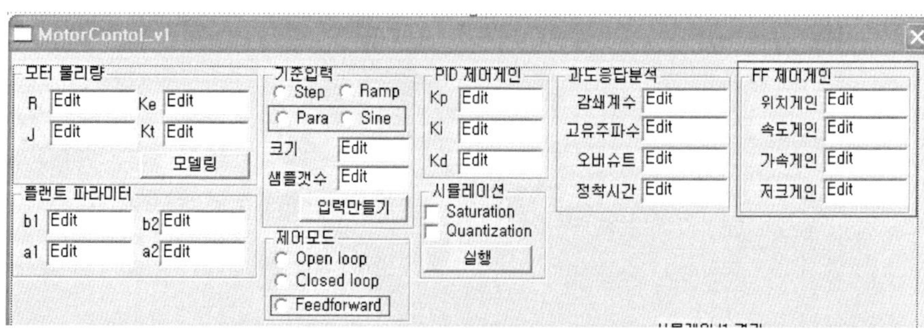

그림 12.85 기준입력, 제어모드 래디오버튼 및 피드포워드 에디트박스의 추가된 모습

표 12.6 추가된 기준입력 래디오버튼의 속성

컨트롤	캡션	컨트롤 ID	Group
래디오버튼	Para	IDC_RADIO_PARA	FALSE
래디오버튼	Sine	IDC_RADIO_SINE	FALSE
래디오버튼	Feedforward	IDC_RADIO_FEEDFORWARD	FALSE
에디트박스	위치게인	IDC_EDIT_KFF0	
에디트박스	속도게인	IDC_EDIT_KFF1	
에디트박스	가속게인	IDC_EDIT_KFF2	
에디트박스	저크게인	IDC_EDIT_KFF3	

이때, “Para”와 “Sine”은 생성순서가 늦기 때문에 기존의 래디오버튼 “Step”과 “Ramp”에 연동되지 않는다. 따라서 다이얼로그 리소스상에 Ctrl+D를 눌러 나온 화면에서 그림 12.86과 같이 컨트롤 순서를 조정(마우스 클릭)해 준다. 또한 제어모드에 추가된 “Feedforward”의 생성순서도 그림 12.86과 같이 컨트롤 순서를 재조정하여 제어모드 그룹의 “Open loop”와 “Closed loop” 등과 함께 연동되도록 한다.

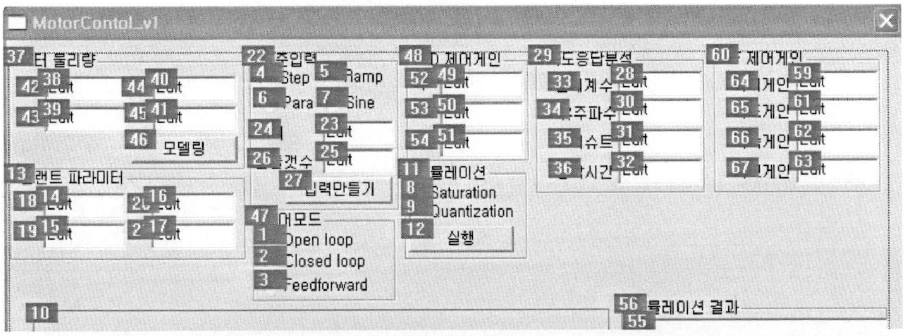

그림 12.86 다이얼로그 리소스 상에서 조정된 컨트롤 순서

다이얼로그 상에서 “Para” 래디오버튼을 더블 클릭하면, 그림 12.87과 같은 “Add Member Function” 팝업창이 나타난다. 여기에서 “OK” 버튼을 누르면, OnRadioPara()" 함수가 추가되고, 이 함수는 “Para” 래디오버튼을 누를 때, 발생하는 메시지의 핸들러가 된다.

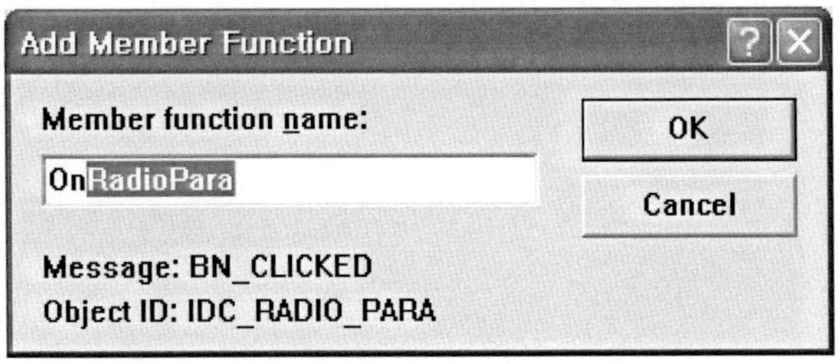

그림 12.87 멤버함수 OnRadioPara()의 추가 화면

(2) 기준입력 관련 함수 수정

다이얼로그 상에서 “Sine” 버튼을 더블 클릭하면, 그림 12.88과 같은 “Add Member Function” 팝업창이 나타난다. 여기에서 “OK” 버튼을 누르면, OnRadio-Sine()" 함수가 추가되고, 이 함수는 “Sine” 래디오버튼을 누를 때, 발생하는 메시시지의 핸들러가 된다.

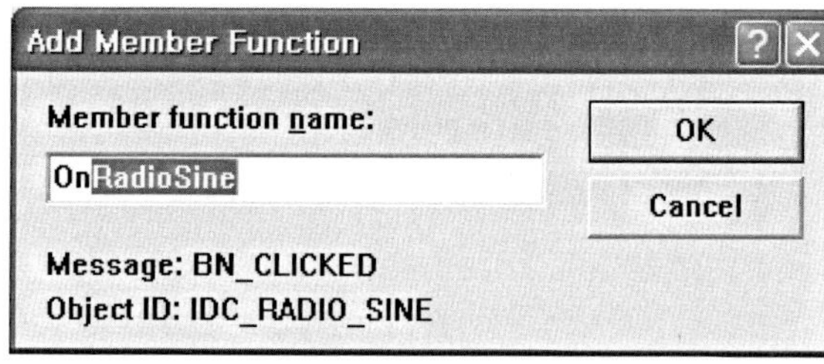

그림 12.88 멤버함수 OnRadioSine()의 추가 화면

리스트 12.33과 같이 OnRadioPara() 함수와 OnRadioSine() 함수의 코드를 작성한다.

리스트 12.33 OnRadioPara() 및 OnRadioSine() 함수의 코드

```
void CMotorContol_v1Dlg::OnRadioPara()
{
        // TODO: Add your control notification handler code here
        input_type=2;
}
void CMotorContol_v1Dlg::OnRadioSine()
{
        // TODO: Add your control notification handler code here
        input_type=3;
}
```

그리고 리스트 12.34와 같이 reference_input_set() 함수에 코드를 추가(굵은 글씨 부분)를 추가한다.

리스트 12.34 reference_input_set()의 추가된 코드

```
void CMotorContol_v1Dlg::reference_input_set(int itype, int no_of_
                                             samples, double *r)
{
        int k;
        if(itype==0)
                for(k=0;k<no_of_samples;k++)
```

```
                    r[k]=(double)m_input_size;
        else if(itype==1)
                for(k=0;k<no_of_samples;k++)
                    r[k]=(double)k*m_input_size;
        else if (input_type==2)
                for (k=0;k<samp_num;k++)
                    r[k]=(double)k*k*m_input_size;
        else
                for (k=0;k<=samp_num;k++)
                    r[k]=(double)((1-cos(k*2.0*PI/samp_num))
                                    *m_input_size);
        if(quantization==1)
                for(k=0;k<samp_num;k++)
                r[k]=(int)r[k];
}
```

(3) 피드포워드 게인의 계산

그림 12.89와 같이 4개의 피드포워드 게인 에디트박스에 double형 변수 m_Kff0 ~mKff3를 연결한다.

Control IDs:	Type	Member
IDC_EDIT_KFF0	double	m_Kff0
IDC_EDIT_KFF1	double	m_Kff1
IDC_EDIT_KFF2	double	m_Kff2
IDC_EDIT_KFF3	double	m_Kff3

그림 12.89 클래스위저드에서 피드포워드제어 관련 에디트박스의 변수 연결상태

배열변수 kff[5]를 CMotorControl_v1Dlg 클래스 밑에 double형 멤버함수로 추가한다. 이제 리스트 12.35와 같이 OnButtonModel() 함수에 굵은 글씨부분의 코드를 추가한다.

리스트 12.35 OnRadioFeeforward() 함수의 코드

```
void CMotorContol_v1Dlg::OnButtonModel()
{
        // TODO: Add your control notification handler code here
        ......................................................................
        double theta[4];
        double Ka=24.0/1500.0, Kc=2048/2/3.141592;
```

```
        theta[0]=-m_a1;theta[1]=-m_a2;theta[2]=m_b1*Ka*Kc;theta[3]
                                   =m_b2*Ka*Kc;
        FeedforwardGain(theta,kff);
        m_Kff0=kff[0];m_Kff1=kff[1];m_Kff2=kff[2];m_Kff3=kff[3];
        UpdateData(FALSE);
}
```

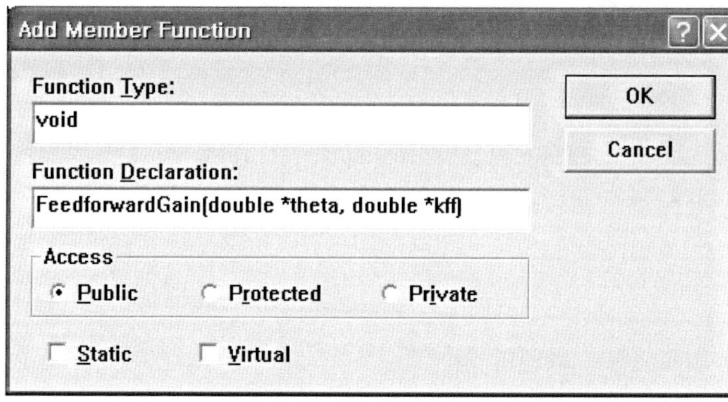

그림 12.90 멤버함수 FeedforwardGain()의 추가 화면

그림 12.90과 같이 CMotorControl_v1Dlg 클래스 밑에 FeedforwardGain() 함수를 void형 멤버함수로 추가한다. FeedforwardGain() 함수의 코드는 다음과 같이 작성한다. 이 코드의 내용은 이미 8장(리스트 8.1)에서 다룬바 있다. 자세한 내용은 8장을 참조한다.

리스트 12.36 FeedforwardGain() 함수의 코드

```
void CMotorContol_v1Dlg::FeedforwardGain(double *theta, double *kff)
{
        kff[0]=(1.0-theta[0]-theta[1])/(theta[2]+theta[3]);
        kff[1]=((theta[2]+2.*theta[3])*kff[0]+theta[0]+2.
               *theta[1])/(theta[2]+theta[3]);
        kff[2]=((theta[2]+2.*theta[3])*kff[1]-theta[3]
               *kff[0]-theta[1])/(theta[2]+theta[3]);
        for(int i=3;i<=3;i++)
                kff[i]=((theta[2]+2.*theta[3])*kff[i-1]-theta[3]*
                       kff[i-2])/(theta[2]+theta[3]);
}
```

그림 12.91은 중간 실행결과이며, "모델링"버튼을 눌렀을 때, "FF 제어게인" 에디트박스에 계산된 피드포워드 게인들이 출력되는 것을 보여준다.

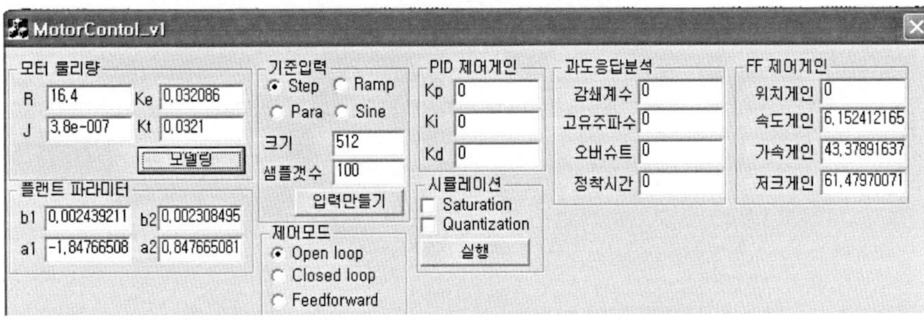

그림 12.91 피드포워드 게인 계산 중간 실행화면

(4) 피드포워드 제어입력 계산

다이얼로그 상에서 "Feedforward" 래디오버튼을 더블 클릭하면, 그림 12.92과 같은 "Add Member Function" 팝업창이 나타난다. 여기에서 "OK" 버튼을 누르면, OnRadioFeedforward() 함수가 추가되고, 이 함수는 "Feedforward" 래디오버튼을 누를 때, 발생하는 메시지의 핸들러가 된다. 리스트 12.37처럼 OnRadioFeedforward() 함수의 코드를 작성한다.

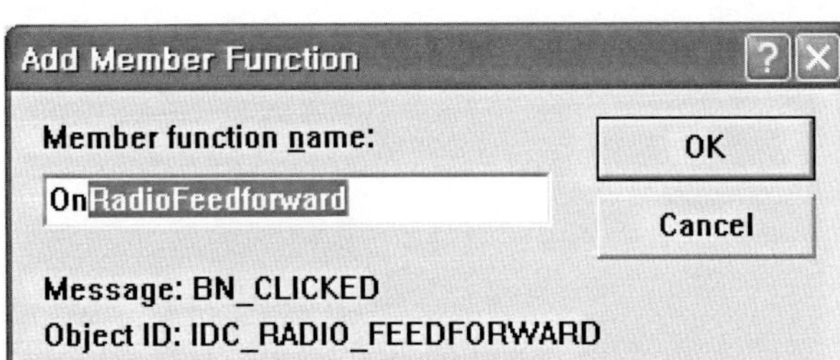

그림 12.92 멤버함수 OnRadioFeedforward()의 추가 화면

리스트 12.37 OnRadioFeeforward() 함수의 코드

```
void CMotorContol_v1Dlg::OnRadioFeedforward()
{
        // TODO: Add your control notification handler code here
        control_mode=2;
}
```

CMotorControl_v1Dlg 클래스 밑에 FeedforwardComp() 함수를 double형 멤버 함수로 추가한다. FeedforwardComp() 함수의 코드는 다음과 같이 작성한다. 이 코드의 내용은 이미 8장(리스트 8.2)에서 다룬바 있다. 자세한 내용은 8장을 참조한다.

리스트 12.38 FeedforwardComp() 함수의 코드

```
double CMotorContol_v1Dlg::FeedforwardComp(double r, double *kff, int k)
{
        static double u1,u2,u3,uc;
        if(k==0)
                u1=u2=u3=0.0;
        uc=kff[0]*u+kff[1]*(u-u1)+kff[2]*(u-2*u1+u2)+kff[3]
           *(u-3*u1+3*u2-u3);
        u3=u2;
        u2=u1;
        u1=u;
        return uc;
}
```

OnButtonExec() 함수에 리스트 12.38의 굵은 글씨 부분처럼 코드를 추가한다.

리스트 12.38 FeedforwardComp() 함수의 코드

```
void CMotorContol_v1Dlg::OnButtonExec()
{
        // TODO: Add your control notification handler code here
        ..................................................................
        for (int k=0;k<samp_num;k++)
        {
                if(control_mode==0)
                     x[k+1]=PlantOut(r[k],0);
                else
                {
                     double ufb;
                     ufb=PIDControl(r[k]-x[k]);
                     if(control_mode==2)
                         ufb+=FeedforwardComp(r[k],kff,k);
                     if(saturation==1)
                         ufb=sat(ufb,1500);
```

```
                    if(quantization==0)
                        x[k+1]=PlantOut(ufb*Ka,0)*Kc;
                    else
                        x[k+1]=(int)(PlantOut((int)ufb*Ka,0)*Kc);
                }
        }
        ................................................................
}
```

그림 12.93는 피드포워드 제어를 포함한 중간 실행결과를 보여준다. 먼저 "모델링" 버튼을 눌러 FF 제어게인을 계산한 후, 기준입력에서 "Sine"을 선택하고, 제어모드에서 "Feedforward"를 선택한다. PID 제어게인을 설정한 후, "실행" 버튼을 누르면, 시뮬레이션 결과가 그림 12.93과 같이 그래프와 리스트로 출력된다.

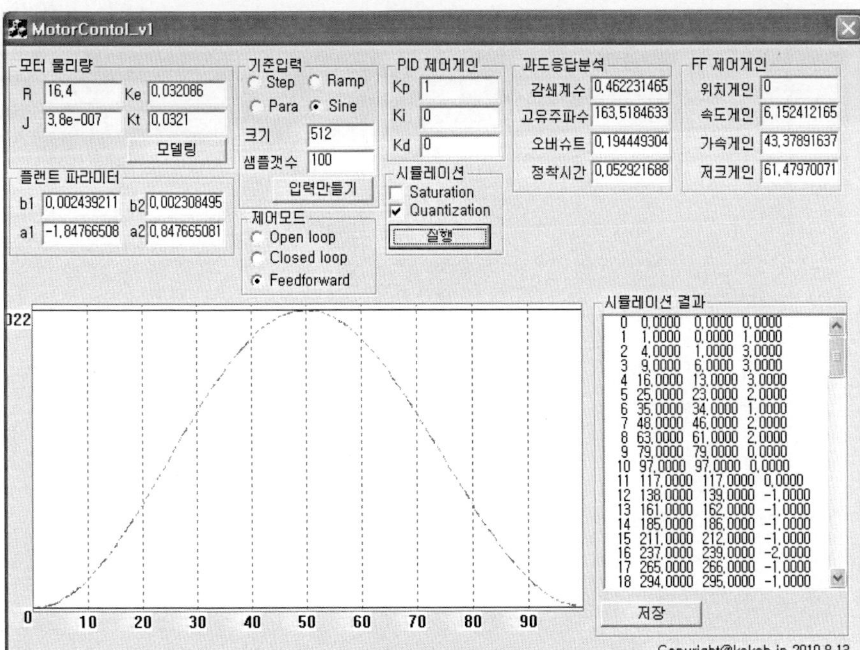

그림 12.93 멤버함수 OnRadioFeedforward()의 추가 화면

이상과 같이 MotorConrol_v1의 제작과정을 설명하였다. 12장에서 사용된 MotorConrol_v2는 그림 12.94와 같이 마우스를 이용하여, 시스템출력을 알아보는 기능과 그래프 출력시 오차나 속도, 제어입력으로 볼 수 있는 기능을 추가한 것이

다. 그림 12.94와 같이 또한 콤보박스를 이용하여, 피드포워드 제어기의 차수를 지정하도록 하였다. 이러한 추가기능에 대한 제작과정은 일반적인 윈도즈 프로그래밍에 관련된 사항이므로 생략한다. 자세한 내용은 윈도즈 프로그래밍 관련서적을 참고한다.

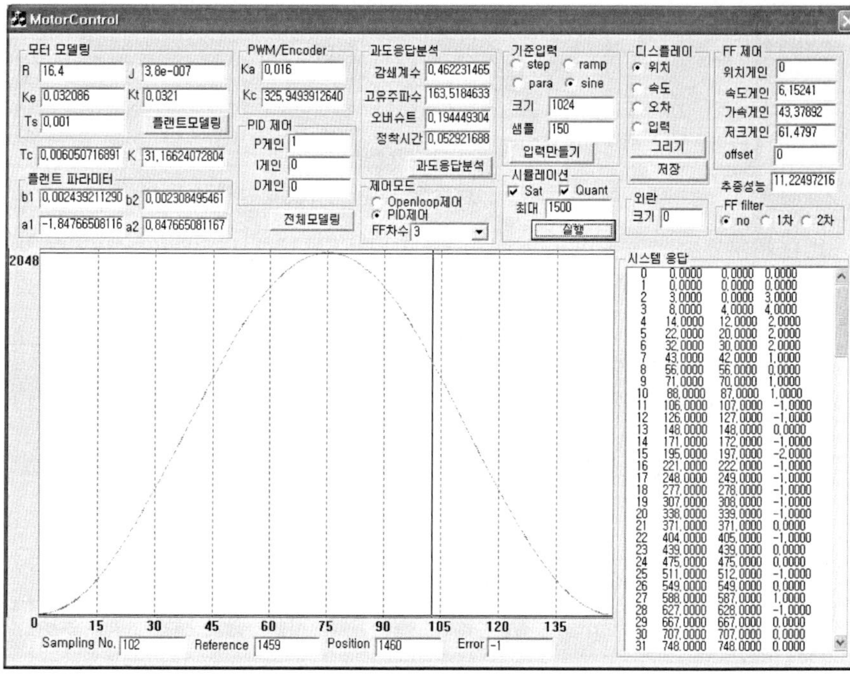

그림 12.94 MotorContol_v1의 최종 화면

Chapter

13 MotorConrol을 이용한 제어 시뮬레이션

13.1 MotorContol 개요

이 장에서는 지금까지 공부한 제어이론을 바탕으로, 제작된 윈도우 기반 제어 시뮬레이션 SW인 MotorControl-V1를 이용하여 모터 제어 시뮬레이션하여 본다. MotorControl의 GUI는 그림 13.1과 같다.

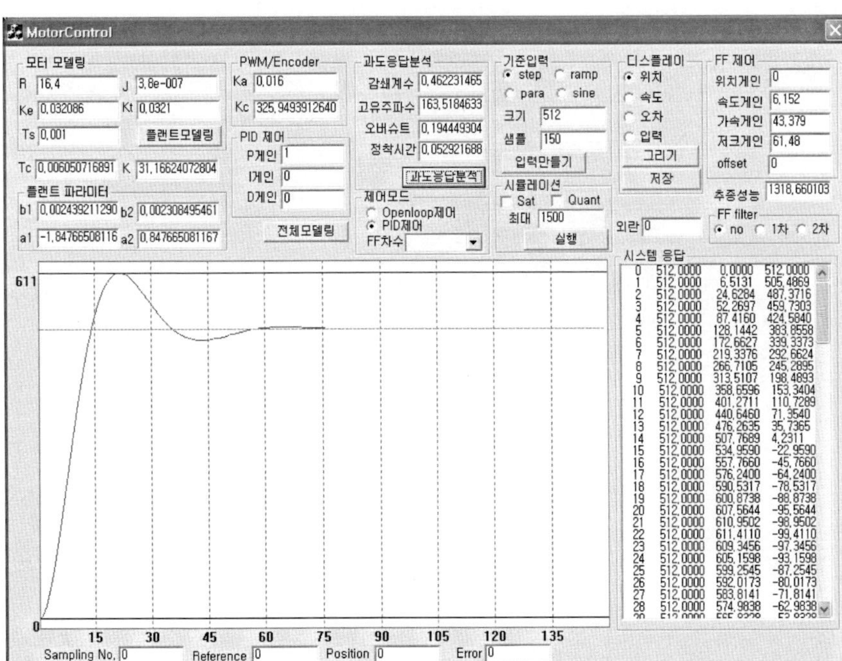

그림 13.1 MotorControl의 GUI 화면

이 프로그램은 모터의 물리량으로부터 디지털모델 플랜트 파라미터를 계산하고, 여러 가지 기준입력에 대해 시스템 응답을 구한다. PID 제어 게인을 바꿔가며, 시스템 응답의 변화도 알아 볼 수 있도록 설계되었으며, 피드포워드 제어효과도 알아 볼 수 있다. 과도응답 분석을 통해 감쇄계수와 오버슈트 등도 분석하고, 실제 시뮬레이션과 비교할 수 있도록 하였다. 시뮬레이션 결과는 파일로 저장하여 향후 실험데이터와 비교할 수 있도록 하였다. 이 장에서는 제작된 모터 제어 시뮬레이션 SW(MotorContol ver.1)를 이용하여 시뮬레이션하는 과정을 단계적으로 설명한다.

13.2 모터 디지털 모델링

시뮬레이션 대상 모터는 Faulhaber사의 2232 024SR 모델로 한다. 그림 13.2는 이 모터의 외관을 보여준다. 이 모터는 직경 22mm와 길이 32mm의 크기로서, 8.68W급 소형 DC 서보 모터이다. 내부에 회전당 512개의 펄스를 갖는 엔코더를 내장하고 있다.

그림 13.2 Faulhaber사의 DC 서보 모터(2232 024SR)

이 모터의 데이터시트는 Faulhaber사의 홈페이지(http://www.faulhaber.com)를 통해 구할 수 있으며, 그림 13.3은 데이터 시트 캡처 화면을 보여준다.

Series 2232 ... SR

	2232 U	006 SR	009 SR	012 SR	015 SR	018 SR	024 SR	
1 Nominal voltage	U_N	6	9	12	15	18	24	Volt
2 Terminal resistance	R	0,81	2,14	4,09	6,61	9,04	16,4	Ω
3 Output power	$P_{2\ max.}$	11,0	9,35	8,70	8,41	8,86	8,68	W
4 Efficiency	$\eta_{max.}$	87	86	86	85	86	86	%
5 No-load speed	n_o	7 100	7 400	7 100	7 100	7 100	7 100	rpm
6 No-load current (with shaft ø 2,0 mm)	I_o	0,0350	0,0241	0,0175	0,0139	0,0116	0,0087	A
7 Stall torque	M_H	59,2	48,3	46,8	45,2	47,6	46,7	mNm
8 Friction torque	M_R	0,28	0,28	0,28	0,28	0,28	0,28	mNm
9 Speed constant	k_n	1 190	827	595	476	397	298	rpm/V
10 Back-EMF constant	k_E	0,84	1,21	1,68	2,10	2,52	3,36	mV/rpm
11 Torque constant	k_M	8,03	11,5	16,0	20,1	24,1	32,1	mNm/A
12 Current constant	k_I	0,125	0,087	0,062	0,050	0,042	0,031	A/mNm
13 Slope of n-M curve	$\Delta n/\Delta M$	120	153	152	157	149	152	rpm/mNm
14 Rotor inductance	L	45	90	180	280	400	710	µH
15 Mechanical time constant	τ_m	6	6	6	6	6	6	ms
16 Rotor inertia	J	4,8	3,8	3,8	3,8	3,8	3,8	gcm²
17 Angular acceleration	$\alpha_{max.}$	120	120	120	120	120	120	·10³rad/s²
18 Thermal resistance	R_{th1} / R_{th2}	4 / 13						K/W
19 Thermal time constant	τ_{w1} / τ_{w2}	7 / 340						s
20 Operating temperature range:								
– motor		– 30 ... + 85 (optional – 55 ... + 125)						°C
– rotor, max. permissible		+ 125						°C

그림 13.3 2232 024SR 모터의 데이터 시트

이 중 디지털 모델링에 필요한 모터의 물리량들을 정리하면 다음과 같다.

$$R = 16.4\Omega$$

$$J = 3.8gcm^2 = 3.8\times10^{-7}kgm^2$$

$$K_e = 3.36mV/rpm = \frac{3.36\times10^{-3}\times30}{\pi}V\sec/rad = 3.2086\times10^{-2}V\sec/rad$$

$$K_t = 32.1mNm/A = 3.21\times10^{-2}Nm/A$$

이러한 물리량으로부터 이 모터의 연속시간 모델을 식(4.32)~(4.34)를 이용하여 구하여 보자.

$$\tau = \frac{RJ}{Rb + K_eK_t} = \frac{16.4\times3.8\times10^{-7}}{0+3.2086\times10^{-2}\times3.21\times10^{-2}}\sec = 6.05\times10^{-3}\sec$$

$$K = \frac{K_t}{Rb+K_eK_t} = \frac{1}{3.2086\times10^{-2}} = 31.1662rad/\sec$$

그리고 다시 이 결과값에 대해 식(4.33)~(4.34) 그리고 식(4.40)~(4.44)를 이용하여 모터의 위치제어 이산 시간 모델의 시스템 매개변수를 계산하면 다음과 같다.

$$\frac{\theta(z)}{V(z)} = 0.01\frac{0.2439z^{-1}+0.2308z^{-2}}{1-1.8476z^{-1}+0.8476z^{-2}} \tag{13.1}$$

그림 13.4는 MotorControl에서 모터 모델링 에디트박스에 모터의 MKS 단위의 물리량들($R=16.4$, $J=3.8\times10^{-7}$, $K_e=3.2086\times10^{-2}$, $K_t=3.21\times10^{-2}$)을 입력하고 '플랜트 모델링' 버튼을 누르면, 플랜트 파라미터가 계산되는 화면을 보여 준다.

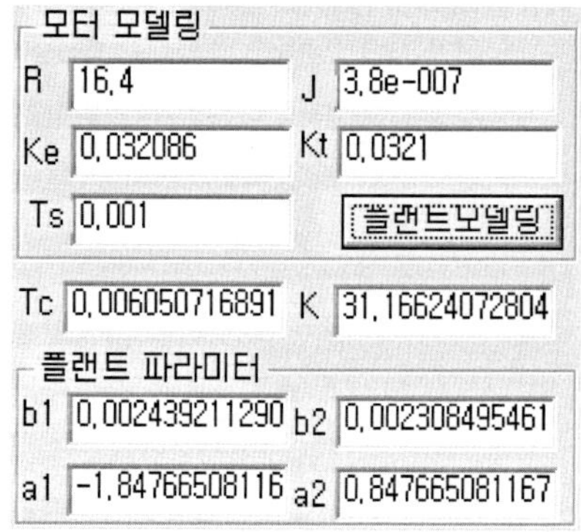

그림 13.4 ControlMotor를 이용한 디지털 모델링

13.3 PID 제어기 구성

앞서 5.2절에서 디지털 PID 제어기가 포함된 제어시스템 시간응답을 다룬바 있다. 그림 13.5는 디지털 PID 제어기를 포함하는 전체 폐루브 제어시스템 블록도를 보여준다. 예를 들어, 미분제어 게인(K_d)과 적분제어 게인(K_i)이 모두 0일 때, 전체 폐루프시스템의 전달함수는 다음과 같이 2차식으로 표현된다.

$$\frac{X(z)}{R(z)}=\frac{K_pK_aK_cb_1z^{-1}+K_pK_aK_cb_2z^{-2}}{1+(a_1+K_pK_aK_cb_1)z^{-1}+(a_2+K_pK_aK_cb_2)z^{-2}} \tag{13.2}$$

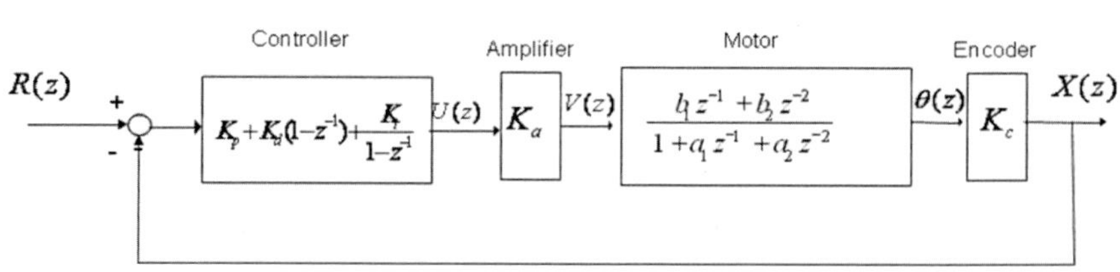

그림 13.5 PID 제어기를 구성하는 모터 제어시스템 블록도

그림 13.6은 MotorControl을 이용하여 제어기의 변수($K_a=0.016$, $K_c=325.95$와 디지털 PID 제어기 게인을 각각 $K_P=1$, $K_i=0$, $K_d=0$으로 하였을 때, 전체 시스템

변수값들을 계산하는 화면을 보여준다.

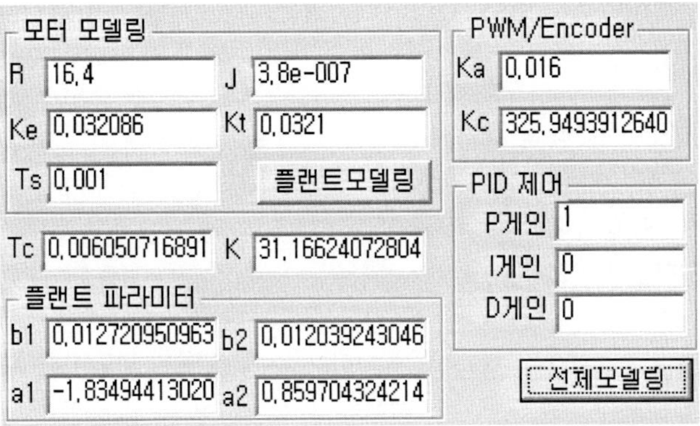

그림 13.6 ControlMotor를 이용한 전체 시스템 모델링

그림 13.6의 결과로부터 모터와 제어기가 포함된 전체 피드백시스템의 전달함수는 다음과 같음을 알 수 있다.

$$\frac{X(z)}{R(z)} = \frac{0.012720z^{-1} + 0.01203z^{-2}}{1 - 1.8349z^{-1} + 0.8597z^{-2}} \tag{13.3}$$

자세한 내용은 6.3절을 참조한다.

13.4 과도응답 분석

지난 6.3절에서 식(6.30)과 같이 주어지는 전체 펄스 전달함수의 감쇄계수와 고유진동수를 식(6.20)~(6.21)를 이용하여 계산할 수 있음을 알아보았다. 또한 2차 시스템의 주요 시간응답 특성인 오버슈트와 정착시간도 각각 식(6.2)와 식(6.5)를 이용하여 분석할 수 있음 알아보았다. 이번에는 MotorControl을 통해 확인해 본다. 그림 13.7은 MotorControl의 GUI에서 "과도응답분석"의 버튼을 클릭했을 때, 과도응답분석 결과를 보여준다.

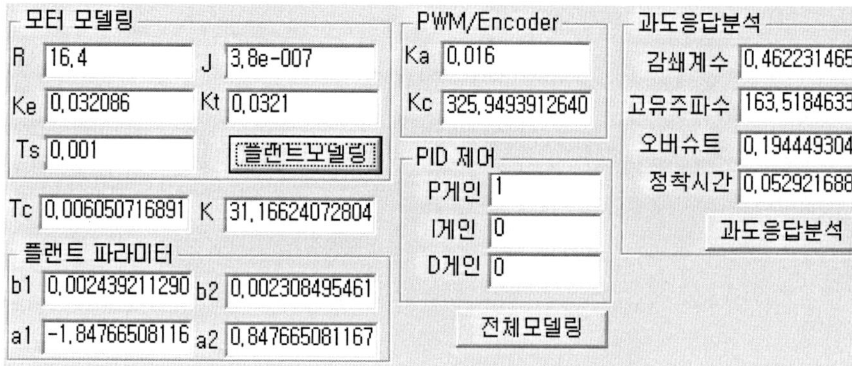

그림 13.7 MotoControl을 이용한 과도응답분석

13.5 시간 응답분석

MotorControl을 이용하여, 주어진 플랜트모델과 적절하게 선택한 PID 제어게인에 대해 여러 가지 기준입력을 인가했을 때, 시스템 출력을 알아보는 과정을 단계적으로 설명한다.

❶ 그림 13.8과 같이 라디오 버튼을 이용하여 먼저 제어 모드를 "PID 제어"로 선택한다.

그림 13.8 MotorControl에서 제어모드 설정화면

❷ 예를 들어, 기준입력을 크기가 512인 계단입력을 150개 생성하려면 그림 13.9와 같이 라디오 버튼을 이용하여 기준입력을 "step"으로 선택한 후, "크기" 에디트박스에 "512"를 입력한다. 샘플링 데이터의 개수는 "150"으로 입력한 후 "입력만들기" 버튼을 클릭한다.

그림 13.9 MotorControl에서 기준입력 설정화면

❸ 그림 13.10과 같이 시뮬레이션 조건을 선택한다. "Sat" 체크박스와 "Quant" 체크박스를 각각 해제하고, 실행버튼을 누른다.

그림 13.10 시뮬레이션 모드 선택화면

❹ 그림 13.10에서 "실행" 버튼을 누르면, 그림 13.11과 같이 picture 컨트롤에 시스템 응답이 그래픽으로 도시된다. 마우스를 그래픽 화면에 놓고, 왼쪽 클릭하여 움직이면 수직 커서가 움직이고, 커서위치에서의 샘플링번호, 기준입력, 응답결과, 오차 등을 그림아래에 에디트박스로 출력한다.

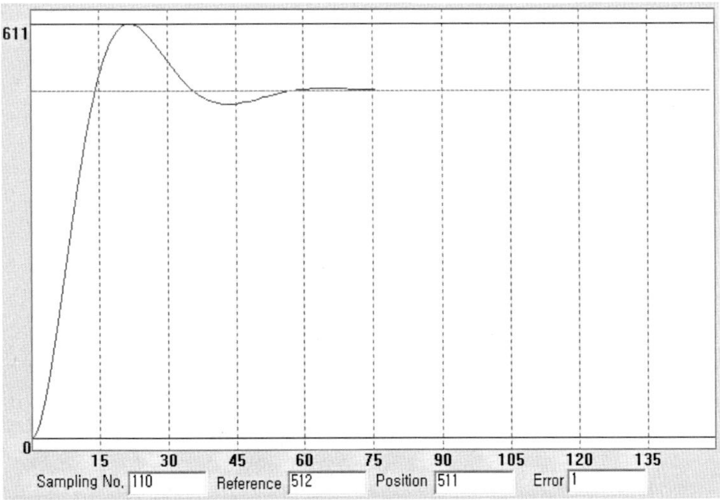

그림 13.11 시스템 응답 그래픽 화면

⑤ 또한 그림 13.12와 같이 리스트박스에 시스템 출력 데이터를 표시한다. 첫 번째 컬럼은 샘플링 번호이고, 2번째 컬럼은 기준입력, 3번째 컬럼은 시스템 응답 그리고 4번째 컬럼은 기준입력과 시스템 출력의 차이, 즉 오차를 의미한다.

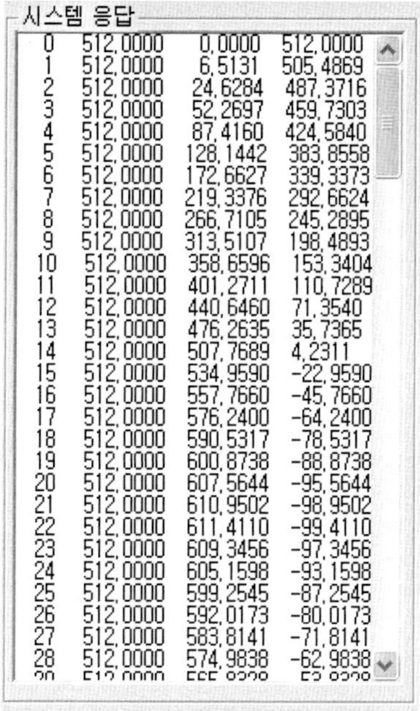

그림 13.12 리스트박스에 표시된 시스템 출력

⑥ 그림 13.13과 같이 래디오버튼을 이용하여 그래픽 화면에 표시될 데이터를 선택한다. 예를 들어 시스템 출력을 '위치'로 선택하면, 모터의 회전량을 그래픽으로 표시한다. 만약 제어입력을 그래픽으로 출력하려면, "입력" 래디오버튼을 선택한다.

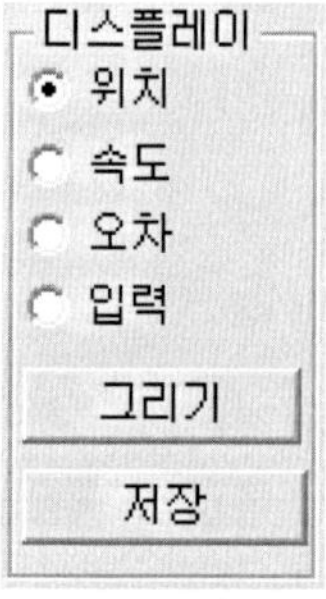

그림 13.13 그래픽 화면 모드 선택화면

❼ 그림 13.13에서 “저장” 버튼을 누르면, 시뮬레이션 결과를 text 파일 형식으로 저장할 수 있다.

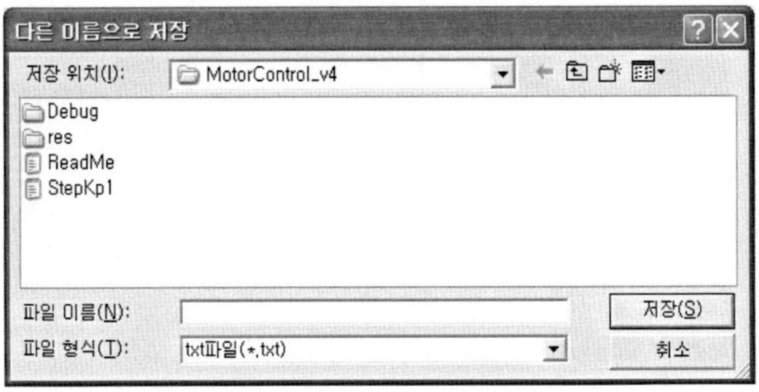

그림 13.13 **파일저장 화면**

13.6 PID 제어효과 시뮬레이션

13.6.1 비례제어 효과

이번에는 P 제어 게인을 변화시켜 본다. 그림 13.14과 같이 “P 게인” 에디트박스에 2를 입력하고, “과도응답분석” 버튼을 클릭하면 감쇄계수와 고유주파수, 오버슈트 등이 변화됨을 알 수 있다. P 게인이 1인 경우와 비교할 때, 오버슈트가 증가하고 정착시간이 늘어남을 알 수 있다.

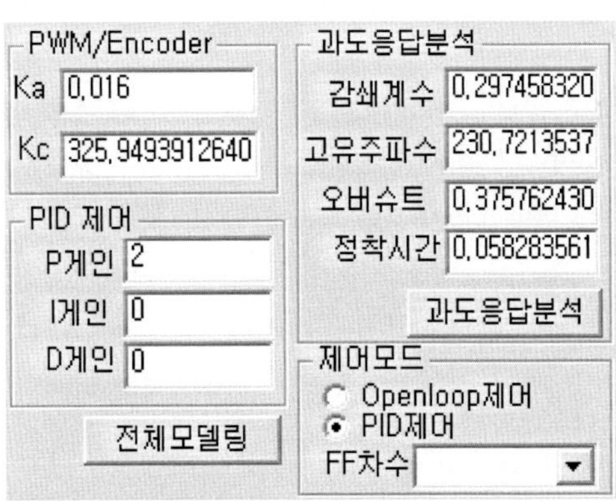

그림 13.14 **P 제어 게인 변화에 따른 과도응답분석 결과**

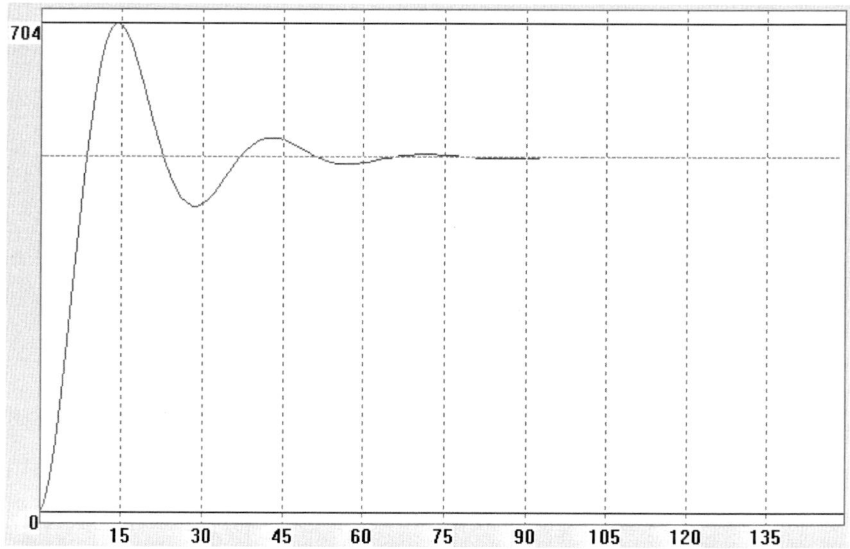

그림 13.15 비례제어 게인이 2일 때의 계단입력 응답곡선

그림 13.15는 그림 13.10의 "실행" 버튼을 눌렀을 때, 변화된 시스템 응답을 보여준다.

13.6.2 미분제어 효과

이번에는 D제어 게인을 변화시켜 본다. 그림 13.17은 그림 13.16과 같이 "D게인" 에디트박스에 10을 입력하고, "실행버튼" 눌렀을 때의 결과를 보여준다. D제어 효과로 오버슈트가 감소하는 것을 확인할 수 있다.

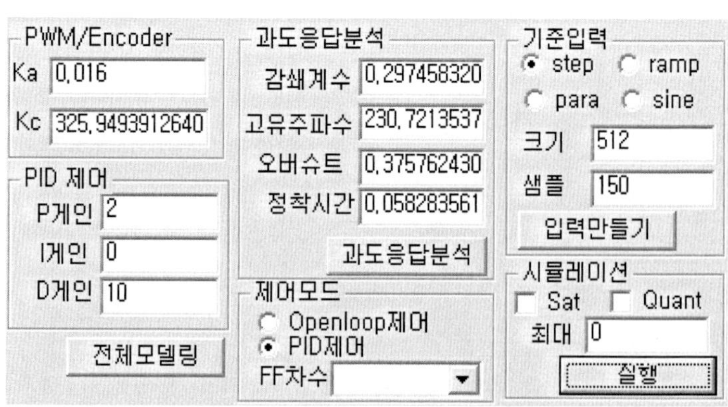

그림 13.16 미분제어 게인 설정화면

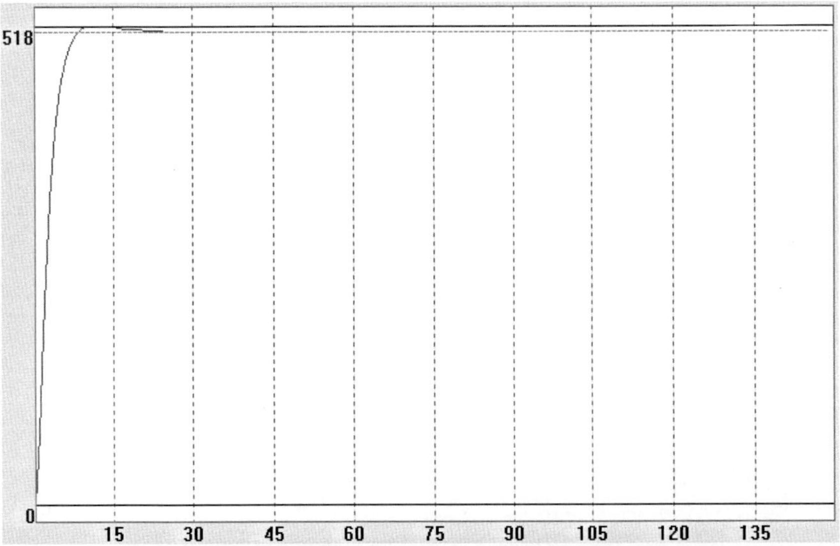

그림 13.17 미분제어 게인이 10일 때의 계단입력 응답곡선

실제 모션제어기에서는 제어입력에 한계값이 존재한다. 예를 들어 PWM 값이 1500일 때 PWM Duty cylcle이 100%가 될 때, 1500은 제어입력의 한계값이 된다. 시뮬레이션에서 이를 고려해 보자. 그림 13.18과 같이 "Sat" 체크박스를 설정하고, "최대" 에디트박스에 "1500"을 입력하여 제어입력의 한계값을 1500으로 설정한다. 그림 13.19는 그림 13.18에서 "실행" 버튼을 눌렀을 때 시뮬레이션 된 시스템 응답곡선을 보여준다.

그림 13.18 Saturation 모드와 한계값 지정화면

그림 13.19의 결과를 그림 13.17의 결과와 비교해 볼 때, Saturation 효과로 오버슈트 현상이 사라지고, 시스템 응답은 다소 느려지는 것을 알 수 있다.

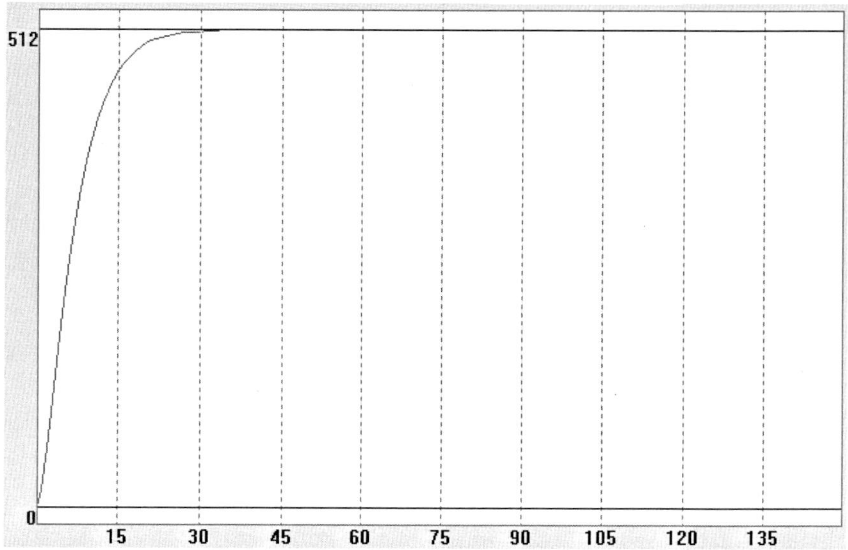

그림 13.19 Saturator를 적용했을 때 미분제어 게인이 10일 때의 계단입력 응답곡선

13.6.3 적분제어 효과

그림 13.14와 같이 비례제어 게인을 2로 설정하고, 미분제어 게인을 10으로 설정한 상태에서 경사입력에 대한 응답을 알아본다. 입력곡선은 그림 13.20과 같이 래디오버튼과 에디트박스를 통해 선택한다.

그림 13.20 MotorControl에서 기준입력 및 시뮬레이션 모드 설정화면

그림과 같이 "크기"에 10을 입력하고, 래디오버튼을 "ramp"를 선택하면, 경사도 10을 갖는 경사입력이 기준입력이 된다. 실행버튼을 누르면, 그림 13.21과 같이 그

래픽 화면에 경사입력에 대한 시스템 응답이 출력된다.

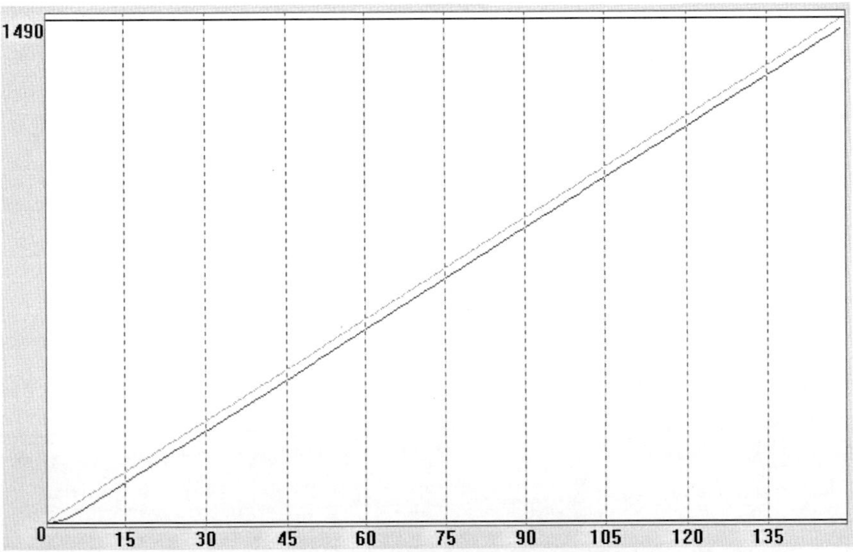

그림 13.21 경사입력에 대한 시스템 응답

그림 13.22는 그림 13.13의 그래픽 화면 모드에서 래디오버튼을 "오차"로 선택할 때 결과화면이다. 이를 통해 PD 제어기는 경사입력에 대해 정상사태오차를 갖는다는 것을 확인할 수 있다.

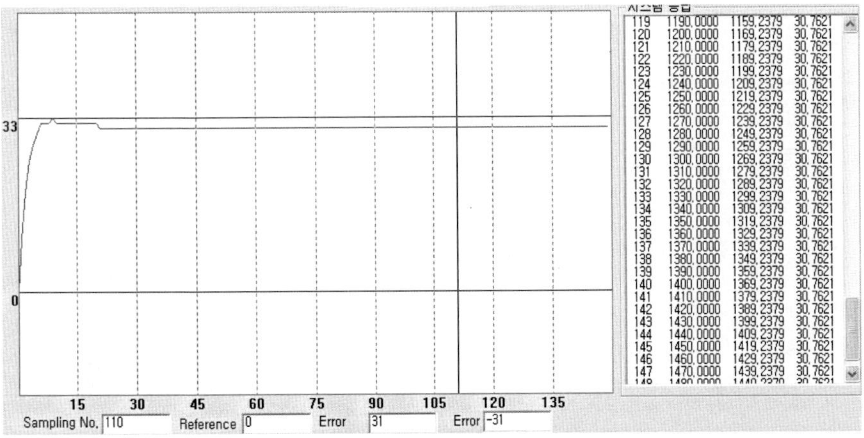

그림 13.22 경사입력에 대한 시스템 오차

이번에는 그림 13.23과 같이 적분 제어기를 추가했을 때 결과를 알아보자.

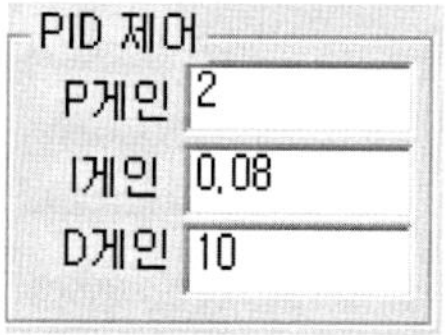

그림 13.23 PID 제어 게인 설정화면

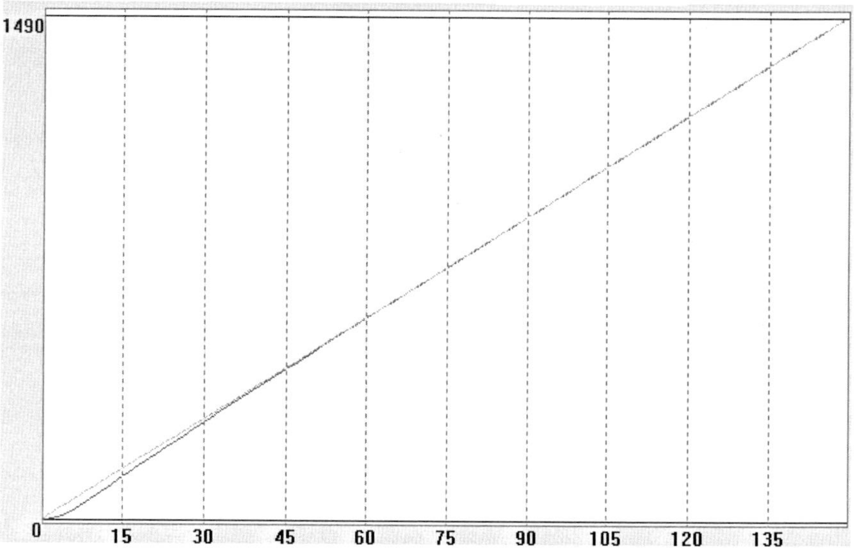

그림 13.24 경사입력에 대한 적분 제어기의 시스템 응답

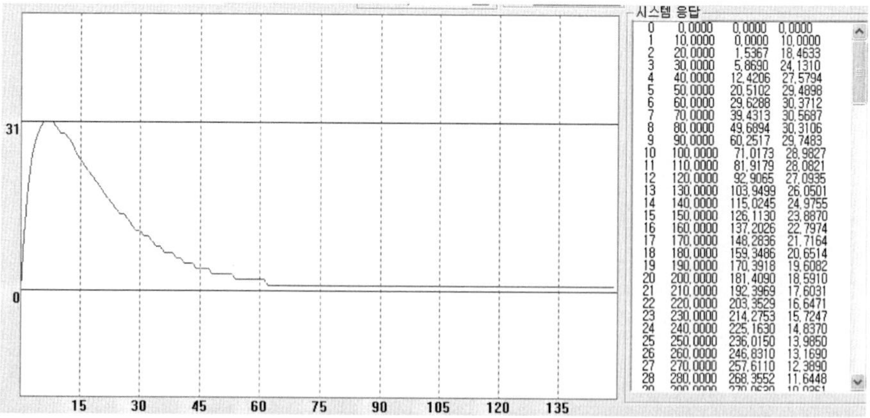

그림 13.25 경사입력에 대한 적분 제어기의 시스템 오차

그림 13.24는 적분제어를 추가했을 때의 경사입력에 대한 시스템 응답을 보여준다. 그림 13.25는 그림13.13의 그래픽 화면 모드에서 래디오버튼을 “오차”로 선택할 때 결과화면이다. 이를 통해 적분제어 효과로 경사입력에 대한 정상상태 오차가 0이 되는 것을 확인할 수 있다. 정상상태 오차분석에 대한 상세 내용은 8장을 참조하라.

그림 13.26은 그림 13.23과 같이 PID 제어 게인 설정되었을 때, 계단입력에 대한 시스템 응답을 보여준다. 그림 13.19의 결과와 비교해 볼 때, 적분 제어기의 추가로 오버슈트가 발생하고, 상대적 안정도가 나빠지는 것을 알 수 있다.

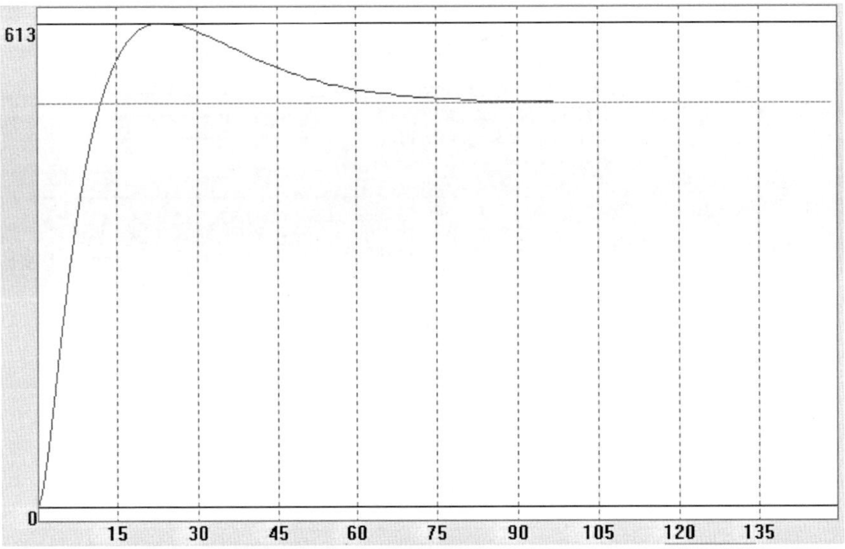

그림 13.26 Saturator를 적용했을 때 미분제어 게인이 10일 때의 계단입력 응답곡선

13.7 피드포워드제어효과 시뮬레이션

13.7.1 피드포워드 제어게인

8.5절에서 살펴본 바와 같이 모터 위치제어시스템은 다음과 같은 개루프 전달함수를 갖는다.

$$\frac{X(z)}{U(z)} = K_a K_c \frac{0.002439z^{-1} + 0.002308z^{-2}}{(1-z^{-1})(1-0.8476z^{-1})} \tag{13.4}$$

여기서 , K_a=24/1500, K_c=2048/(2π)이라 가정한다. 따라서 식(9.46)은 다음과 같이 다시 쓸 수 있다.

$$\frac{X(z)}{U(z)}=\frac{0.01272z^{-1}+0.01204z^{-2}}{1-1.8476z^{-1}+0.8476z^{-2}} \tag{13.5}$$

이와 같이 주어진 플랜트 모델에 대해 피드포워드제어 게인을 계산하여 보자. 그림 13.27은 피드포워드 제어기가 포함된 전체 제어시스템 블록도를 보여준다.

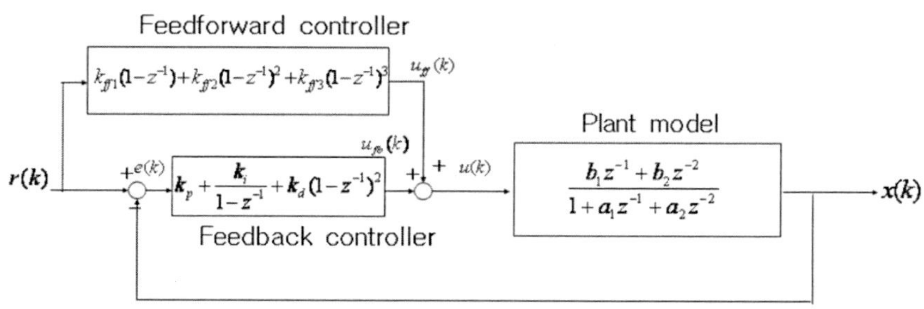

그림 13.27 피드포워드 제어기가 포함된 전체 제어시스템 블록도

MotorControl은 식(8.31)~(8.34)의 계산식을 이용하여 피드포워드제어 게인을 계산한다. 그림 13.28은 그림 13.7에서 "플랜트 모델링" 버튼을 눌렀을 때 결과화면이다.

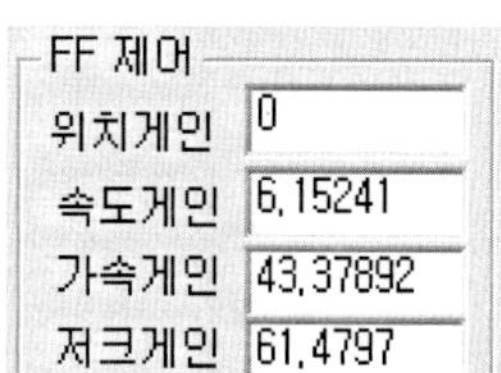

그림 13.28 피드포워드제어 게인 계산화면

그림에서 위치게인은 0차 피드포워드 게인인 K_0를 의미하고, 속도게인은 1차 피드포워드 게인인 K_1을, 가속도게인은 2차 피드포워드 게인인 K_2를, 저크게인은 3차 피드포워드 게인인 K_3를 각각 의미한다. 이 결과와 8.5절에서의 그림 8.3의 결과가 거의 일치함을 확인할 수 있다.

13.7.2 1차 피드포워드 제어효과

그림 8.7의 제어시스템에서 1차 피드포워드 경사입력을 가했을 때, 제어시뮬레이션을 MotorControl을 사용하여 행하여 보자. 먼저 그림 13.29와 같이 PID 제어 게인을 설정하고, 콤보박스에서 "FF 차수"를 1로 선택한다.

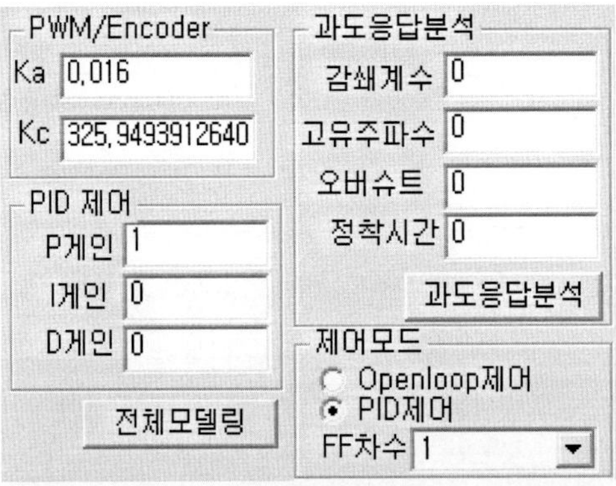

그림 13.29 피드포워드제어 모드 설정화면

그림 13.30은 1차 피드포워드제어(속도보상)를 적용했을 때, 경사입력에 대한 시스템응답을 보여준다.

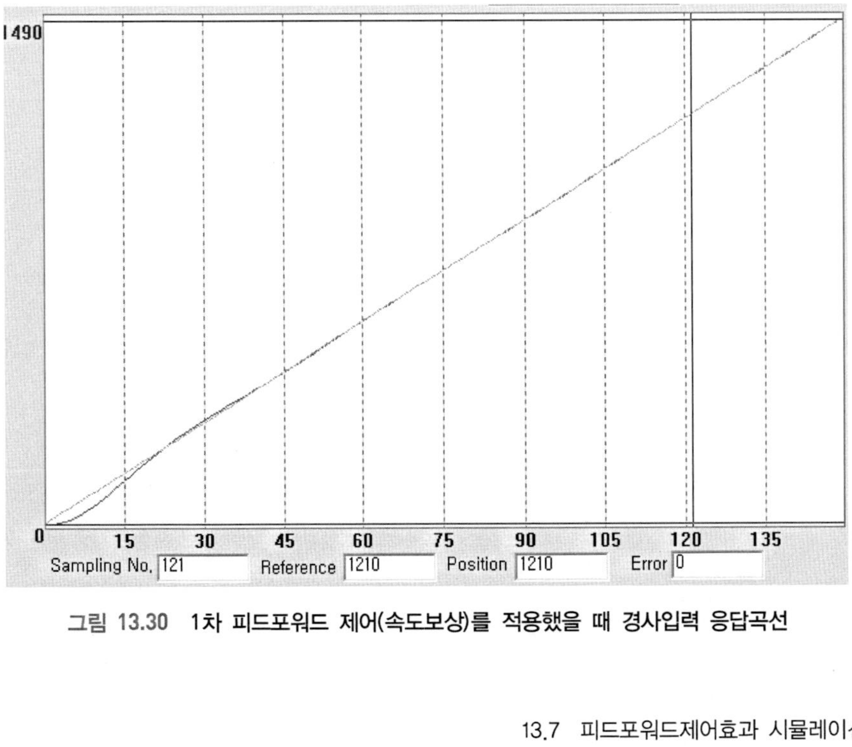

그림 13.30 1차 피드포워드 제어(속도보상)를 적용했을 때 경사입력 응답곡선

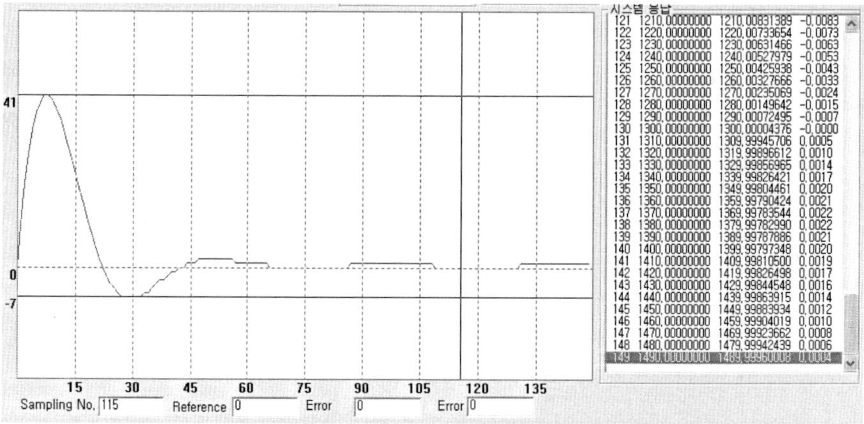

그림 13.31　1차 피드포워드 제어(속도보상)를 적용했을 때 경사입력 오차곡선

그림 13.31은 그림 13.13의 그래픽 화면 모드에서 래디오버튼을 "오차"로 선택할 때 결과화면이다. 이 오차결과 화면에서 알 수 있듯이 1차 피드포워드 제어효과로 인해 경사입력에 대한 정상상태 오차가 0이 된다.

그림 13.32는 1차 피드포워드제어(속도보상)를 적용했을 때, 포물선입력에 대한 시스템 응답을 보여준다.

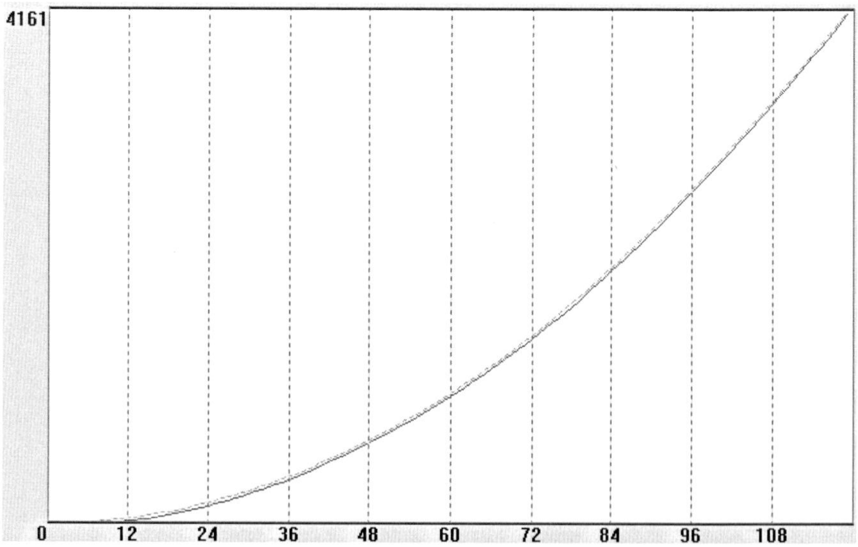

그림 13.32　1차 피드포워드 제어(속도보상)를 적용했을 때 포물선입력 응답곡선

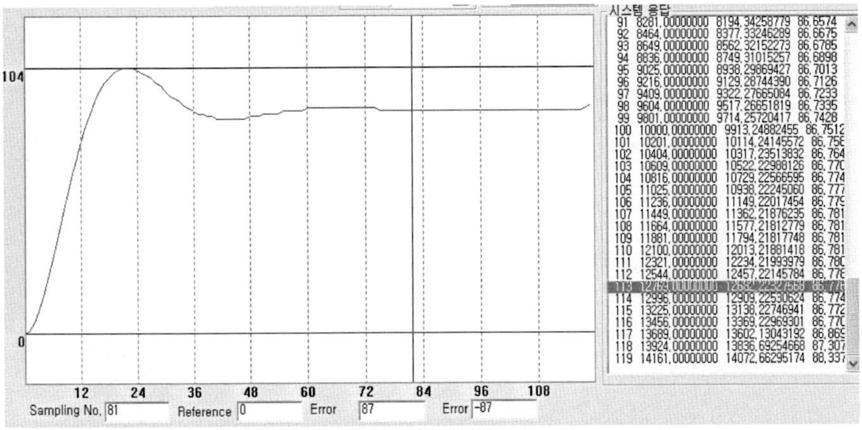

그림 13.33 1차 피드포워드 제어(속도보상)를 적용했을 때 포물선입력 오차곡선

그림 13.33은 그림 13.13의 그래픽 화면 모드에서 래디오버튼을 "오차"로 선택할 때 결과화면이다. 이 오차결과 화면에서 알 수 있듯이 1차 피드포워드 제어기는 포물선 입력에 대해 일정한 정상상태 오차를 가짐을 알 수 있다.

13.7.3 2차 피드포워드 제어효과

그림 8.7의 제어시스템에서 2차 피드포워드 경사입력을 가했을 때, 제어시뮬레이션을 MotorControl을 사용하여 행하여 보자. 먼저 그림 13.29와 같이 PID 제어 게인을 설정하고, 콤보박스에서 "FF 차수"를 2로 선택한다. 그림 13.34는 2차 피드포워드제어(가속도보상)를 적용했을 때, 포물선입력에 대한 시스템 응답을 보여준다.

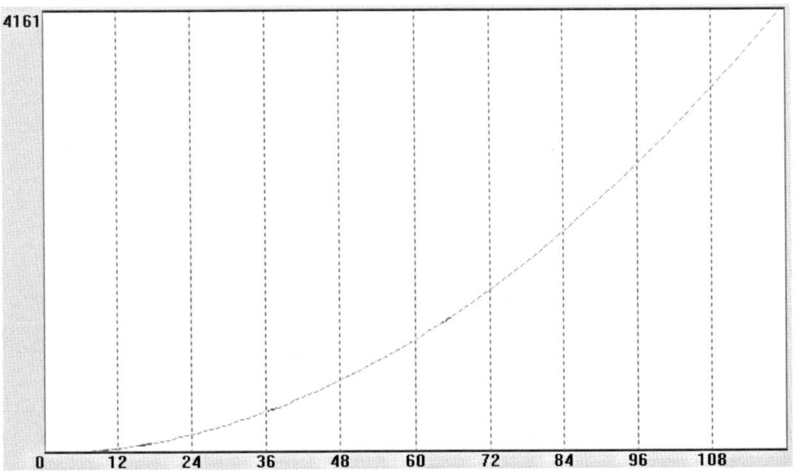

그림 13.34 1차 피드포워드 제어(속도보상)를 적용했을 때 경사입력 응답곡선

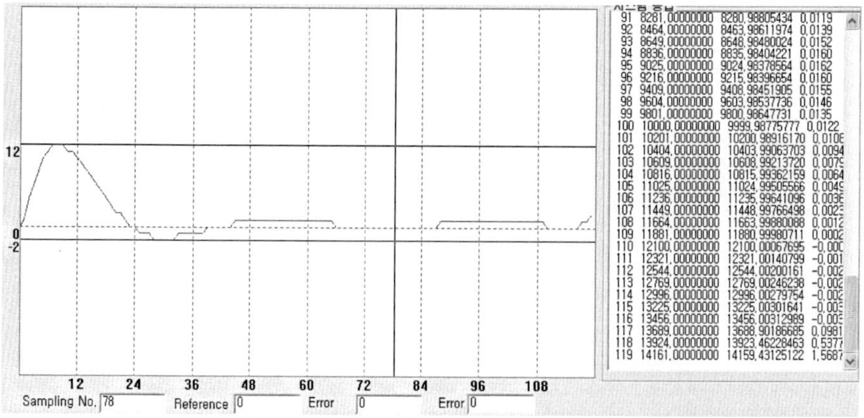

그림 13.35 2차 피드포워드 제어(가속도보상)를 적용했을 때 포물선입력 오차곡선

그림 13.35는 그림 13.13의 그래픽 화면 모드에서 래디오버튼을 “오차”로 선택할 때 결과화면이다. 이 오차결과 화면에서 알 수 있듯이 2차 피드포워드 제어 효과로 인해는 포물선 입력에 대한 정상상태 오차는 0이 됨을 을 알 수 있다.

13.7.4 삼각함수 추종 시뮬레이션

이번에는 삼각함수입력에 대한 시스템 응답을 알아보자. 먼저 피드포워드 제어 없이 비례제어($K_p=1$)만으로 삼각함수입력에 대한 응답을 알아보자. 이를 위해 그림 13.36과 같이 PID 제어 게인과 제어모드를 설정한다.

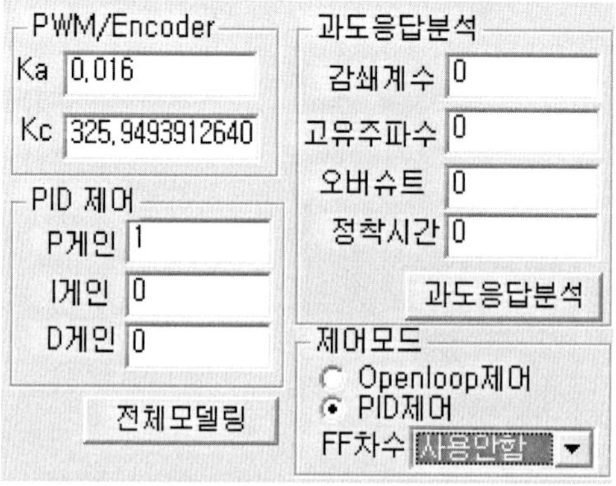

그림 13.36 PID 제어 게인 및 제어모드 설정화면

그림 13.37 삼각함수입력 선택화면

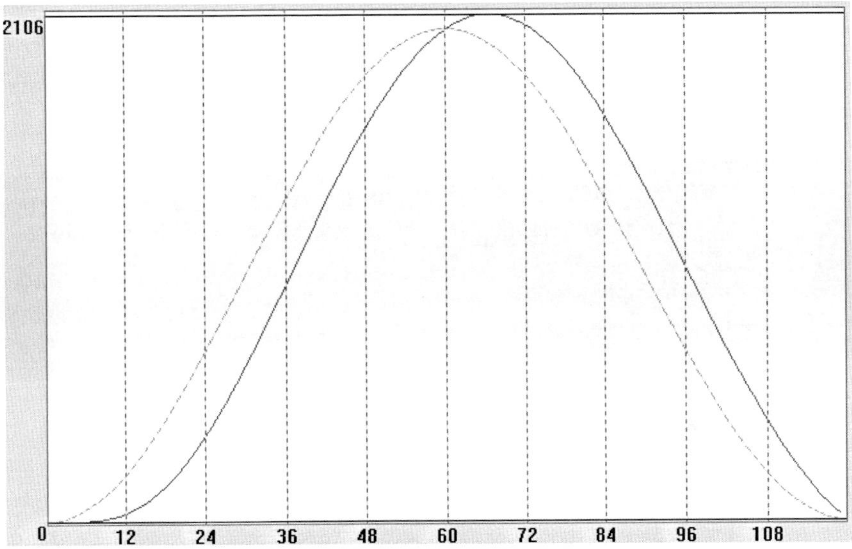

그림 13.38 비례제어기($K_p = 1$)를 적용했을 때 사인함수입력 응답곡선

먼저 그림 13.37과 같이 삼각함수 입력을 선택하고, "실행" 버튼을 누르면, 그림 13.38과 같이 삼각함수 입력에 대한 시스템응답을 얻을 수 있다.

그림 13.38은 그림 13.13의 그래픽 화면 모드에서 래디오버튼을 "오차"로 선택할 때 결과화면이다. 그림 13.38과 같이 이를 오차화면으로 보면 최대 378의 위치오차가 발생함을 알 수 있다.

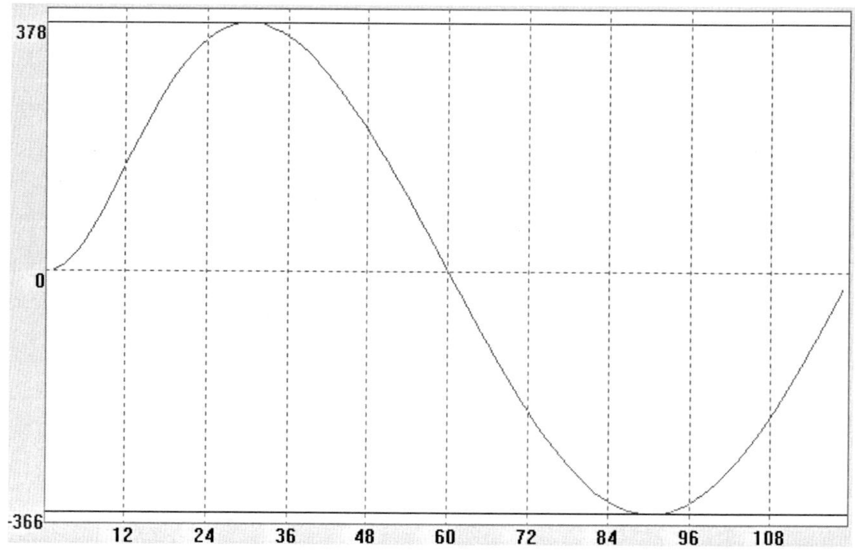

그림 13.39 비례제어기(K_p==1)를 적용했을 때 사인함수입력 오차곡선

그림 9.7의 제어시스템에서 1차 피드포워드 경사입력을 가했을 때, 삼각함수 입력에 대한 제어시뮬레이션을 MotorControl을 사용하여 행하여 보자. 먼저 그림 13.29와 같이, PID 제어 게인을 설정하고, 콤보박스에서 "FF 차수"를 1로 선택한다.

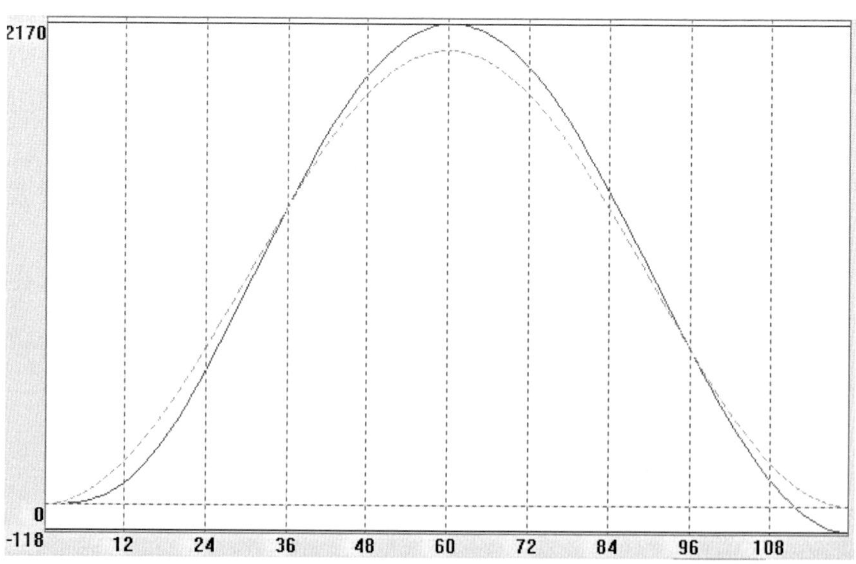

그림 13.40 1차 피드포워드제어를 적용했을 때 사인함수입력 응답곡선

그림 13.40은 1차 피드포워드제어(속도보상)를 적용했을 때, 삼각함수입력에 대한 시스템 응답을 보여준다. 그림 13.41은 그림 13.13의 그래픽 화면 모드에서 래디오버튼을 "오차"로 선택할 때 결과화면이다. 이 오차결과 화면에서 알 수 있듯이 1차 피드포워드제어 효과로 인해 삼각함수입력에 대한 추종오차는 최대 122로 줄어듦을 알 수 있다.

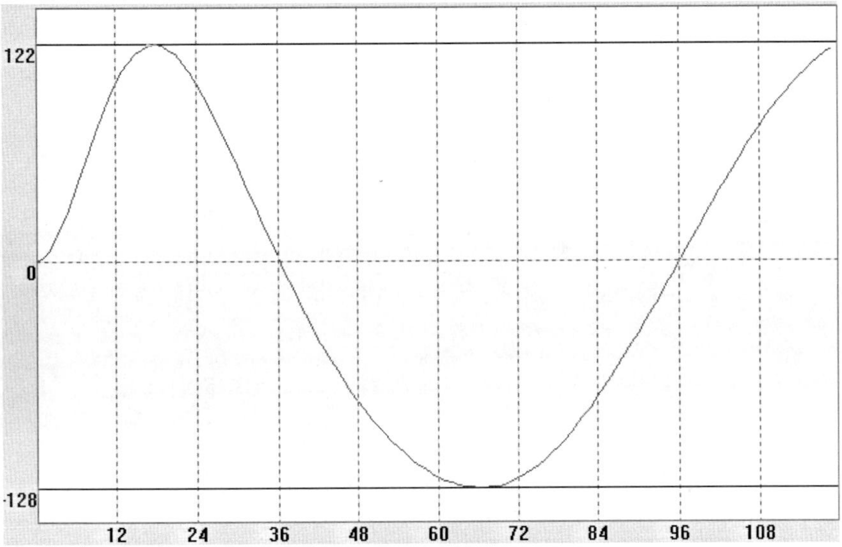

그림 13.41 1차 피드포워드제어를 적용했을 때 사인함수입력 오차곡선

그림 8.7의 제어시스템에서 2차 피드포워드 경사입력을 가했을 때, 삼각함수 입력에 대한 제어시뮬레이션을 MotorControl을 사용하여 행하여 보자. 먼저 그림 13.29와 같이 PID 제어 게인을 설정하고, 콤보박스에서 "FF 차수"를 2로 선택한다. 그림 13.42는 2차 피드포워드제어(가속도보상)를 적용했을 때, 삼각함수입력에 대한 시스템 응답을 보여준다.

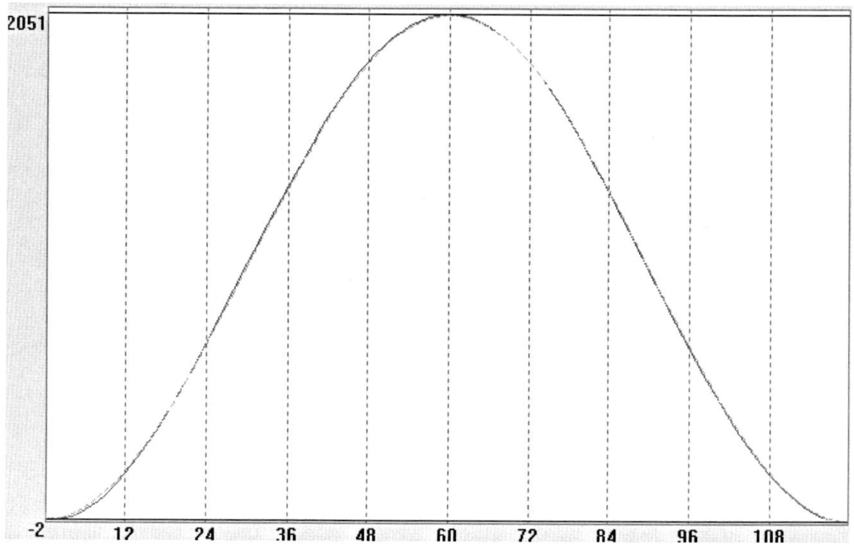

그림 13.42 2차 피드포워드제어를 적용했을 때 사인함수입력 응답곡선

그림 13.43은 그림 13.13의 그래픽 화면 모드에서 래디오버튼을 "오차"로 선택할 때 결과화면이다. 이 오차결과 화면에서 알 수 있듯이 2차 피드포워드 제어효과로 인해 삼각함수입력에 대한 추종오차는 최대 16으로 급격히 줄어듦을 알 수 있다.

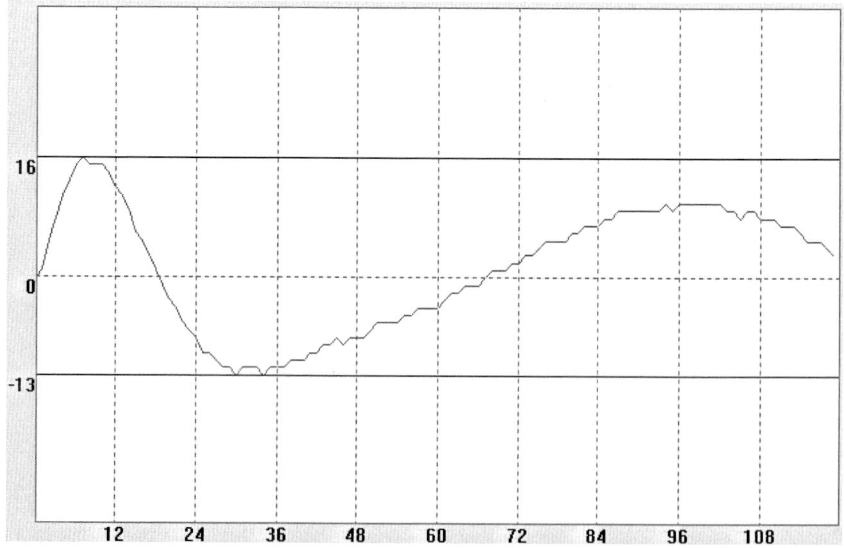

그림 13.43 2차 피드포워드제어를 적용했을 때 사인함수입력 오차곡선

PID 제어 게인을 설정하고, 콤보박스에서 "FF 차수"를 3으로 선택한다. 그림 13.44는 3차 피드포워드제어(저크보상)를 적용했을 때, 삼각함수입력에 대한 시스템 응답을 보여준다. 그림 13.45는 그림 13.13의 그래픽 화면 모드에서 래디오버튼을 "오차"로 선택할 때 결과화면이다. 이 오차결과 화면에서 알 수 있듯이 3차 피드포워드제어 효과로 인해 삼각함수입력에 대한 추종오차는 최대 4로 더욱 줄어듦을 알 수 있다.

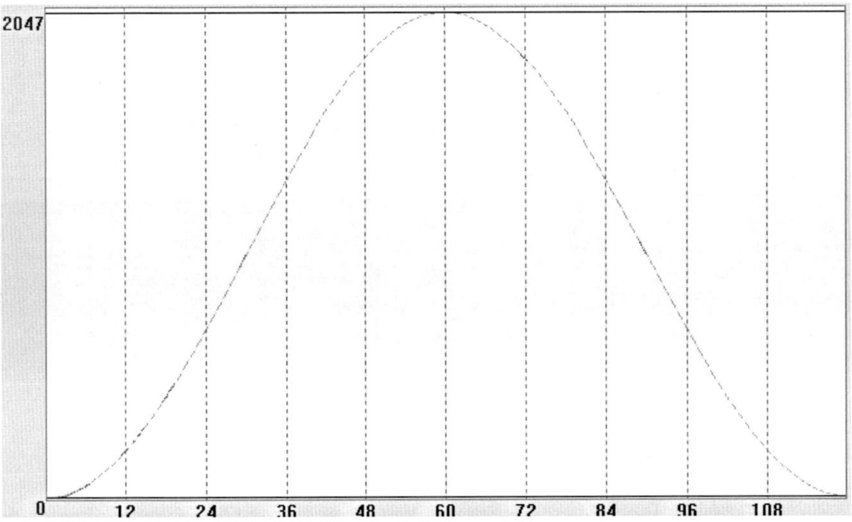

그림 13.44 3차 피드포워드제어를 적용했을 때 사인함수입력 응답곡선

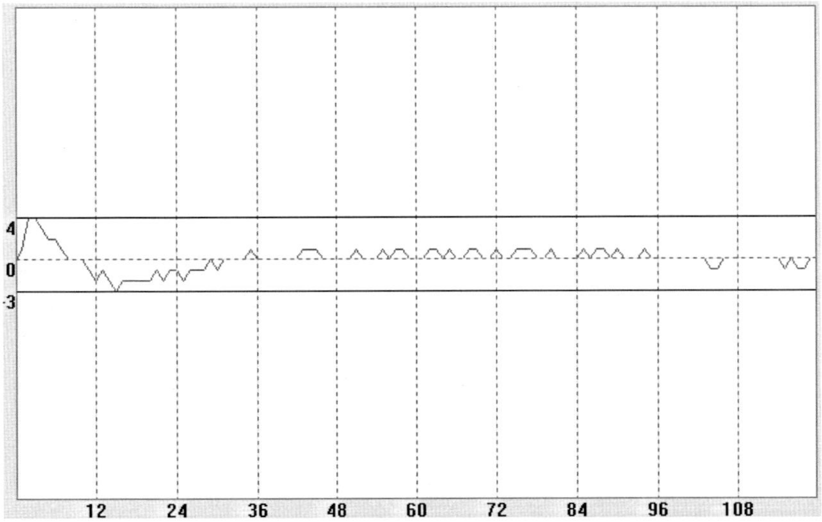

그림 13.45 3차 피드포워드제어를 적용했을 때 사인함수입력 오차곡선

이번에는 양자화(Quantization) 효과를 알아보자. 실제 제어시스템에서는 모터 드라이버는 PWM(Pulse Width Modulation) 방식의 증폭기를 사용하기에 제어입력이 정수값으로 계산되고, 모터의 회전량 또한 엔코더 신호의 증분 펄스(incremental pulse)를 계수하여 측정하므로, 정수값으로 계산된다. 따라서 시뮬레이션에서 이를 고려하여 본다.

그림 13.46 시뮬레이션 모드에서 양자화 효과 설정화면

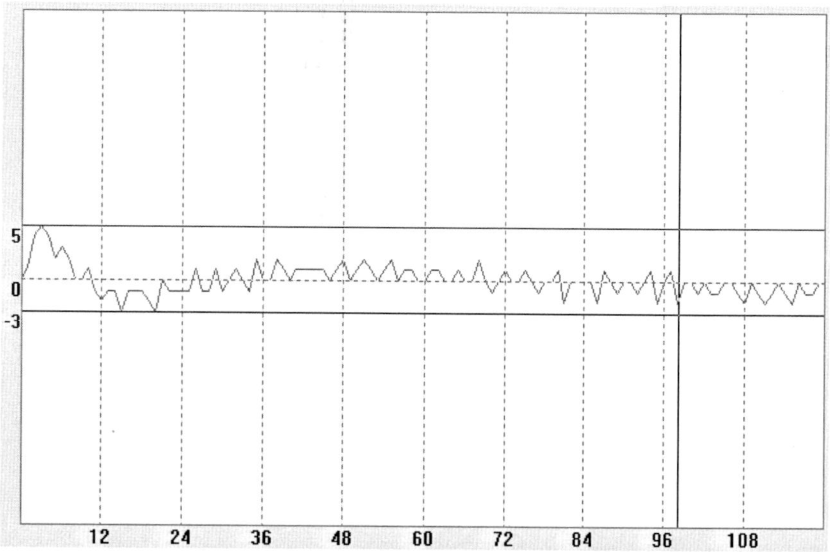

그림 13.47 3차 피드포워드제어를 적용했을 때 사인함수입력 오차곡선

그림 13.46에서 "Quant" 체크박스를 체크하고 실행한다. 그림 13.47은 PID 게인과 피드포워드차수는 그림 13.45의 조건과 동일하게 할 때, 삼각함수입력에 대한 시스템오차를 보여준다.

13.8 외란효과

이 절에서는 외란(External disturbance)효과를 알아본다. 그림 13.48은 외란을 받는 제어시스템 구조를 보여준다.

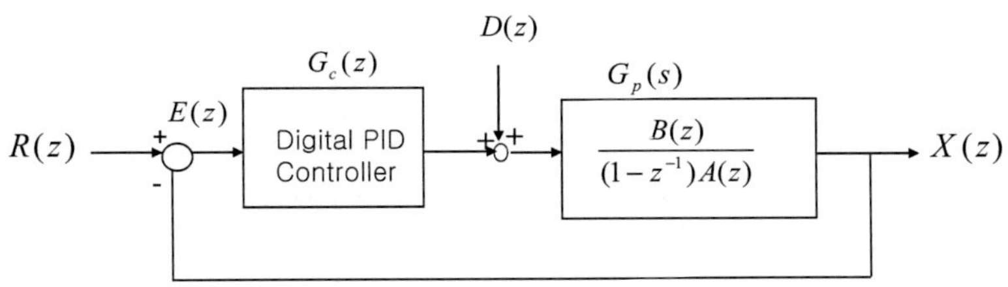

그림 13.48 외란을 받는 제어시스템 구조

8.3절에서 알아본 바와 같이, 외란으로 인한 정상상태 오차는 식(8.38)로 계산될 수 있다. 식(8.38)에 PWM 증폭기 게인, K_a를 고려하면 정상상태 오차식은 다음과 같이 다시 쓸 수 있다.

$$e_{ss} = -\frac{D_0}{K_p K_a} \tag{13.6}$$

예를 들어 0.1 크기의 외란이 음의 방향으로 작용($D_0 = -0.1$))하면, 외란으로 인한 비례제어기($K_P = 1$)의 정상상태 오차는 다음과 같이 계산된다.

$$e_{ss} = \frac{0.1}{0.016} = 6.25 \tag{13.7}$$

여기서 증폭기 게인(K_a)은 0.016으로 가정한다. 이제 MotorControl을 통해 이를 확인해 본다. 그림 13.49와 같이 외란의 크기를 -0.1로 입력한다. 그림 13.50은 그림 13.36과 같이 PID 제어 게인과 제어모드를 설정하고, 실행버튼을 누를 때, 계단입력에 대한 시스템 응답결과를 보여준다. 그림 13.50에서 0.1 크기의 외란이 존재할 때, 6.25의 정상상태 오차가 발생함을 확인할 수 있다. 식(13.1)에서 알 수 있듯이, 정상상태 오차는 비례제어게인에 반비례한다.

그림 13.49 외란 입력 설정화면

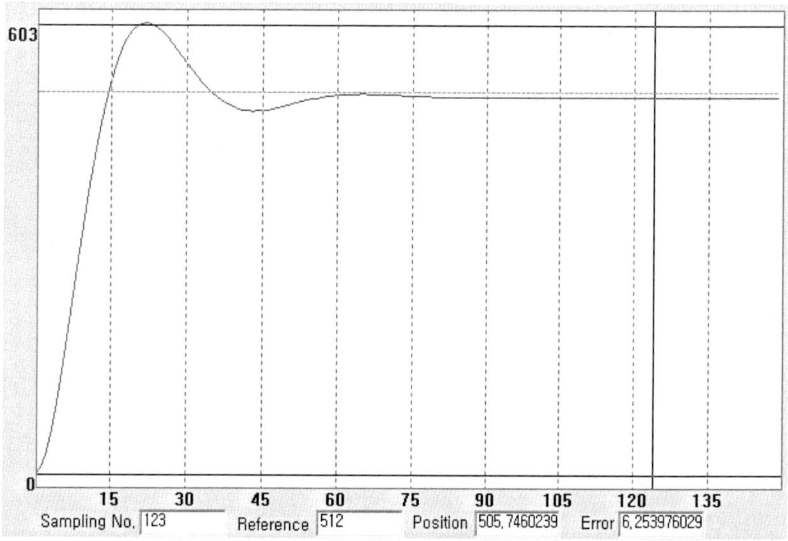

그림 13.50 외란을 받는 시스템의 비례제어기 단위계단 응답곡선

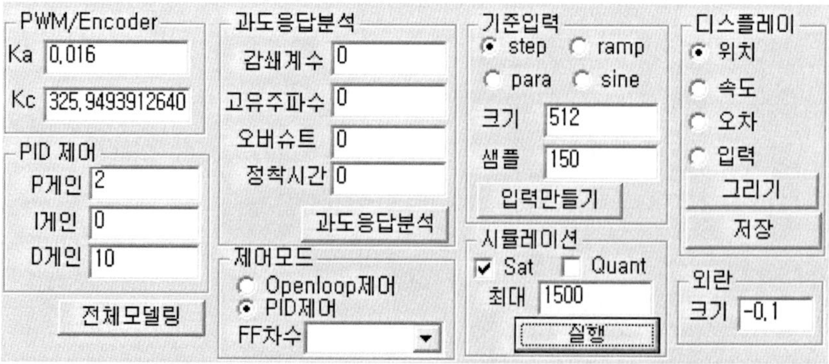

그림 13.51 외란을 받는 시스템의 비례제어기 단위계단 응답곡선

이번에는 그림 13.51과 같이 비례제어 게인과 미분제어 게인을 각각 2와 10으로 설정하고, 포화기를 활성화시킨 후("Sat" 체크박스 설정), -0.1의 외란을 받는 제어 시스템의 계단입력에 대한 응답을 알아보자. 그림 13.52는 그림 13.51과 같이 제어 모드를 설정한 후 "실행" 버튼을 눌렀을 때의 결과 화면이다. 이 결과로부터 정상 상태 오차는 3.125로 관찰되며, 이는 외란으로 인한 정상상태오차는 비례제어게인에 반비례함을 확인할 수 있다.

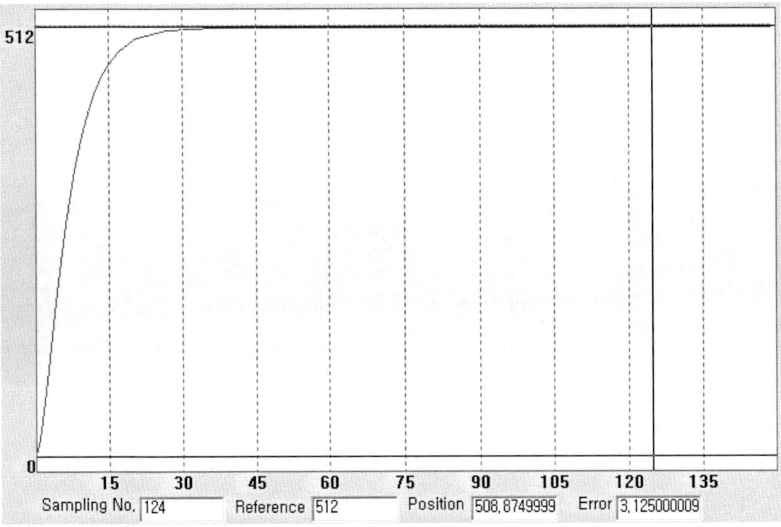

그림 13.52 외란을 받는 시스템의 비례미분 제어기 단위계단 응답곡선

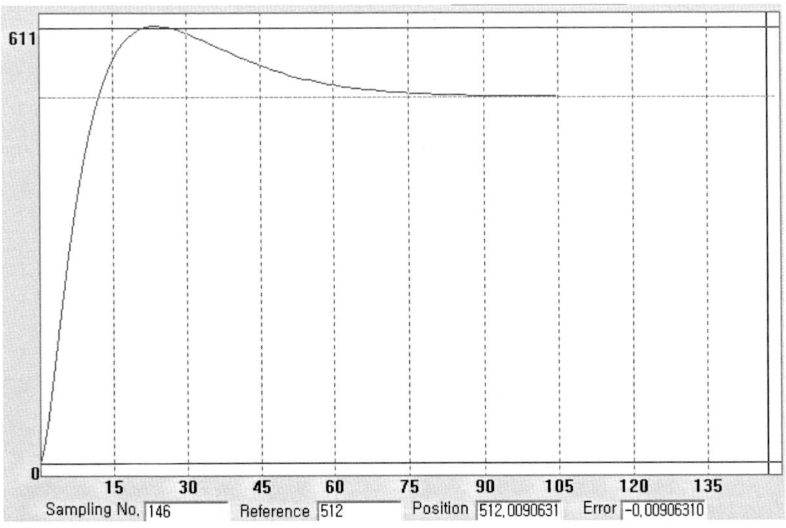

그림 13.53 외란을 받는 시스템의 적분 제어기 단위계단 응답곡선

그림 13.53은 적분제어 게인을 0.08로 입력하고, 나머지 조건은 그림 13.51과 동일하게 설정한 후 "실행" 버튼을 눌렀을 때, 계단입력에 대한 응답 결과 화면이다. 이 결과로부터 적분 제어기는 외란으로 인한 정상상태 오차를 제거하는 것을 알 수 있다. 이러한 적분제어에 의한 외란 오차효과는 7.3.3절에서 논의한 바 있다.

외란 자체가 측정가능하거나 미리 알려진 값이라면, 이 또한 피드포워드 제어를 통해 보상할 수 있다. 이러한 외란을 보상하는 것을 Offset 보상이라 부르며, 다음과 같이 수식으로 표현한다.

$$u_{ff}(k) = K_0 r(k) + K_1 \Delta r(k) + K_2 \Delta^2 r(k) + u_{off} \tag{13.8}$$

여기서, u_{off}은 Offset 보상 입력이다. 만약 외란이 일정한 경우, Offset 보상값은 다음과 같이 계산될 수 있다.

$$u_{off} = K_p e_{ssp} \tag{13.9}$$

여기서, e_{ssp}는 시스템에 비례제어만을 적용했을 때, 외란으로 인한 단위계단 입력에 대한 정상상태 오차이다. 이전 시뮬레이션에서 비례제어게인 2에 대해 3.125의 정상상태 오차를 가졌으므로, Offset 보상값은 6.25임을 식(13.3)으로부터 알 수 있다. MotorControl에서 식(13.2)로 표현되는 Offset 보상 피드포워드 효과를 알아보자.

그림 13.54와 같이 Offset값으로 6.25를 입력한다. 그림 13.51과 같이 비례제어게인과 미분제어게인을 각각 2와 10으로 설정하고, 포화기를 활성화시킨 후("Sat" 체크박스 설정), -0.1의 외란을 받는 제어시스템의 계단입력에 대한 응답을 알아보자. 그림 13.55는 그림 13.51과 같이 제어모드를 설정한 후 "실행" 버튼을 눌렀을 때의 결과 화면이다. 이 결과로부터 Offset 피드포워드 보상으로 인해 정상상태 오차가 사라지는 것을 알 수 있다.

그림 13.54 Offset 보상값 설정화면

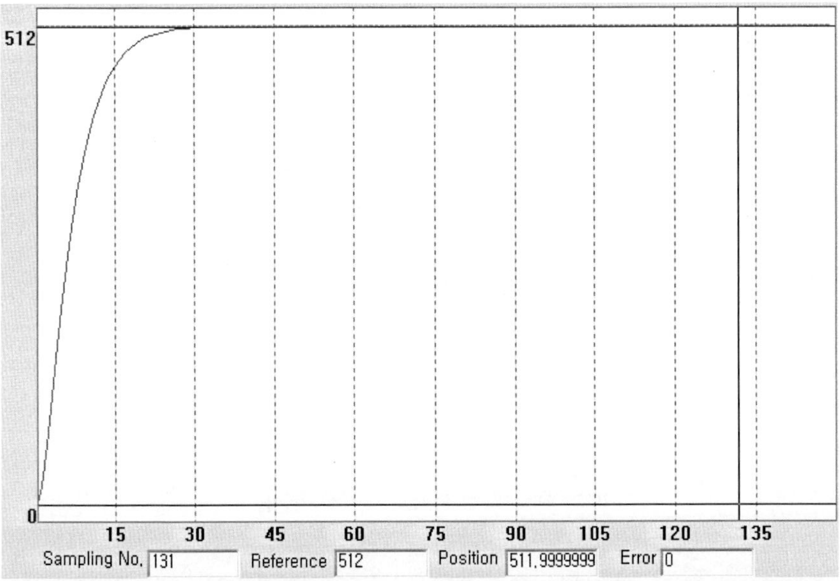

그림 13.55 외란을 받는 시스템의 Offset 보상 피드포워드 제어기의 단위계단 응답곡선

13.9 요약

이 장에서는 12장에서 제작된 윈도즈 기반 모터 제어 시뮬레이션 SW를 사용하여 디지털모델링, 과도응답분석, 시간응답 분석을 다루었다. PID 제어 게인을 여러 가지로 설정하여 시뮬레이션하여 봄으로써 PID 제어 효과를 알아보았다. 다양한 기준입력 곡선에 따라 과도응답 특성과 오차 특성도 알아보았다. 피드포워드 제어를 통해 원하는 기준 입력을 추종하는 성능변화도 확인하였다. 외란이 존재할 때 적분제어 효과와 Offset 피드포워드 효과도 시뮬레이션하여 보았다. 시뮬레이션 결과와 실제 실험결과와의 비교는 14장에서 다룰 예정이다.

연습문제

13.1 그림 13.4의 화면과 같이 모터의 물리량(R, J, Ke, Kt)를 에디트박스에 입력하고, 샘플링 주기(Ts)를 에디트박스에 입력하고, "플랜트모델링"의 버튼을 클릭하면, 시정수(Tc)와 DC이득(K), 그리고 디지털 플랜트 파라미터(a1, a2, b1, b2)를 계산하여 에디트박스에 출력하는 MFC 프로그램을 작성하라. 여기서 계산식은 예제 4.7의 plantModel()을 참조한다.

13.2 그림 13.6의 화면과 같이 제어기의 물리량(Ka, Kc)을 에디트박스에 입력하고, PID 제어 게인(Kp, Ki, Kd)을 에디트박스에 입력하고, "전체모델링"의 버튼을 클릭하면, 폐루프시스템의 전체 전달함수의 파라미터(a1, a2, b1, b2)를 계산하여 에디트박스에 출력하는 MFC 프로그램을 작성하라. 여기서 계산식으로 식(6.25)~(6.28)을 이용한다.

13.3 문제13.2의 프로그램을 확장하여 그림 13.7의 화면과 같이 "과도응답분석"의 버튼을 클릭하면, 폐루프시스템의 전체 전달함수로 표현되는 이산 시간 시스템의 고유주파수와 감쇄계수, 오버슈트와 정착시간을 계산하여 에디트박스에 출력하는 MFC 프로그램을 작성하라. 여기서 감쇄계수의 계산식으로 식(6.19)~(6.20)을 이용한다. 또한 오버슈트의 계산식으로 식(6.2)를 이용하고, 정착시간의 계산식으로 식(6.5)를 이용한다.

13.4 비례제어 게인을 0.5, 1, 2 등으로 변화시켜가며 계단입력에 대한 응답을 저장하고, 엑셀프로그램을 이용하여 3개의 응답곡선을 동시에 그려라.

Chapter

14 모션제어 보드를 이용한 제어 실험

14.1 실험장치 개요

제어 실습을 위하여 사용되는 실험장치 구성도는 그림 14.1과 같다. 그림 14.2는 일반적인 모션제어 보드 외관을 보여준다. 모션제어 보드에서는 디지털 PID 제어 장치가 구현되어 있으며, 통신 네트워크(예: USB 시리얼통신)를 통하여 명령과 데이터를 PC와 교환한다. 보통 PC에서는 윈도즈 기반 GUI SW를 이용하여 PID 제어 게인 등을 설정하고 통신을 통해 모션제어 보드로 다운로드한다.

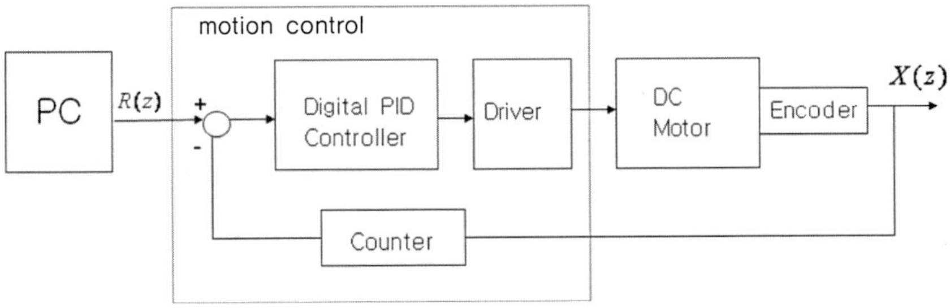

그림 14.1 모터제어 실험장치 시스템 블록도

그림 14.1에서 디지털 PID 제어기는 모션제어 보드에 내장되어 있는 제어 프로그램을 의미한다. 그리고 드라이버(driver)는 모션제어 보드에서 구현된 PWM 증폭 회로를 의미한다.

그림 14.2 모션제어 보드

그림 14.3은 모션제어 보드와 DC 서보모터로 구성된 모터제어 실험장비의 한 예를 보여준다. 이 실험장비는 DC 서보모터, 모션제어 보드, 24V SMPS로 구성된다. 사용된 DC 서보모터는 12.2절의 그림 12.2에서 보여준 Faulhaber사의 2232 024SR이다. 그림 14.4는 모션제어 보드를 위한 GUI 화면을 보여준다.

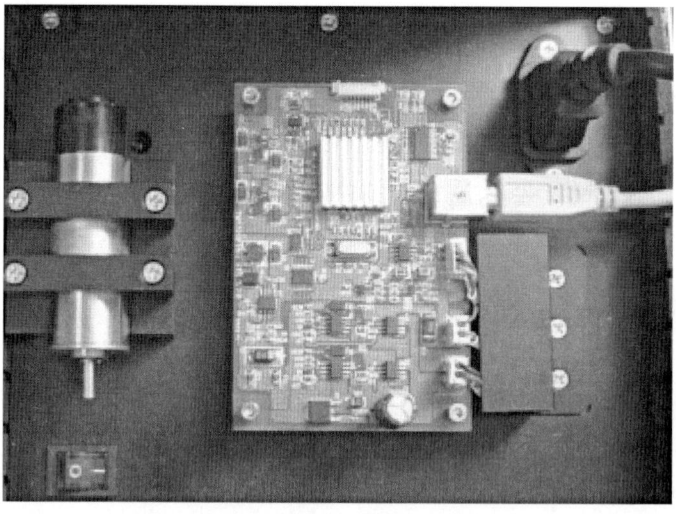

그림 14.3 UCMC 모션제어 장치 외관

그림 14.4는 UCMC_EducationKit의 GUI 화면을 보여준다. 이 장에서는 이러한 모션제어 보드를 사용하여 DC 서보모터 제어 실습을 한 예를 소개한다.

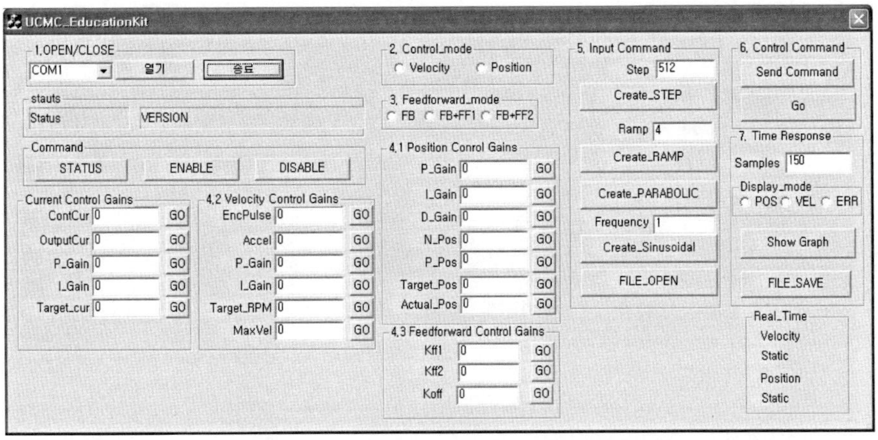

그림 14.4 모션제어 보드를 위한 GUI 화면

14.2 시스템 초기화

실습을 위해 먼저 다음과 같은 과정으로 시스템을 PC와 연결하고, 통신을 위한 초기 설정을 한다.

(1) 시스템에 전원을 연결하고, USB 시리얼 통신 케이블을 PC와 연결한다.

(2) 시스템 전원 스위치를 ON한다.

(3) 제어판의 장치관리자를 통해 COM포트 번호(예 : COM4)를 확인한다.

(4) 그림 14.4에서 “1. OPEN/CLOSE”의 콤보박스에서 “COM4”를 선택한 수 “열기” 버튼을 누른다. 정상적으로 통신이 이루어지면 그림 14.5와 같이 status 창에 버전이 표시되고, 이미 제어보드에 저장되어 있는 제어게인들(P_Gain:"7168" 등)이 에디트박스에 표시된다.

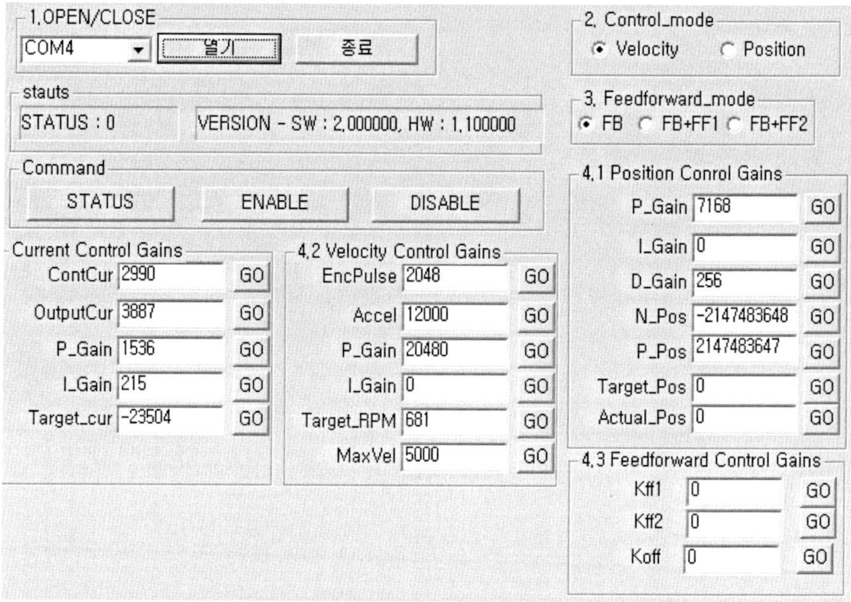

그림 14.5 모션제어 보드의 통신 초기화 설정화면

14.3 제어실험 진행방법

12.4절에서 비례제어 게인이 1일 때(Kp=1), 시간 응답을 시뮬레이션해 본 바 있다. 이번에는 같은 조건으로 실험을 하여본다. 제어실습은 다음과 같은 단계로 진행한다.

(1) 제어모드 설정

모션제어 프로그램에서 다음과 같이 제어모드를 설정한다.

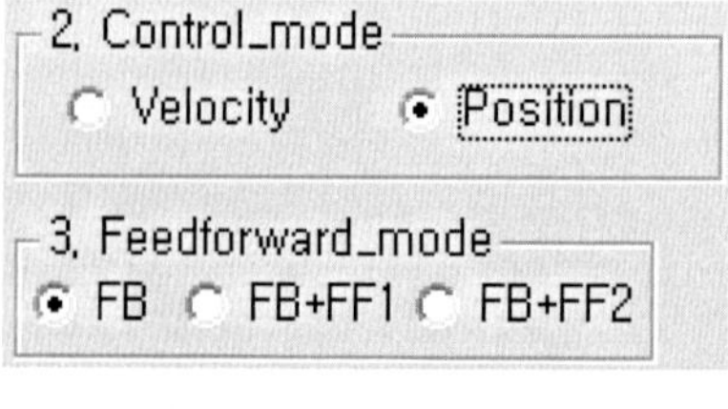

그림 14.6 모션제어 보드의 제어모드 설정화면

(2) 제어게인 설정

위치제어기의 비례제어 게인(Kp)을 1로 설정하기 위해 그림 14.7과 같이 P_GAIN의 에디트박스에 1024를 입력하고, "GO" 버튼을 누른다. 그러면, 시리얼 통신을 통해 1024 값이 모션 제어기로 보내지며, 모션 제어기에서는 이 값을 1024로 나누어 비례제어 게인을 설정한다. 따라서 P_GAIN값 1024는 Kp=1을 의미한다.

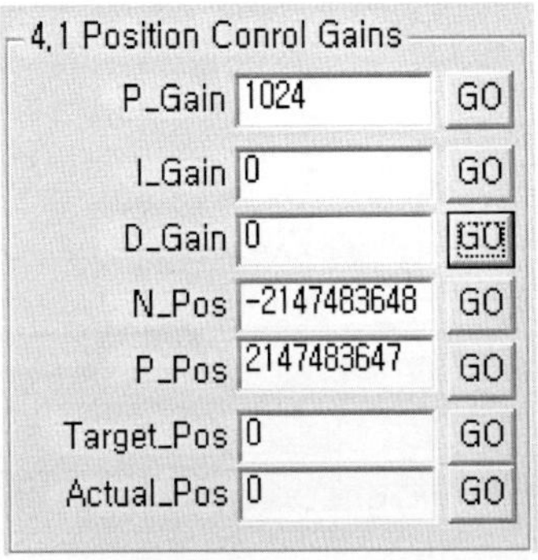

그림 14.7 위치제어기 비례제어 게인 설정화면

(3) 기준입력 설정

기준입력은 그림 14.8과 같이 "Step"의 에디트박스에 512를 입력하고, "Create_STEP"을 누르면 값이 계단입력 데이터가 UCMC 제어기로 보내진다. 여기서 계단입력의 크기는 "Step"의 에디트박스를 통해 지정한다.

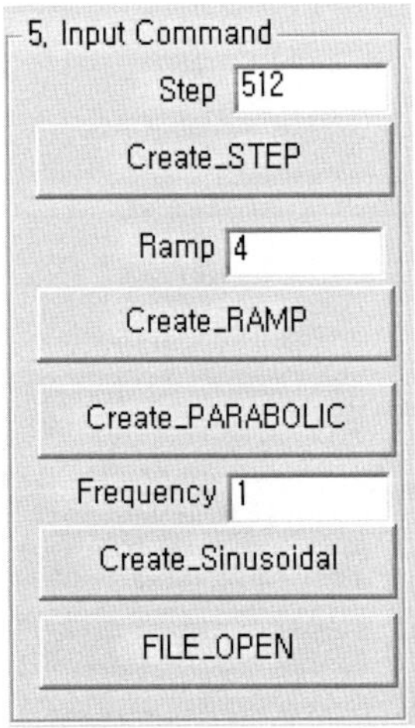

그림 14.8 기준입력 명령 설정화면

(4) 제어명령

그림 14.9와 같이 "Go" 버튼을 누르면, 1500개의 샘플링 시간동안 제어가 실행되고, 제어되는 동안 1500개의 시스템 출력값이 버퍼에 저장된다. 제어가 끝나면, 저장된 버퍼 데이터들은 다시 통신을 통해 PC에 업로드된다. 통신이 완료되면, 그림 14.10과 같이 시스템 출력을 그래픽 화면에 표시한다.

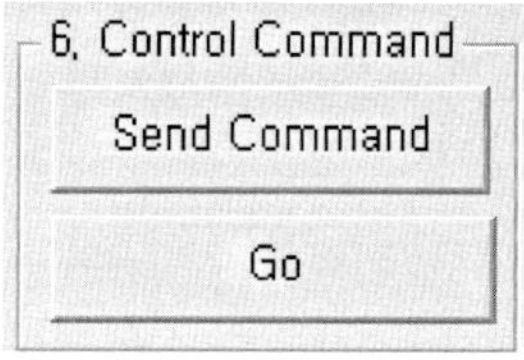

그림 14.9 제어 명령 설정화면

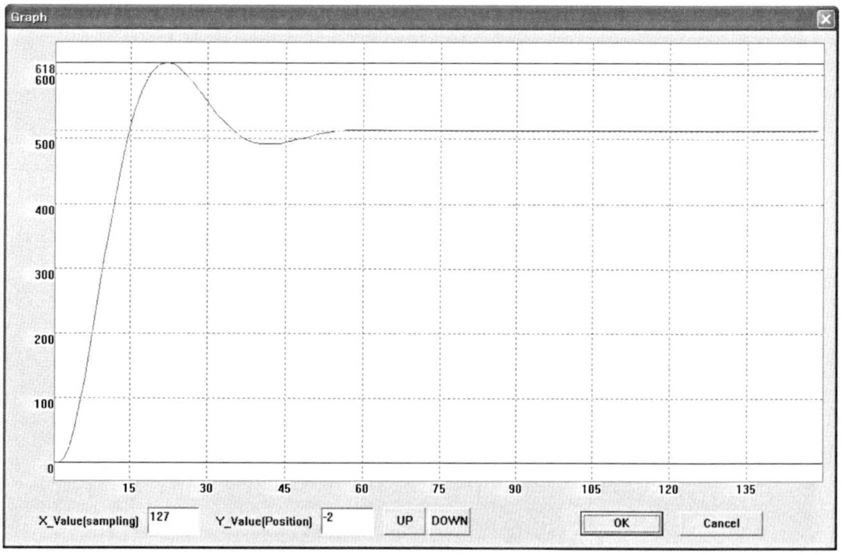

그림 14.10 계단입력 응답 실험결과(Kp=1)

(5) 결과화면 표시

그림 14.11에서 화면에 도시될 데이터 개수를 지정할 수 있다. 만약 150개의 데이터를 그리고 싶으면, 그림 14.11에서 "Samples"의 에디트박스에 150을 입력한다. 제어 결과는 3가지 디스플레이 모드로 도시할 수 있다. 위치값을 그리려면, 그림 14.11과 같이 "POS" 래디오버튼을 클릭한다. 속도값을 그리려면, "VEL" 래디오버튼을 클릭하고, 기준입력과 시스템 출력과의 차이, 즉 오차값을 그리려면

"ERR" 래디오 버튼을 클릭한다. 그림 14.12는 그림 14.11에서 "ERR"을 선택하여 오차 결과를 도시한 그래픽 화면이다.

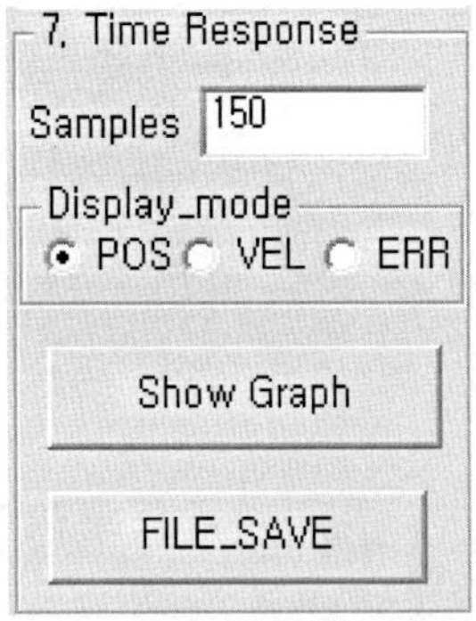

그림 14.11 결과 화면 그래픽 설정화면

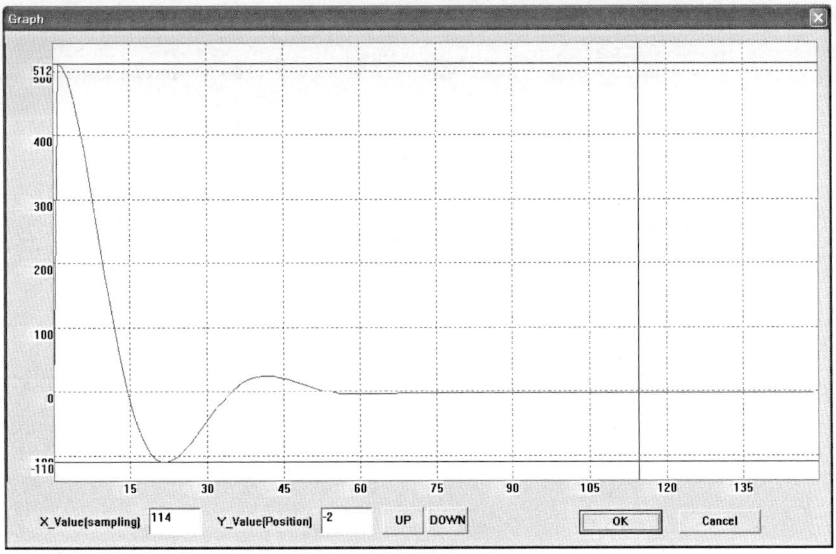

그림 14.12 결과 화면 그래픽 설정화면

(6) 결과 분석

그림 14.12는 결과 화면에 마우스를 놓고, 왼쪽 버튼을 클릭하며 움직일 때 그래픽 하단에 결과데이터를 에디트박스를 통해 출력하는 것을 보여준다. "UP" 버튼과 "DOWM" 버튼을 이용하여 데이터를 살펴볼 수 있다.

(7) 결과 저장

그림 14.11에서 "FILE_SAVE" 버튼을 누르면 실험결과가 파일로 저장된다. 그림 14.13은 "FILE_SAVE" 버튼을 눌렀을 때 나오는 팝업창을 보여준다. 데이터 파일은 텍스트 파일로 저장되며, 이를 엑셀프로그램을 통해 읽어 들여 시뮬레이션 데이터와 비교할 수 있다.

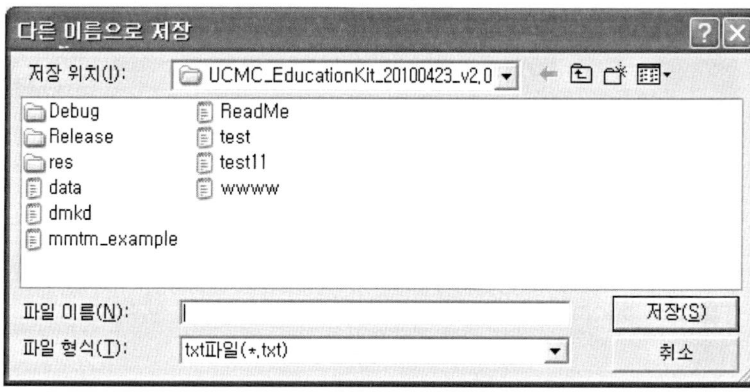

그림 14.13 결과 저장 화면

14.4 PID 제어효과 실험

14.4.1 비례제어 효과

이번에는 P 제어 게인을 변화시켜 제어실험을 하여 본다. 그림 14.14와 같이 "P_GAIN" 에디트박스에 2048를 입력하고, "GO" 버튼을 클릭하면, 이제 비례제어 게인(Kp)은 2가 된다. 14.3절에서 설명한 과정을 통해 제어실험을 반복한다.

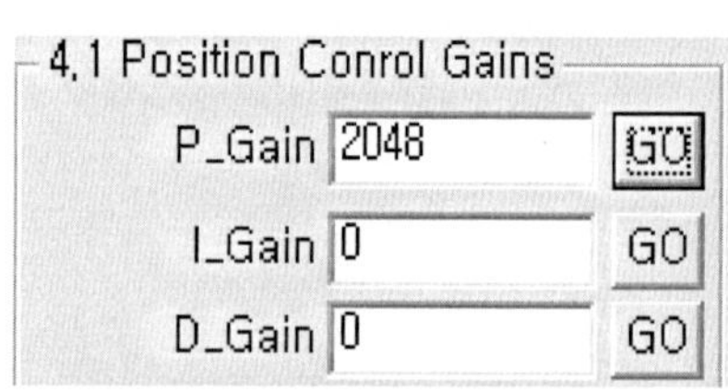

그림 14.14 비례제어 게인 설정화면

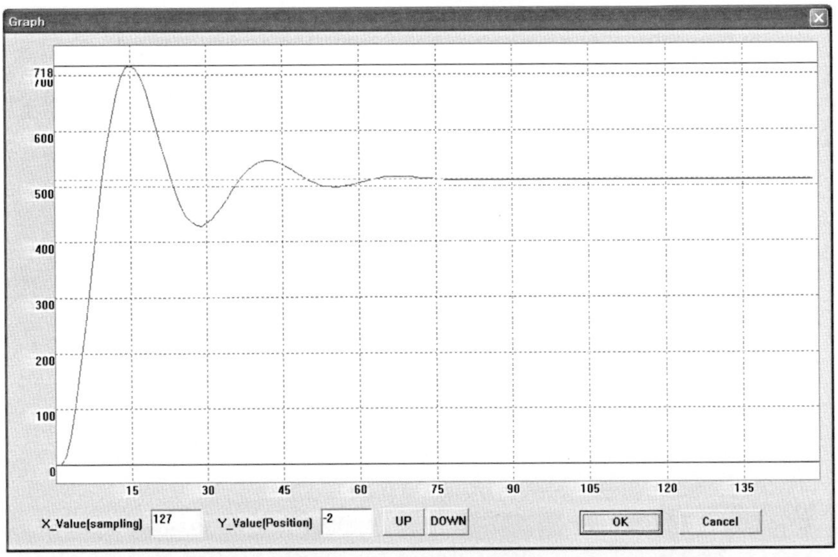

그림 14.15 비례제어 게인이 2일 때의 계단입력 응답 실험결과

그림 14.15는 Kp=2일 때, 계단 응답 곡선을 보여준다. 비례제어 게인을 2배로 증가시킨 결과, 시스템의 출력은 좀 더 불안정해지고, 오버슈트가 커짐을 알 수 있다. 이 결과는 그림 13.15의 시뮬레이션 결과와 비교할 때 유사한 응답을 보여주고 있다.

14.4.2 미분제어 효과

이번에는 D제어 게인을 변화시켜 실험해 본다. 그림 14.16과 같이 "D_GAIN" 에디트박스에 10240를 입력하고, "GO" 버튼을 클릭하면, 이제 미분제어 게인(Kd)은 10이 된다. 14.3절에서 설명한 과정을 통해 제어실험을 반복한다.

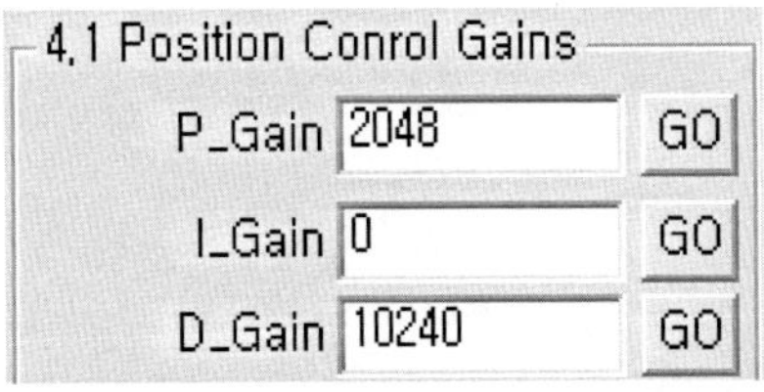

그림 14.16 미분제어 게인 설정화면

그림 14.17은 Kd=10일 때, 계단 응답 곡선을 보여준다. 미분제어를 추가한 결과, 시스템의 출력이 안정해지고, 오버슈트가 없어짐을 알 수 있다. 이 결과는 그

림 13.19의 시뮬레이션 결과와 비교할 때, 유사한 응답을 보여주고 있다.

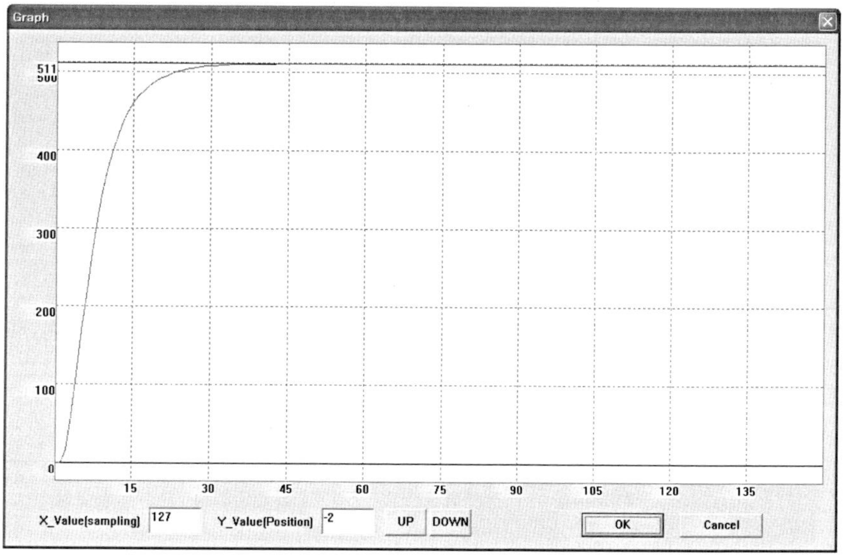

그림 14.17 미분제어 게인이 10일 때의 계단입력 응답 실험결과

14.4.3 적분제어 효과

그림 14.14과 같이 비례제어 게인을 2로 설정하고, 미분제어 게인을 10으로 설정한 상태에서 경사입력에 대한 응답을 실험으로 알아본다. 경사입력 기준곡선은 그림 14.18과 같이 라디오버튼과 에디트박스를 통해 선택한다.

그림 14.18과 같이 "Ramp"에 10을 입력하고, "Create_RAMP" 버튼을 누르면, 경사도 10을 갖는 경사입력이 기준입력이 된다. "GO" 버튼을 누르면, 그림 14.19과 같이 그래픽 화면에 경사입력에 대한 제어실험 결과가 도시된다.

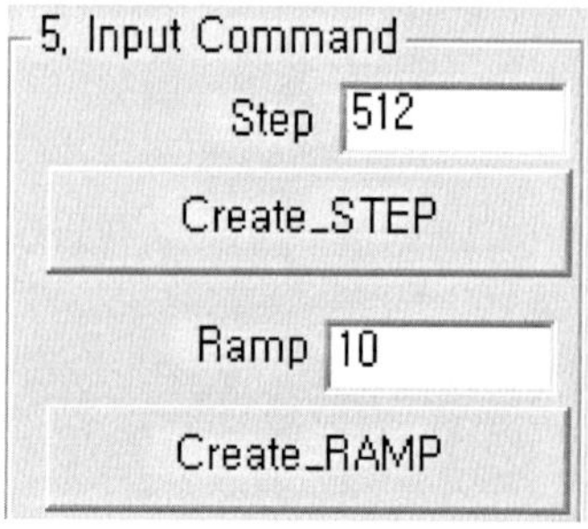

그림 14.18 모션제어 보드에서 기준입력 설정화면

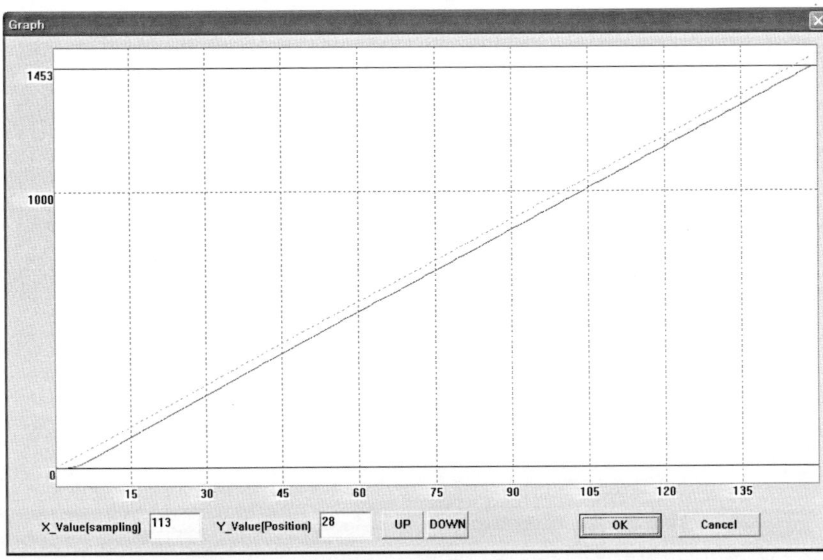

그림 14.19 경사입력에 대한 시스템 응답 실험결과

그림 14.20은 그림 14.11의 그래픽 설정화면에서 래디오버튼을 "ERR"로 선택할 때 결과화면이다. 이를 통해 PD 제어기는 경사입력에 대해 정상사태오차를 갖는다는 것 실험으로 확인할 수 있다. 이 결과는 그림 13.22의 시뮬레이션 결과와 비교할 때 유사한 응답을 보여주고 있다.

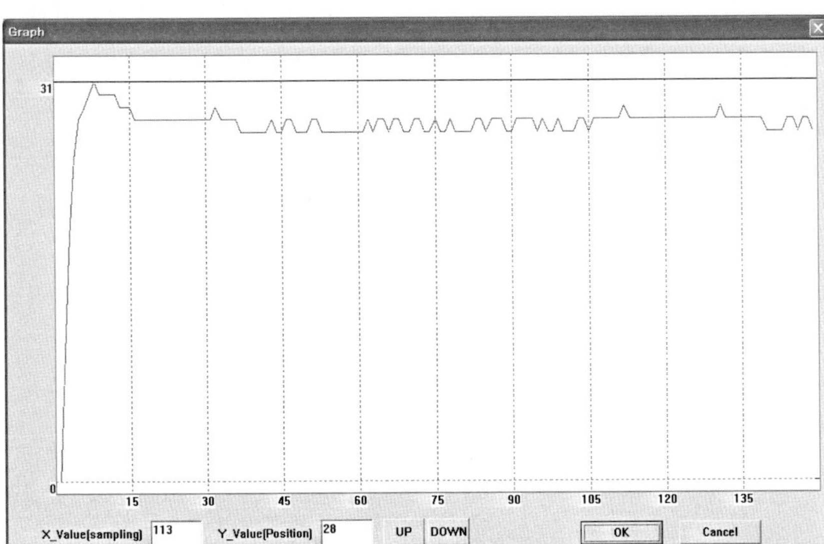

그림 14.20 경사입력에 시스템 오차 실험결과

이번에는 적분 제어기를 추가했을 때 결과를 알아보자. 그림 14.21과 같이 "I_GAIN" 에디트박스에 82를 입력하고, "GO" 버튼을 클릭하면, 이제 미분제어 게인(Ki)은 0.08이 된다. 14.3절에서 설명한 과정을 통해 제어실험을 반복한다.

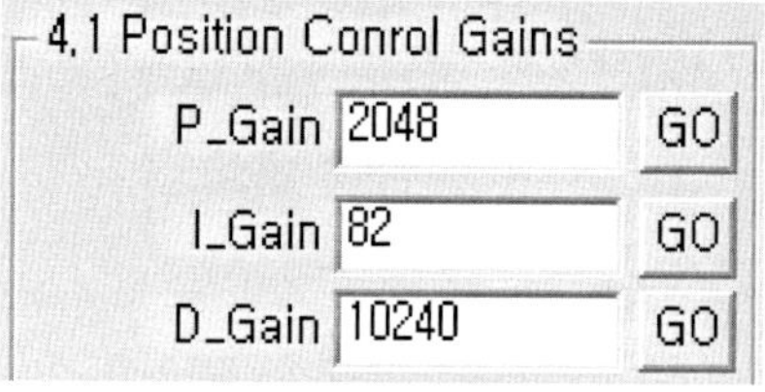

그림 14.21 적분 제어게인 설정화면

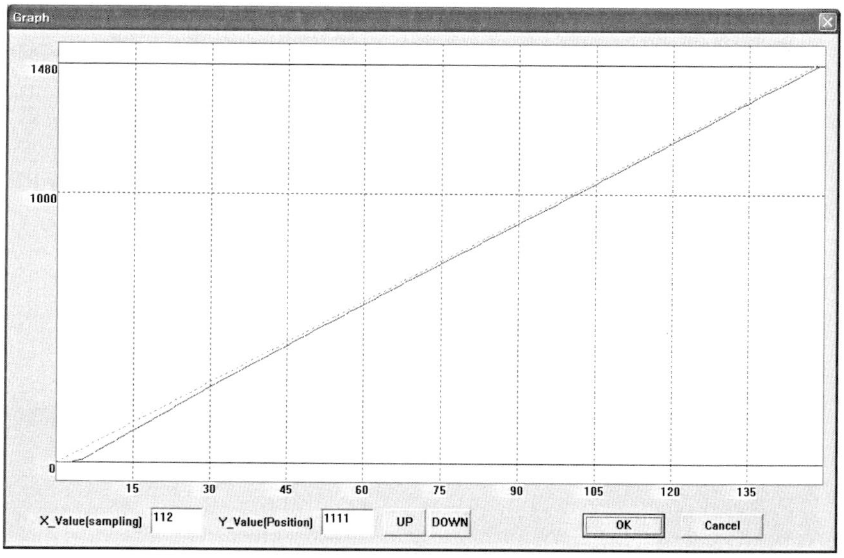

그림 14.22 경사입력에 대한 적분 제어기의 시스템 응답 실험결과

그림 14.22는 적분제어 게인을 추가했을 때, 경사입력에 대한 제어실험결과를 보여준다. 그림 14.23은 그림 14.11의 그래픽 설정화면에서 래디오버튼을 "ERR"로 선택할 때 결과화면이다. 이를 통해 적분 제어기의 추가로 경사입력에 대해 정상사태 오차는 0이 되는 것을 알 수 있다. 이 결과는 그림 13.25의 시뮬레이션 결과와 비교할 때 유사한 응답을 보여주고 있다. 정상상태 오차분석에 대한 상세 내용은 7장을 참조하라.

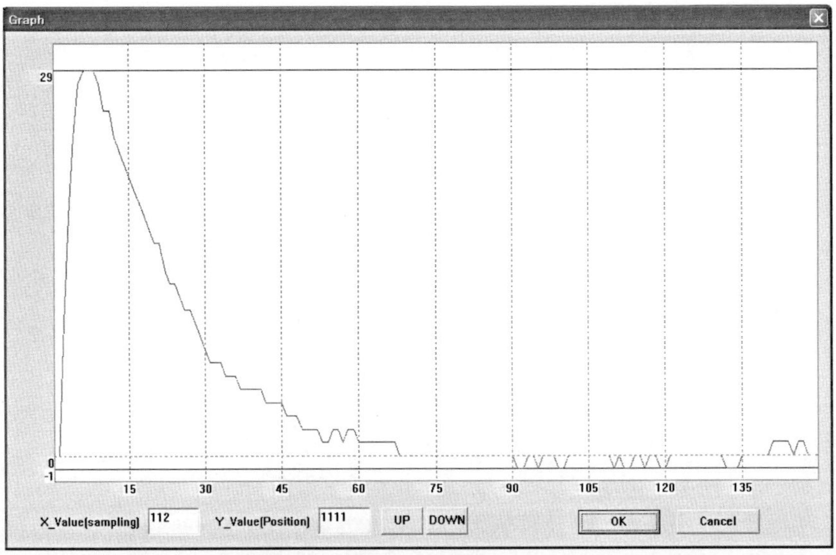

그림 14.23 경사입력에 대한 적분 제어기의 시스템 오차 실험결과

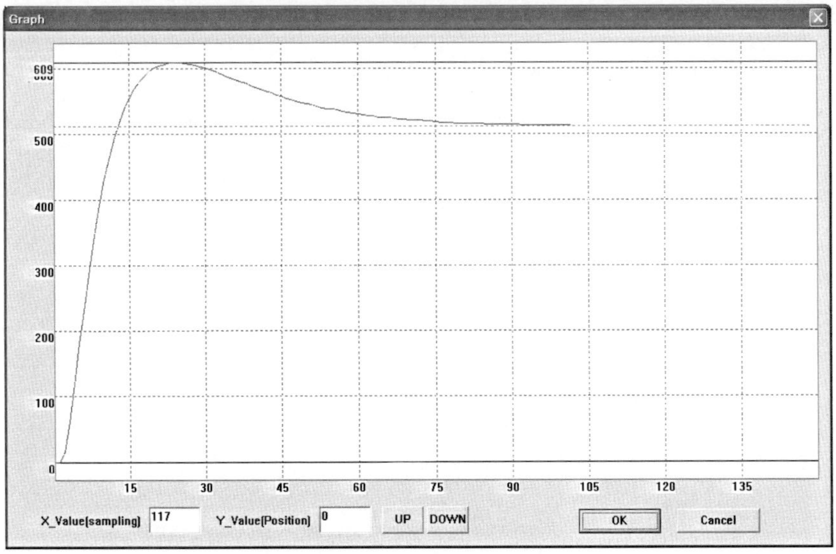

그림 14.24 적분 제어기(Ki=0.08)가 포함된 제어시스템의 계단입력 응답 실험결과

그림 14.24은 그림 14.21과 같이 PID 제어 게인이 설정되었을 때, 계단입력에 대한 시스템 응답을 보여준다. 그림 14.17의 결과와 비교해 볼 때 적분 제어기의 추가로 오버슈트가 발생하고, 상대적 안정도가 나빠지는 것을 알 수 있다. 이 결과는 그림 13.26의 시뮬레이션 결과와 비교할 때, 유사한 응답을 보여주고 있다.

14.5 피드포워드 제어 실험

14.5.1 피드포워드 게인 설정

MotorControl은 식(9.31)~(9.34)의 계산식을 이용하여 피드포워드제어 게인을 계산한다. 그림 12.28은 그림 12.7에서 "플랜트 모델링" 버튼을 눌렀을 때 결과화면이다. 이 게인들은 주어진 모터의 디지털 모델 파라미터(a1, a2, b1, b2)와 제어보드의 파라미터(증폭기게인, 엔코더 게인)들을 고려하여 계산된 값들이다.

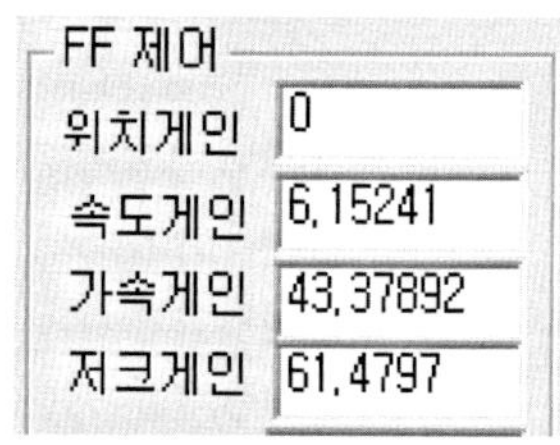

그림 12.28 피드포워드제어 게인 계산화면

모션제어 보드에서는 내부적으로 PC에서 지정한 피드포워드 값에 128의 스케일 팩터로 나누어 피드포워드 게인을 계산한다. 따라서 제어보드 설정 GUI 프로그램에서는 그림 14.25와 같이 그림 12.28에서 계산된 피드포워드 게인값에 128을 곱해 정수화한 값들을 설정한다.

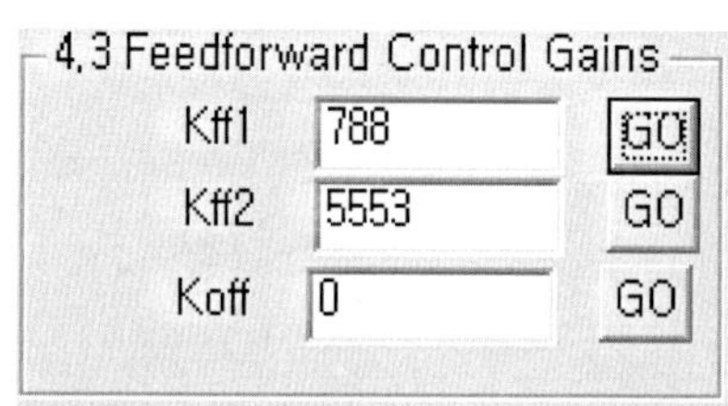

그림 14.25 피드포워드제어 게인 설정화면

14.5.2 1차 피드포워드 제어 실험

먼저 1차 피드포워드 제어만을 적용해 본다. 그림 14.26과 같이 "Kff1" 에디트 박스에 788을 입력하여 "GO" 버튼을 누르면, 제어보드의 1차 피드포워드 제어 게인은 6.15241로 설정된다. 그림 9.7의 제어시스템에서 1차 피드포워드만을 적용했을 때, 경사입력에 대한 제어실험을 하여보자. 그림 14.6과 같이 PID 제어 게인을 설정(Kp=1, Kd=0, Ki=0)하고, 그림 14.26과 같이 "Kff1"의 에디트박스에 788을 입력한 "GO" 버튼을 누른다. "Kff2"의 에디트박스에 0을 입력한 "GO" 버튼을 누른다.

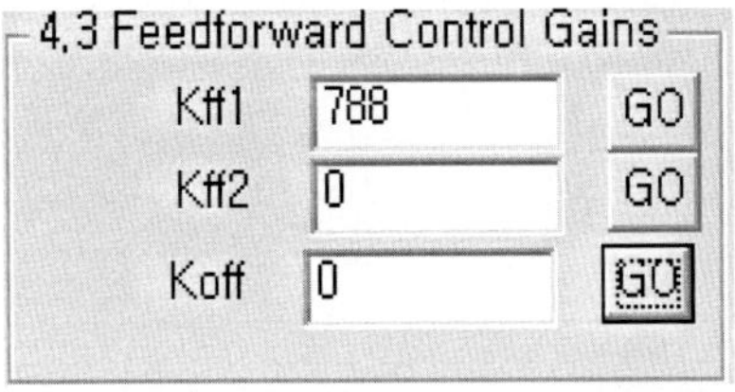

그림 14.26 1차 피드포워드 게인 설정화면

그림 14.27은 1차 피드포워드제어(속도보상)를 적용했을 때, 경사입력에 대한 시스템 응답 실험결과를 보여준다.

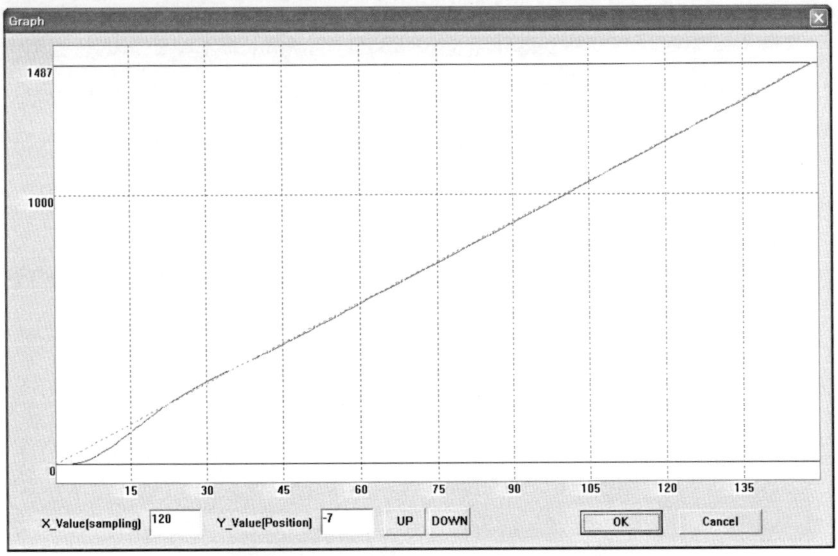

그림 14.27 1차 피드포워드 제어(Kff1=6.15241)를 적용했을 때 경사입력 응답곡선

그림 14.28은 그림 14.11의 Display_mode에서 래디오버튼을 "오차"로 선택할 때 결과화면이다. 이 오차결과 화면에서 알 수 있듯이 1차 피드포워드 제어효과로 인해 경사입력에 대한 정상상태 오차가 감소한다.

그림 14.28에서 경사입력에 대한 정상상태 오차가 완전히 0이 아닌 -6임을 알 수 있다. 이는 이론적인 모델링과 실제 모델과의 차이로 인한 것으로 추정된다. 그

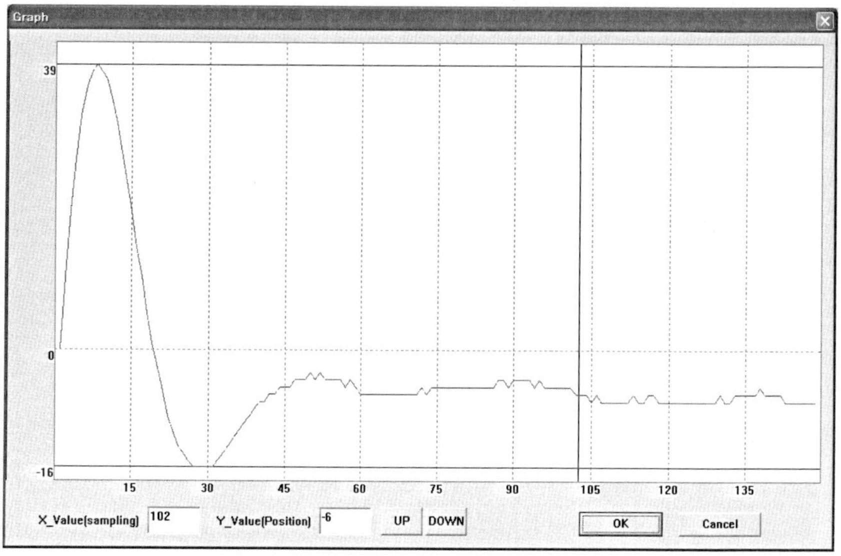

그림 14.28　1차 피드포워드 제어(Kff1=6.152)를 적용했을 때 경사입력 오차곡선

림 14.29는 그림 14.26에서와 같이 "Kff1"의 에디트박스에 710을 입력하여 Kff1=5.54687로 변경한 결과, 경사입력(경사도=10)에 대한 오차곡선을 보여준다. 그림 14.28의 결과와 비교할 때, 경사입력에 대한 정상상태 오차가 0에 접근하는 것을 확인할 수 있다.

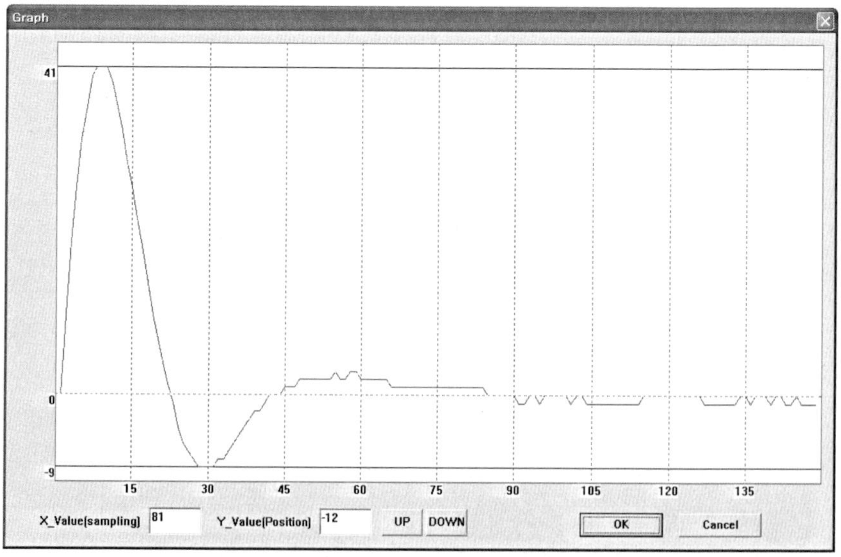

그림 14.29　1차 피드포워드 제어(Kff1=5.547)를 적용했을 때 경사입력 오차곡선

문제는 경사도를 달리하면, 다시 정상상태 오차가 발생하는 데, 표 14.1은 경사입력의 경사도에 따른 1차 피드포워드 게인을 실험을 통해(정상상태 오차가 0이 되도록 조정)으로 찾은 결과를 정리한 표이다. 이 표에서 uff1은 경사입력의 경사도와 kff1을 곱한 값이다. 즉 uff1은 1차 피드포워드 제어기의 제어입력이 된다. 경사도와 uff1을 기준으로 회귀분석한 결과, Kff1=5.96768, offset= -6.591을 얻을 수 있다.

표 14.1 경사도에 따른 1차 피드포워드 게인

경사도	Kff1	uff1
10	5.54688	55.46875
20	5.62500	112.50000
30	5.70313	171.09375
40	5.78125	231.25000
50	5.82031	291.01563
60	5.85938	351.56250
70	5.85938	410.15625
80	5.89844	471.87500
90	5.89844	530.85938
100	5.89844	589.84375
110	5.91406	650.54688

14.5.3 2차 피드포워드 제어 실험

이번에는 기준입력을 포물선곡선으로 하여 제어 실험을 하여본다. 기준입력을 포물선으로 선택하기 위해 그림 14.30과 같이 "Create_PARABOLIC" 버튼을 눌러

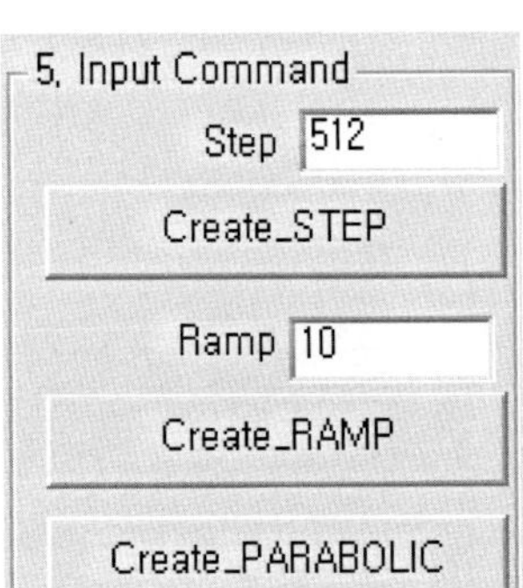

그림 14.30 모션제어 보드에서 포물선입력 설정화면

1500개의 경사입력 데이터를 생성한 후, 시리얼 통신을 통해 모션제어기로 데이터를 다운로드한다. 그림 12.31은 그림 14.6과 같이 비례제어기(Kp=1)만을 사용했을 때, 포물선입력에 대한 시스템응답을 보여준다.

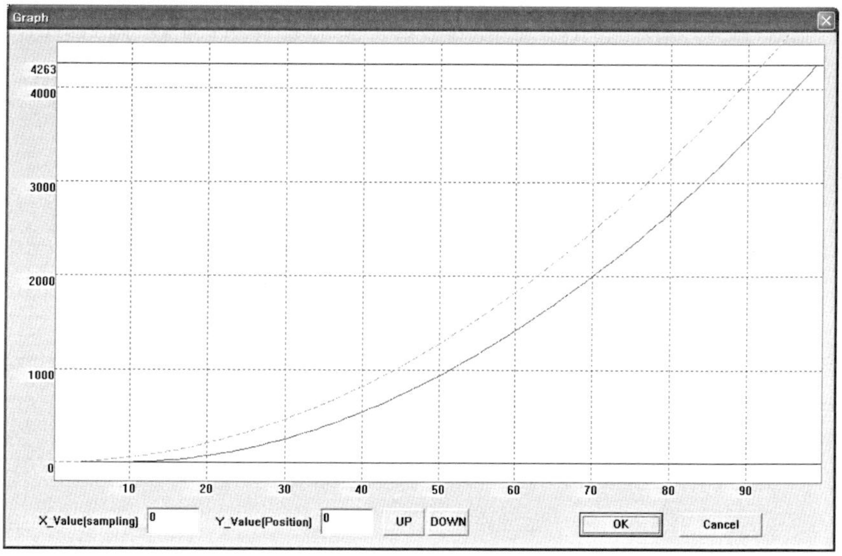

그림 14.31 비례제어기(Kp=1)의 포물선입력에 대한 응답곡선

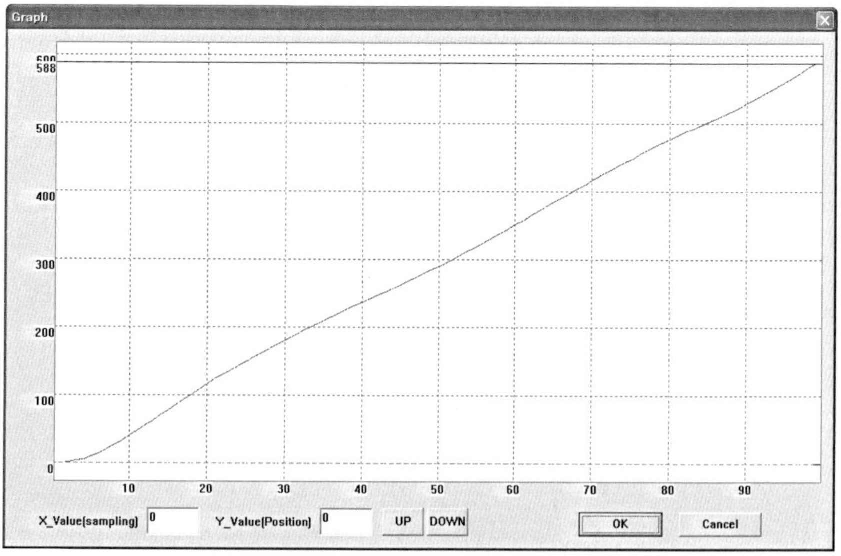

그림 14.32 비례제어기(Kp=1)의 포물선입력에 대한 오차곡선

그림 14.32는 그림 14.31의 실험을 오차곡선으로 그린 결과이다. 그림 14.32로부터 알 수 있듯이, 포물선 곡선과 같은 2차 입력에 대해 비례제어기의 시스템 오차는 시간이 흐를수록 점점 커지는 것을 알 수 있다.

이번에는 포물선입력에 대해 그림 14.26과 같이 1차 피드포워드제어를 적용해 보자. 그림 14.33은 비례제어기(Kp=1)와 1차 피드포워드제어(Kff1=5.96768)를 적용하기 위한 제어게인 설정화면을 보여준다.

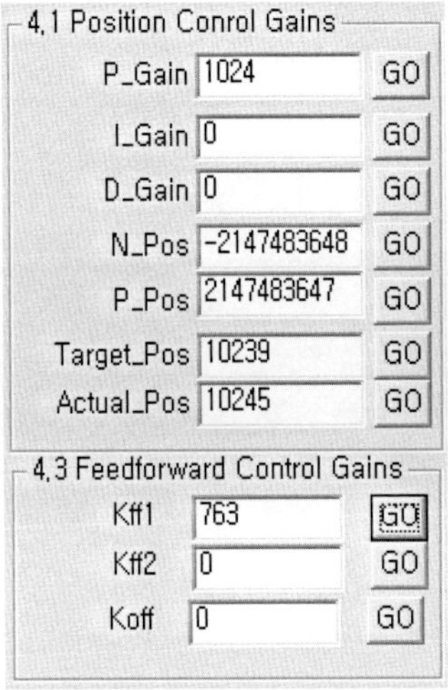

그림 14.33 비례제어기와 피드포워드제어기 게인설정

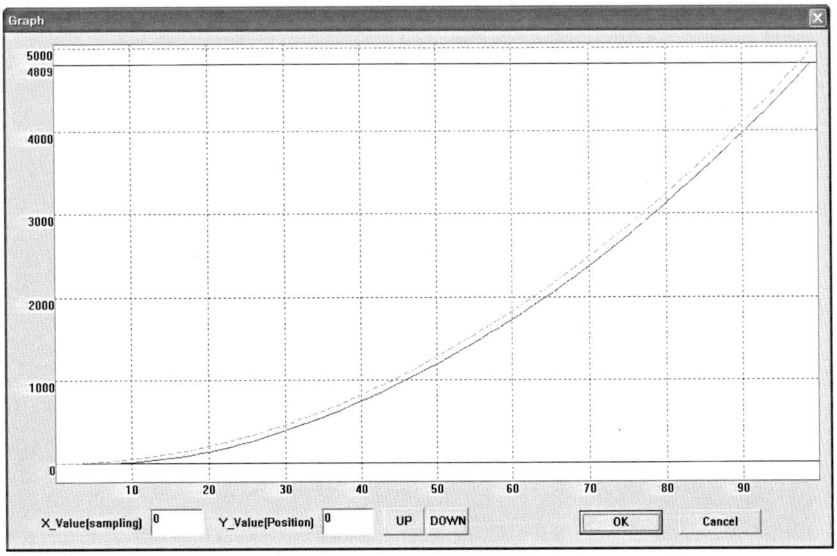

그림 14.34 비례제어기(Kp=1)와 1차 피드포워드제어기의 포물선입력에 대한 응답곡선

그리고 14.34는 이러한 조건에서 포물선입력에 대한 시스템 응답을 보여준다.

그림 14.35는 그림 14.34의 실험을 오차곡선으로 그린 결과이다. 그림 14.35로부터 알 수 있듯이 포물선 곡선과 같은 2차 입력에 대해 1차 피드포워드제어기의 효과로, 오차가 줄어들고 시스템 오차는 시간이 흘러도 증가되지 않고, 38 부근에서 고정되는 것을 알 수 있다.

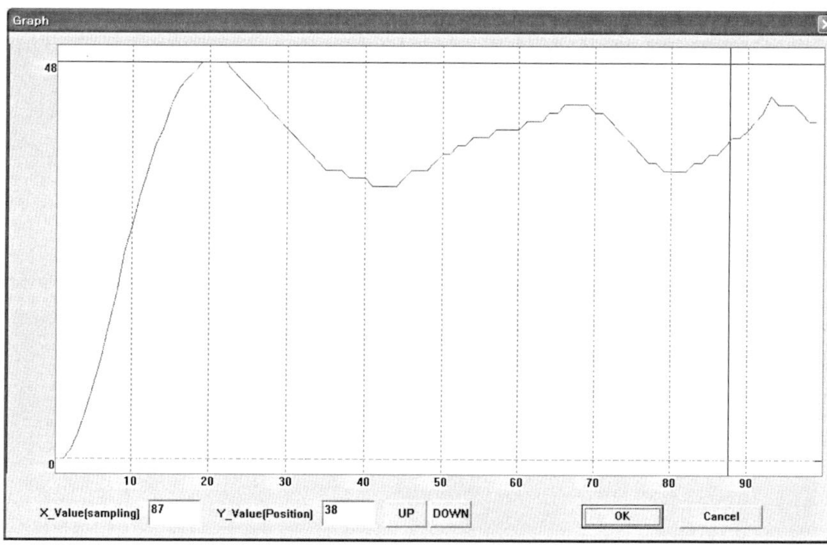

그림 14.35 비례제어기(Kp=1)와 1차 피드포워드제어기의 포물선입력에 대한 오차곡선

이번에는 포물선입력에 대해 2차 피드포워드제어를 추가해보자. 이를 위해 그림 14.36과 같이 "Kff2"의 에디트박스에 5553을 입력하고, "Go" 버튼을 누른다.

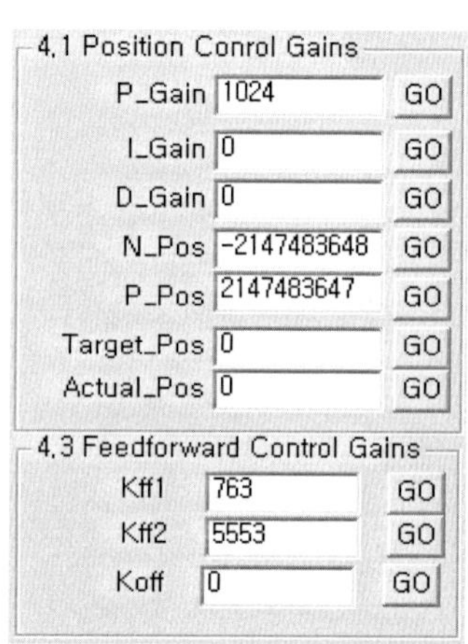

그림 14.36 비례제어기와 2차 피드포워드제어기 게인 설정

이는 UCMC 제어기 내부에서 128을 나누어 Kff2=43.37892가 된다. 이는 모터의 모델링을 통해 미리 계산되어진 값이다(12장 참조). 그림 12.37은 비례제어기(Kp=1)와 2차 피드포워드제어(Kf2=43.37892)를 적용했을 때, 포물선입력에 대한 오차곡선을 보여준다.

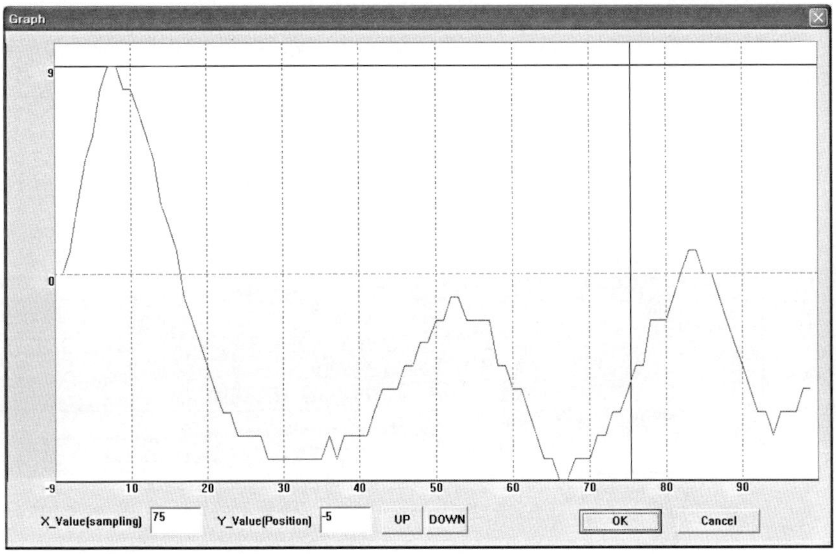

그림 14.37 2차 피드포워드 제어(kff2-43.3789)를 적용했을 때 포물선입력 오차곡선

그림 12.37에서 포물선 곡선에 대해 오차는 2차 피드포워드 제어기의 효과로 더욱 감소함을 알 수 있다. 그러나 이론적으로는 0으로 감소해야 할 오차가 대략 -5 근처에서 진동하는 것을 볼 수 있다. 이 또한 모델링 오차에서 기인하는 것으로 해석된다. 실험적으로 2차 피드포워드제어 게인을 찾은 결과 그림 14.38에서 "Kff2"의 에디트박스에 5100을 입력하고, "Go" 버튼을 누른다. 이는 UCMC 제어기 내부에서 128을 나누어 Kff2=39.84375가 된다.

그림 14.38 2차 피드포워드제어기 게인 변경

그림 14.39는 비례제어기(Kp=1)와 2차 피드포워드제어(Kf2=39.84375)를 적용했을 때, 포물선입력에 대한 오차곡선을 보여준다. 그림 14.37의 결과와 비교해 볼 때, 정상상태에서 오차의 편차가 0에 가까워짐을 알 수 있다.

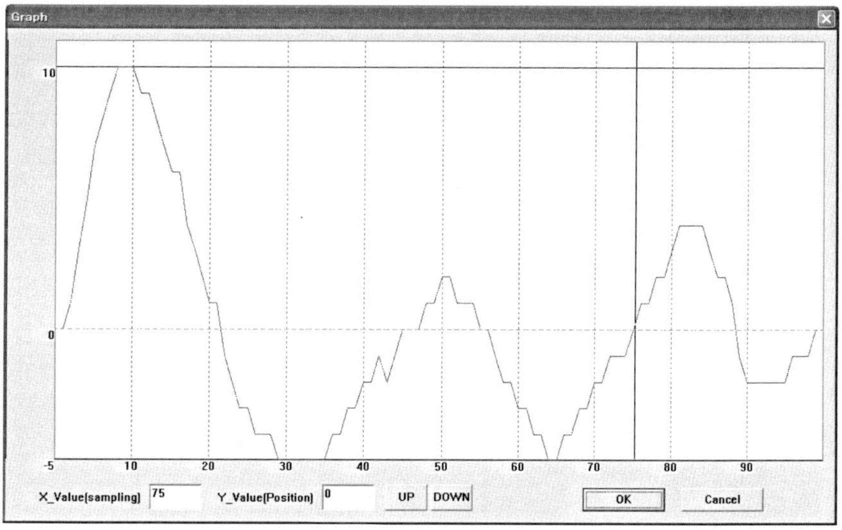

그림 14.39 2차 피드포워드 제어(kff2=39.84375)를 적용했을 때 포물선입력 오차곡선

그림 14.40은 비교를 좀 더 명확히 하기 위해 그림 12.35의 결과와 그림 12.39의 결과 데이터를 엑셀프로그램으로 불러들여 같은 스케일로 그려본 그림이다. 파란 곡선이 1차 피드포워드 제어만 적용했을 때 오차곡선이고, 붉은 곡선이 2차 피드포워드 제어가 추가된 경우 오차곡선이다.

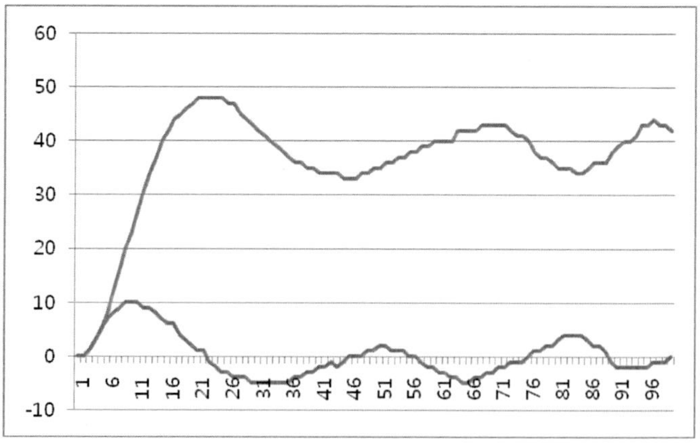

그림 14.40 1차 피드포워드와 2차 피드포워드 제어기의 포물선입력 오차비교

14.5.4 사인함수 추종제어 실험

이번에는 기준입력을 삼각함수 곡선으로 하여 제어 실험을 하여본다. 기준입력을 사인함수 곡선으로 선택하기 위해 그림 14.41과 같이 설정한 후 "Create_Sinusoidal" 버튼을 눌러 1500개의 삼각함수 입력 데이터를 생성한 후, 시리얼 통신을 통해 UCMC 제어기로 데이터를 다운로드한다.

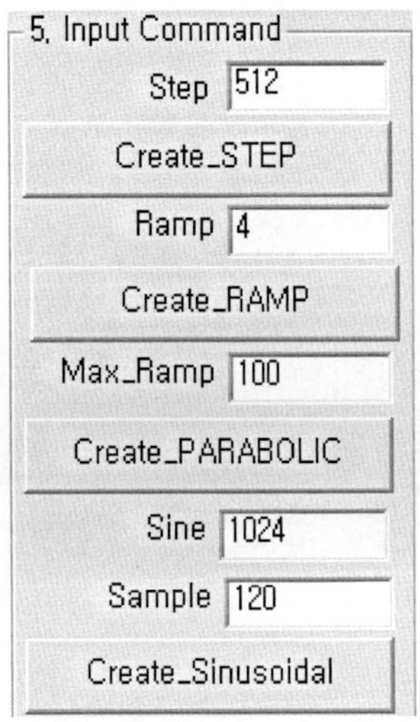

그림 14.41 삼각함수 곡선 기준입력 설정

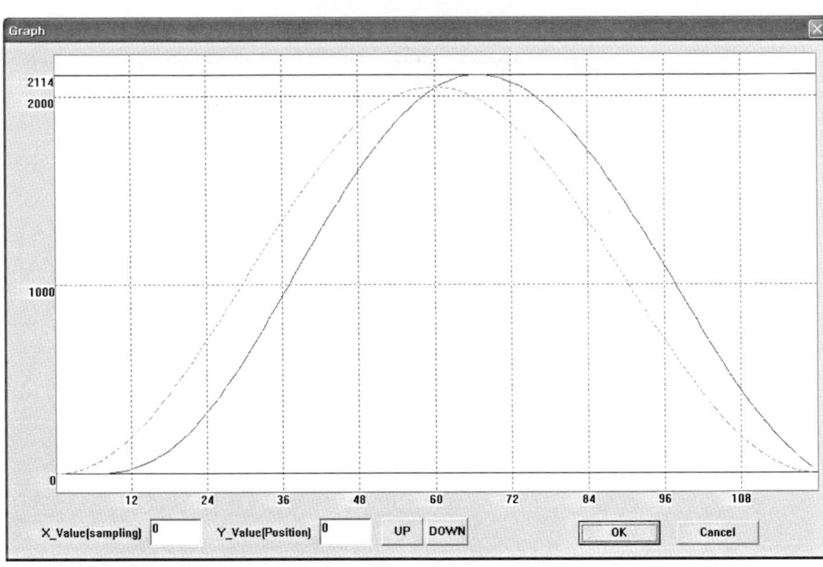

그림 14.42 비례제어기(Kp=1)를 적용했을 때 사인함수입력 응답곡선

그림 12.42는 그림 14.6과 같이 비례제어기(Kp=1)만을 사용했을 때, 사인함수 입력에 대한 시스템응답을 보여준다.

그림 14.43은 그림 14.11에서 “ERR” 래디오버튼을 클릭하여 “Show Graph” 버튼을 클릭하여 그린 오차결과 화면이다. 그림 14.41과 같이 이를 오차화면으로 보면 최대 363의 위치오차가 발생함을 알 수 있다.

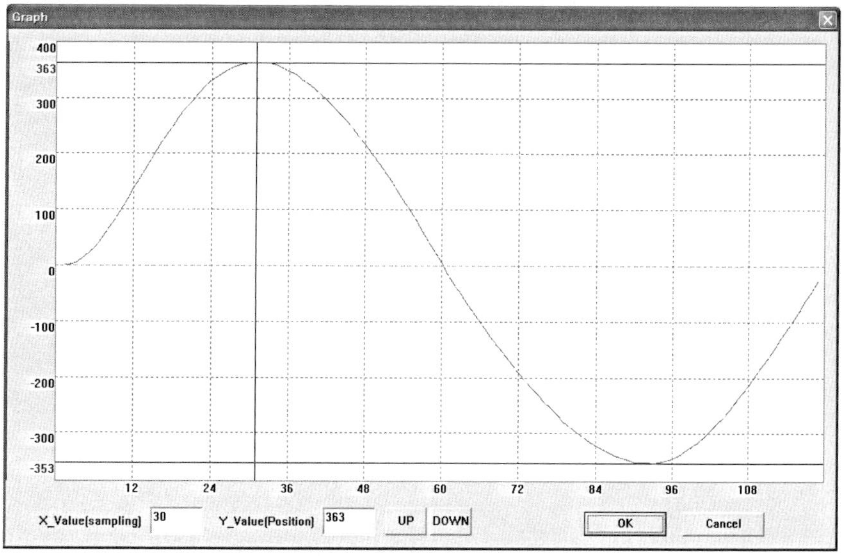

그림 14.43 비례제어기(Kp=1)를 적용했을 때 사인함수입력 오차 실험곡선

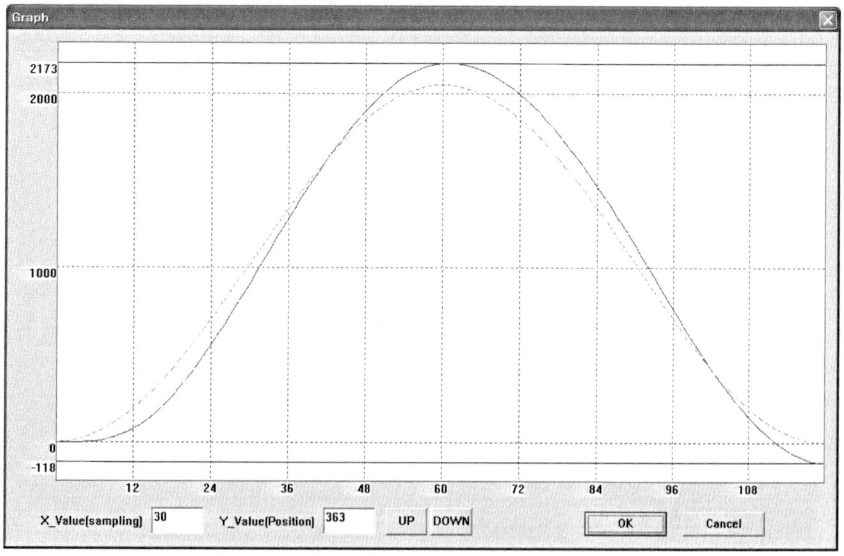

그림 14.44 1차 피드포워드제어를 적용했을 때 사인함수입력 응답 실험 곡선

이번에는 1차 피드포워드 경사입력을 가했을 때, 사인입력에 대한 제어실험을 UCMC 제어기를 사용하여 행하여 보자. 이를 위해 그림 14.33과 같이 비례제어기(Kp=1)와 1차 피드포워드제어(Kff1=5.96768) 게인을 설정한다.

그림 14.44는 비례제어기(Kp=1)와 1차 피드포워드제어(Kff1=5.96768)를 적용했을 때, 사인입력에 대한 응답실험 결과를 보여준다.

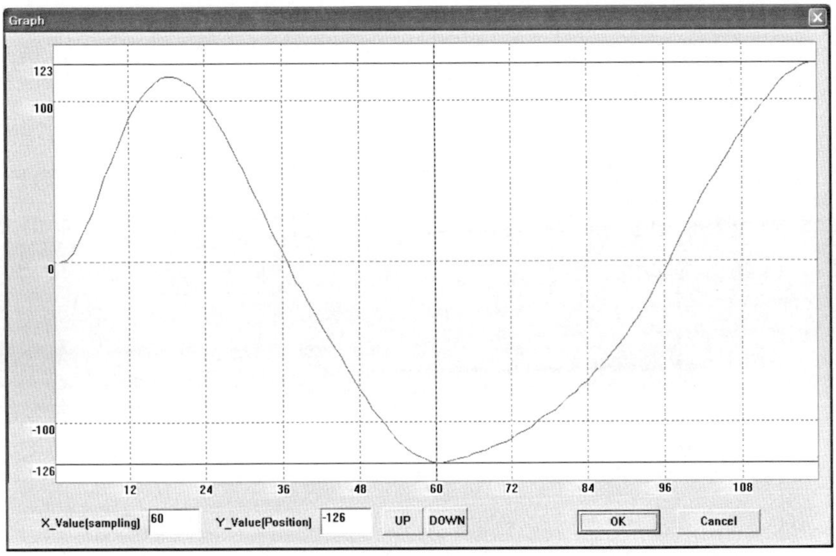

그림 14.45 1차 피드포워드제어를 적용했을 때 사인함수입력 오차 실험 곡선

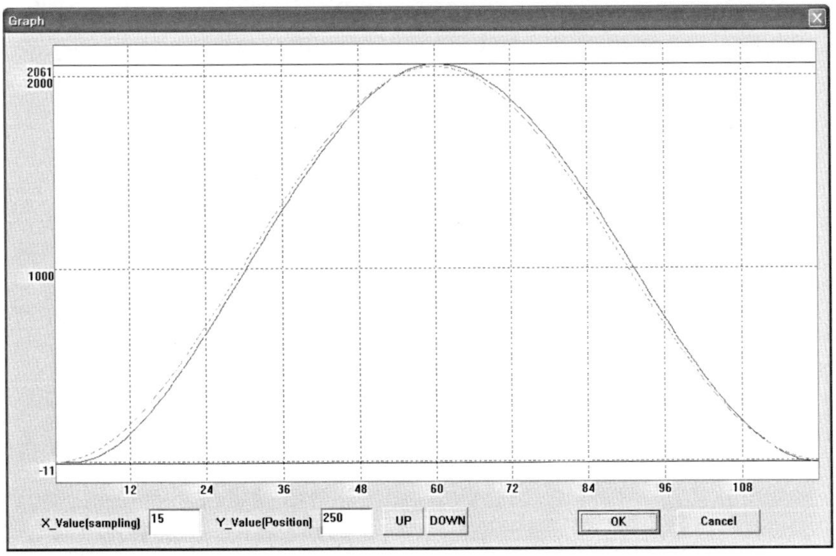

그림 14.46 2차 피드포워드제어를 적용했을 때 사인함수입력 응답 실험 곡선

그림 14.45는 그림 14.11에서 "ERR" 래디오버튼을 클릭하여 "Show Graph" 버튼을 클릭하여 그린 오차결과 화면이다. 그림 14.45를 통해 오차가 최대 126으로, 그림 14.43의 결과와 비교해 볼 때, 약 3분의 1 가량 줄어드는 것을 알 수 있다.

이번에는 2차 피드포워드 경사입력을 가했을 때, 사인 입력에 대한 제어실험을 UCMC 제어기를 사용하여 행하여 보자. 이를 위해 그림 14.38과 같이 "Kff2"의 에디트박스에 5100을 입력하고, "Go" 버튼을 누른다. 이는 UCMC 제어기 내부에서 128을 나누어, Kff2=39.84375가 된다.

그림 14.46은 비례제어기(Kp=1)와 2차 피드포워드제어(Kff2=39.84375)를 적용했을 때, 사인입력에 대한 응답실험 결과를 보여준다. 그림 14.47은 그림 14.11에서 "ERR" 래디오버튼을 클릭하여 "Show Graph" 버튼을 클릭하여 그린 오차결과 화면이다. 그림 14.47과 같이 이를 오차화면으로 보면 오차가 최대 23으로, 그림 14.45의 결과와 비교해 볼 때, 약 5분의 1 가량 줄어드는 것을 알 수 있다.

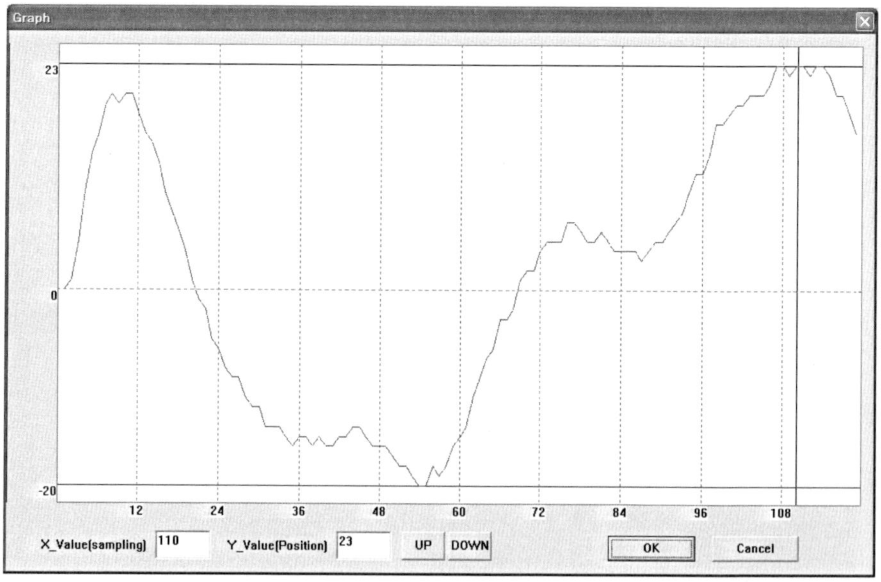

그림 14.47 2차 피드포워드제어를 적용했을 때 사인함수입력 오차 실험 곡선

그림 14.48은 비교를 좀 더 명확히 하기 위해 그림 12.43, 그림 4.45, 그림 4.47의 결과 데이터를 엑셀프로그램으로 불러들여 같은 스케일로 그려본 그림이다. 최대치가 가장 큰 곡선이 비례제어기만 적용했을 때의 오차곡선이고, 최대치가 중간인 곡선이 1차 피드포워드 제어만 적용했을 때의 오차곡선, 최대차가 가장 작은

곡선이 2차 피드포워드 제어가 추가된 경우 오차곡선이다.

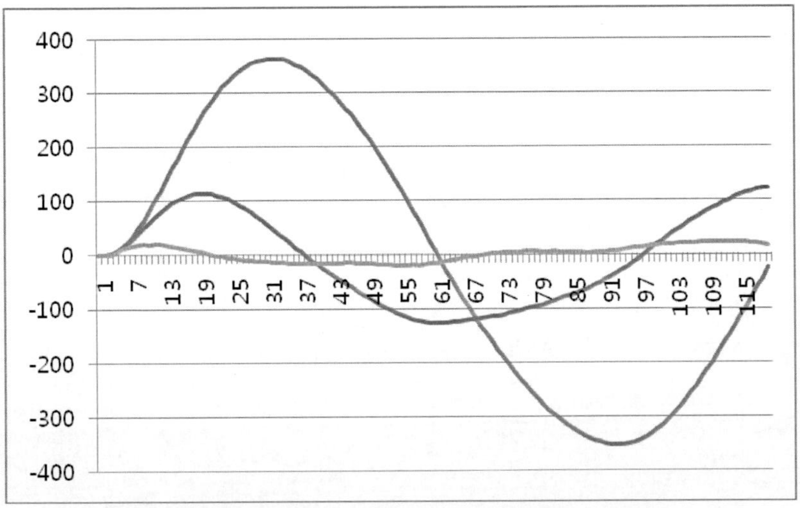

그림 14.48 1차 피드포워드와 2차 피드포워드 제어기의 사인입력 오차비교

14.6 요약

이 장에서는 실제 모션제어 보드를 사용하여 모터 제어 실험을 대상으로 하는 방법을 다루었다. 제어보드와 PC와 통신을 위해 윈도우기반 프로그램을 사용하였으며, PID 제어 게인을 여러 가지로 설정하여 PID 제어 효과를 알아보았다. 다양한 기준입력 곡선에 따른 과도응답 특성과 오차 특성도 알아보았다. 피드포워드 제어를 통해 원하는 기준 입력을 추종하는 성능변화도 실험으로 확인하였다.

연습문제

14.1 표 14.1은 경사도를 변화시켜가며, 1차 피드포워드 게인을 정상상태 오차가 0에 가깝도록 찾은 결과이다. 이 표를 직접 실험을 통해 만들어 보라.

14.2 그림 14.40을 그림 12.35의 결과와 그림 12.37의 결과 데이터를 그림 14.11의 "FILE_SAVE" 버튼을 이용하여 저장한 후, 엑셀프로그램으로 불러들여, 그려보라.

14.3 그림 14.48을 그림 12.43, 그림 4.45, 그림 4.47의 결과 데이터를 그림 14.11의 "FILE_SAVE" 버튼을 이용하여 저장한 후, 엑셀프로그램으로 불러들여, 그려보라.

Chapter

15 제어 시스템의 안정도 해석

15.1 시스템 안정도

제어 시스템에서 안정도(stability)란 그 수학적 정의에 따라 의미가 많이 복잡하지만, 이 중에서 절대 안정도(absolute stability)는 임펄스 입력(impulse input)에 대한 주어진 시스템의 출력이 시간이 무한대로 흐름에 따라 0으로 수렴(converge)하는 것을 의미한다고 우선 간단하게 이해하자. 시스템 설계 시 이 안정도가 확보되지 않으면, 시스템은 이상 작동(malfunction)을 하게 되어, 시스템을 망가뜨리게 되고, 심지어 인명 사고도 유발한다. 따라서 피드백 제어 시스템(feedback control system) 설계에 있어 가장 먼저 고려해야 할 중요한 요소이다. 연속 시간 시스템(continuous time system)의 안정도(stability)는 연속 시간 영역에서는 S-평면에서 근 궤적 방법을 사용하여 분석하는 것이 잘 알려져 있다. 이러한 연속시간 영역에서의 안정도 조건을 5장에서 했던 것처럼 S-평면에서 Z-평면으로의 극점 사상(mapping)을 통해, 이산 시스템에서 이용할 수 있다. 이 장에서는 이러한 이산 시간 제어 시스템의 안정도 해석을 Z-평면에서의 근 궤적 방법(root locus method)을 통해 설명한다. 이산 시스템의 근 궤적 방법은 펄스 전달함수를 사용한다. 그러면 먼저 연속 시간 제어 시스템의 극점이 다음과 같이 복소수로 주어질 때,

$$s = \sigma + j\omega \tag{15.1}$$

극점의 실수부분이 음수일 때($\sigma < 0$), 이 연속 시간 시스템은 안정하다. 이를 s-평면상으로 표시하면, 다음과 같다.

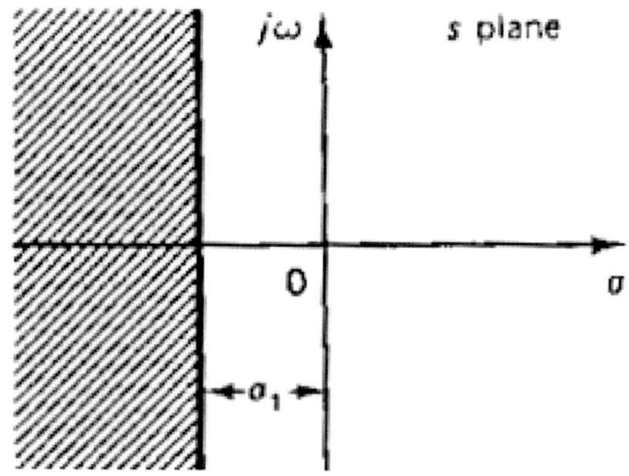

그림 15.1 s-평면상에서 왼쪽 반 평면(left half plane)

즉 연속 시간에서 폐루프 극점(closed loop poles)이 s-평면상에서 왼쪽 반 평면(left half plane)에 위치할 때 그 시스템은 안정하다는 것이, 연속 시간 제어 시스템의 안정도 이론의 핵심이다. 이제 이 이론을 s-평면에서 z-평면으로의 사상(mapping)을 통해 이산 시간 제어 시스템의 안정도 해석에 적용한다.

이산 시간 제어 시스템의 극점이 다음과 같이 복소수로 주어진다고 가정한다.

$$z = a + bj \tag{15.2}$$

그리고 $s = \sigma + j\omega$ 먼저 s-평면에서 z-평면으로의 사상(mapping) 공식은 다음과 같다.

$$z = e^{Ts} \tag{15.3}$$

따라서 식(15.3)를 이용하면, 연속 시간 폐루프 제어 시스템의 한 극점은 다음과 같이 z평면상의 한 극점으로 사상된다.

$$z = e^{T(\sigma + j\omega)} = e^{T\sigma} e^{jT\omega} \tag{15.4}$$

그리고 식(15.4)는 오일러 공식을 적용하면, 다음과 같이 다시 쓸 수 있다.

$$z = e^{T(\sigma + j\omega)} = e^{T\sigma} e^{jT\omega} = e^{T\sigma}(\cos(T\omega) + j\sin(T\omega)) \tag{15.5}$$

이 이산 시스템의 극점의 크기는 다음과 같다.

$$|z| = e^{T\sigma} \tag{15.6}$$

따라서 연속 시간 제어 시스템의 안정도 조건($\sigma < 0$)을 식(15.5)에 적용하면, 다

음과 같다.

$$|z| = e^{T\sigma} < 1 \tag{15.7}$$

즉 이산 시스템의 극점의 크기가 1보다 작을 때($|z|<1$), 이 시스템은 안정하다. 식(15.7)의 결론을 식(15.2)에 적용하면, 다음과 같은 안정도 조건식을 유도할 수 있다.

$$|z| = \sqrt{a^2 + b^2} < 1 \tag{15.8}$$

이를 z-평면상으로 표시하면, 다음과 같다.

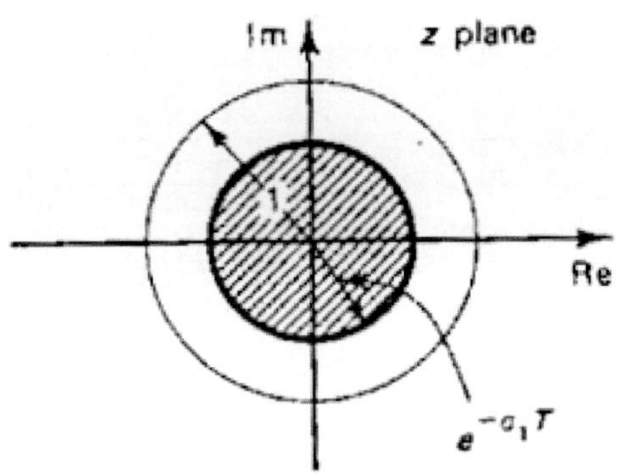

그림 15.2 z-평면상에서 단위 원(unit circle)

즉, 이산 시간에서 폐루프 제어 시스템의 극점이, z-평면상에서 단위 원 내에 위치할 때 그 이산 시스템은 안정하다는 것이 소위 단위 원 이론(unit circle theory)로 잘 알려진 이산 시스템의 안정도 이론이다. 이 이론은 S-평면에서의 절대 안정도 이론을 Z-평면으로의 사상(mapping)을 통해 이끌어 낸 것임을 알 수 있다. 이를 일반적인 폐루프 제어 시스템에 적용시켜 본다. 그림 15.3과 같은 폐루프 제어 시스템은 다음과 같은 전달 함수를 갖는다.

$$\frac{X(z)}{R(z)} = \frac{G(z)}{1 + G(z)H(z)} \tag{15.9}$$

이 시스템의 특성방정식은 다음과 같다.

$$P(z) = 1 + G(z)H(z) = 0 \tag{15.10}$$

이 특성방정식이 n개의 극점(poles)를 갖는다면, 식(15.10)은 다음과 같이 다시 쓸 수 있다.

$$P(z) = (z - z_{p1})(z - z_{p1})\cdots(z - z_{pn}) = 0 \tag{15.11}$$

따라서 이 시스템에 식(15.8)을 확장시켜 적용하면, 다음과 같은 안정도 식을 유도할 수 있다.

$$\left|z_{pi}\right| = \sqrt{a_i^2 + b_i^2} < 1 \qquad \text{for all i} \tag{15.12}$$

즉 시스템의 모든 극점들이 z-평면상에서 모두 단위 원(unit circle) 내에 있으면, 이 제어 시스템은 안정하다.

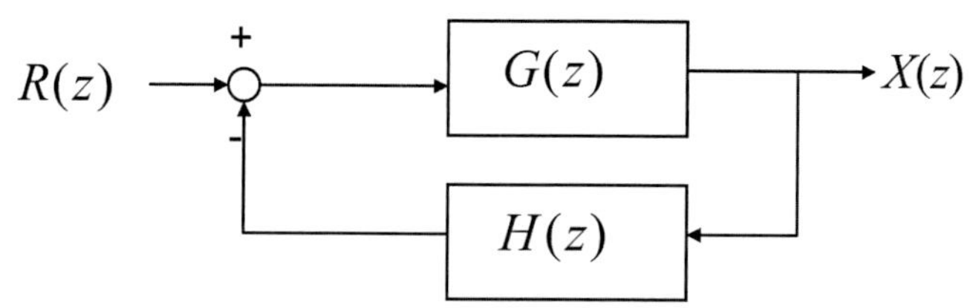

그림 15.3 **폐루프 제어 시스템**

15.2 2차 선형 폐루프시스템의 안정도 해석

이 절에서는 2차 선형 폐루프시스템의 안정도를 해석한다. 먼저 그림 6.3과 같은 모터 제어 시스템에서 모터의 펄스 전달함수와 증폭기 게인 그리고 엔코더 게인을 고려한 플랜트 모델은 다음과 같이 표현될 수 있다.

$$G_p(z) = K_a K_c \frac{b_{p1}z^{-1} + b_{p2}z^{-2}}{1 + a_{p1}z^{-1} + a_{p2}z^{-2}} \tag{15.13}$$

이 시스템의 펄스 전달함수는 식(4.14)에서 구하면 다음과 같다.

제어기 다음과 같이 비례제어기로 주어질 때,

$$G_c(z) = K_p \tag{15.14}$$

이 폐루프시스템의 블록도는 그림 15.4와 같다.

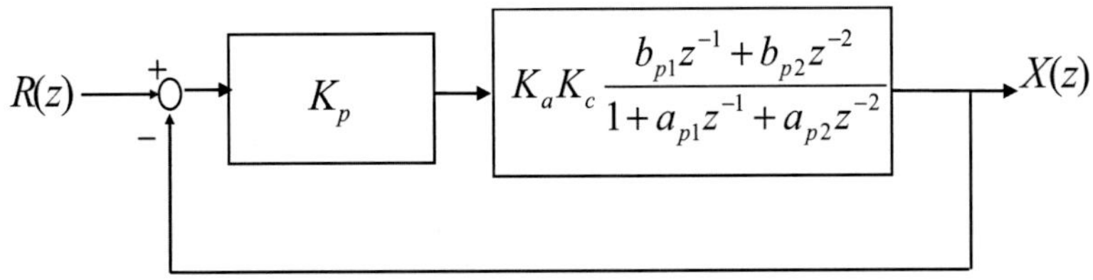

그림 15.4 폐루프시스템

이 전체 폐루프시스템의 특성방정식은 다음과 같이 2차 방정식으로 표현될 수 있다.

$$(z-1)(z-a_{p2})+K_pK_aK_cb_{p1}z+K_pK_aK_cb_{p2}=0 \tag{15.15}$$

따라서 이 특성 방정식의 근들이 복소수 평면에서 단위 원 내에 있으면, 이 시스템은 안정하다고 말할 수 있다.

예제 15.1

그림 15.4에서 모터의 플랜트 모델이 다음과 같이 주어지고,

$$\frac{\theta(z)}{V(z)}=\frac{0.002439z^{-1}+0.002308z^{-2}}{1-1.8476z^{-1}+0.8476z^{-2}} \tag{15.16}$$

증폭기 게인(K_a)과 엔코더 게인(K_c)이 다음과 같을 때,

$$K_a=24/1500, K_c=2048/(2\pi) \tag{15.17}$$

비례제어 게인을 1로 했을 때($K_P=1$), 전체 시스템의 안정도를 판별하라.

[풀이]

식(15.16)과 식(15.17)을 식(15.15)에 대입하면, 특성방정식은 다음과 같이 다시 쓸 수 있다.

$$(z-0.8476)(z-1)+0.01272z+0.01203=0 \tag{15.18}$$

식(15.15)을 전개하여 정리하면 다음과 같다.

$$z^2-1.8349z+0.8597=0 \tag{15.19}$$

따라서 식(15.19)의 방정식의 해를 통해 주어진 폐루프시스템은 다음과 같은 켤레 복소수 형태의 2개의 극점을 갖는 것을 알 수 있다.

$$z_{p1,2} = 0.9174 \pm j0.1339 \quad (15.20)$$

이제 이 극점의 안정도를 식(15.12)를 통해 판별해 본다.

$$\left| z_{p1,2} \right| = \sqrt{0.9174^2 + 0.1339^2} = 0.9271 < 1 \quad (15.21)$$

따라서 이 이산 시스템은 절대적으로 안정하다. 이제 이 시스템의 안정도를 12장에서 작성한 시스템 응답 시뮬레이션 SW을 통해 확인해 볼 수 있다.

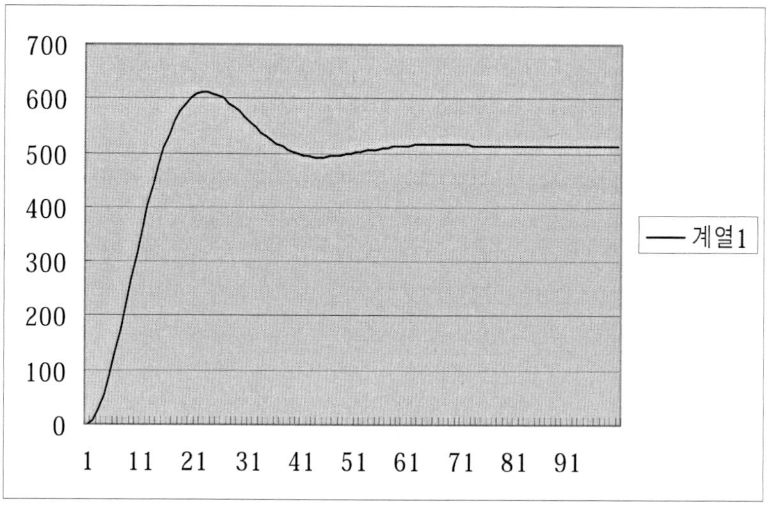

그림 15.5 Kp=1일 때의 응답곡선

이제 Kp값을 변화시켜 가면서 시스템의 절대안정도를 판별하여 본다. 이를 위해 그림 15.4와 같이 플랜트 모델이 일반적인 2차 이산 시스템으로 주어졌을 경우, 이 시스템의 극점과 극점의 크기를 계산한다.

$$z^2 + (a_1 + K_p K_c K_a b_1)z + a_1 + K_p K_c K_a b_1 \quad (15.22)$$

식(15.22)은 다음과 같이 다시 쓸 수 있다.

$$z^2 + \alpha z + \beta = 0 \quad (15.23)$$

여기서,

$$\alpha = a_1 + K_p K_c K_a b_1$$

$$\beta = a_2 + K_p K_c K_a b_2 \quad (15.24)$$

이다.

식(15.23)의 복소수 근을 다음과 같이 정의하면,

$$z_{p1,2} = a \pm jb \tag{15.25}$$

a와 b의 값은 2차 방정식의 근의 공식으로부터 다음과 같이 구할 수 있다.

$$a = -\frac{\alpha}{2}$$

$$b = \frac{\sqrt{4\beta - \alpha^2}}{2} \tag{15.26}$$

따라서 시스템의 안정도는 식(15.25)의 크기를 계산하여 판단한다.

$$\left| z_{p1,2} \right| = \sqrt{a^2 + b^2} \tag{15.27}$$

식(15.27)의 계산 결과가 1보다 작으면 시스템은 안정하다고 판정하고, 1보다 크면 불안정하다고 판정한다. 리스트 15.1은 식(15.27)을 계산하여 시스템 안정도를 판정하는 C프로그램이다.

리스트 15.1 list7-1_stability0910015.cpp

```
#include<stdio.h>
#include<math.h>
double stability(double a1,double a2,double b1,double b2,double Kp);
void main()
{
        //Gp(z)=(b1z+b2)/(z*z+a1*z+a2)
        double a1,a2,b1,b2,Ka,Kc,Kp,magnitude;
        Ka=24/1500.0;Kc=2048/2/3.141592;
        a1=-1.8476;
        a2=0.8476;
        b1=0.01*0.2439*Ka*Kc;
        b2=0.01*0.2308*Ka*Kc;
        Kp=1;
        magnitude=stability(a1,a2,b1,b2,Kp);
    // results
        printf("magnitude of pole=%f\n",magnitude);
        if(magnitude<1.0)
                printf("system is stable!\n");
```

```
        else
                printf("system is unstable!\n");
}
double stability(double a1,double a2,double b1,double b2,double Kp)
{
        double alpha,beta,a,b,magnitude;
        //characterist eq=z*z+alpha*z+beta=0
        alpha=a1+Kp*b1;
        beta=a2+Kp*b2;
        // poles=a+bj and a-bj
        a=-alpha/2.0;
        b=sqrt(4.0*beta-alpha*alpha)/2.0;
        printf("z1=%f+%fj\n",a,b);
        printf("z2=%f-%fj\n",a,b);
        //stability condition
        magnitude=sqrt(a*a+b*b);
        return magnitude;
}
```

그림 15.6은 이 프로그램의 실행결과로서, 식(15.21)의 결과를 보여준다.

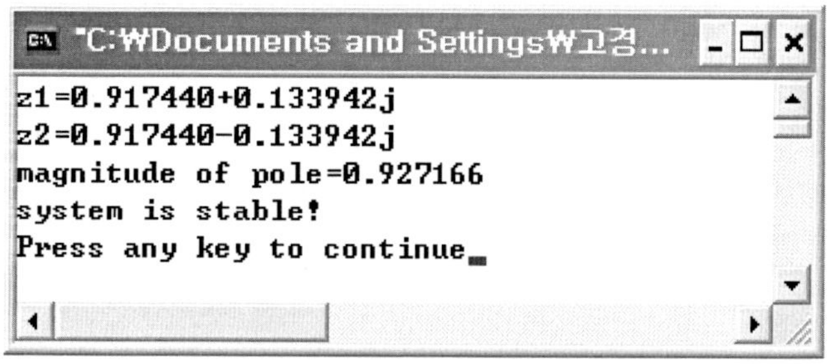

그림 15.6 리스트 15.1의 실행결과

예제 15.2

그림 15.7은 그림 5.3의 시스템에서 비례제어 게인 Kp=8(Ki=Kd=0)로 하였을 때, 단위 계단 입력 응답의 결과이다. 그림 15.7의 결과로부터 이 시스템은 상대적으로는 예제 7-1에 비해 불안정하나, 절대적으로는 아직 안정한 것을 알 수 있다. 이 시스템의 안정도를 리스트 11.1을 실행하여 판정하라.

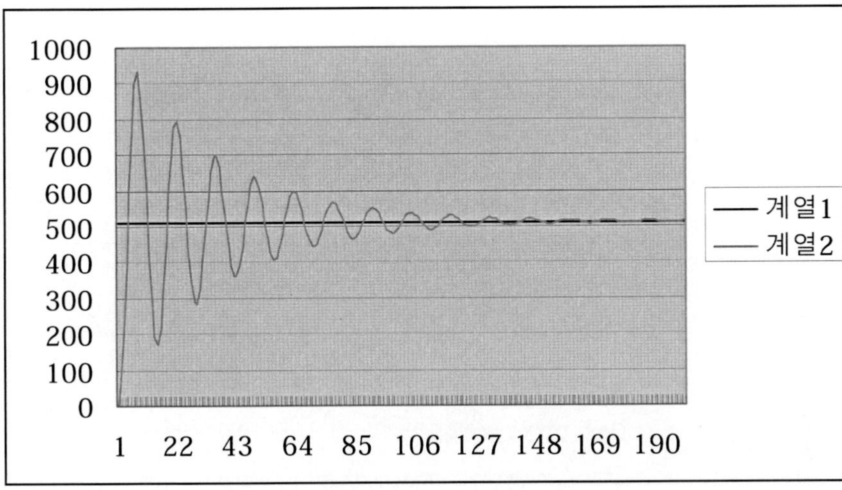

그림 15.7 Kp=2에 대한 계단 입력 응답 곡선

[풀이]
리스트 15.1에서 Kp=8로 고쳐 다시 실행한 결과화면은 다음과 같다.

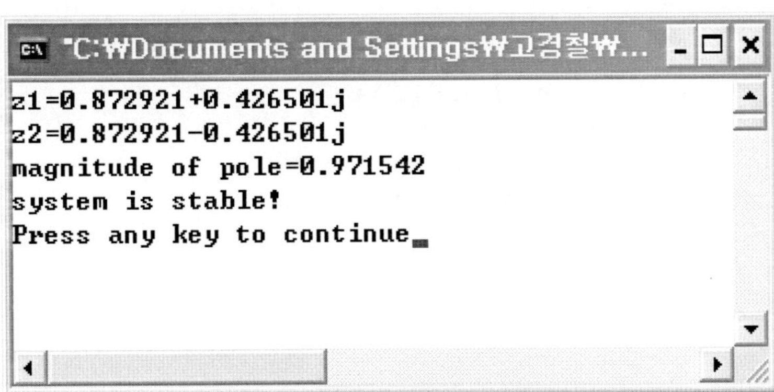

그림 15.8 예제 15.2의 풀이 화면

예제 15.3

그림 15.9는 그림 5.3의 시스템에서 비례제어 게인 Kp=13(Ki=Kd=0)으로 하였을 때, 단위 계단 입력 응답의 결과이다. 이 결과로부터 이 시스템은 불안정한 것을 알 수 있다. 이 시스템의 안정도를 리스트 11.1을 실행하여 판정하라.

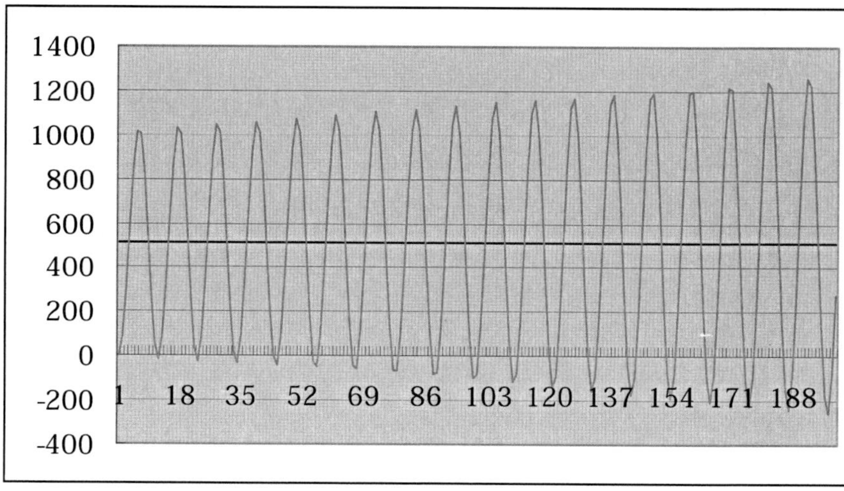

그림 15.9 Kp=13에 대한 계단 입력 응답 곡선

[풀이]

리스트 15.1에서 Kp=13로 고쳐 다시 실행한 결과화면은 다음과 같다.

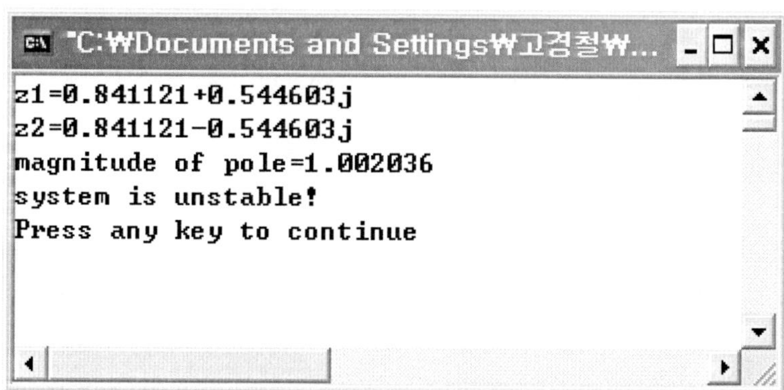

그림 15.10 예제 15.3의 풀이 화면

15.3 근 궤적 방법(root locus method)

근 궤적 방법(root locus method)이란 그림 15.4와 같이 시스템이 근 궤적 선도란 그림 7.13과 같은 폐루프시스템이 $G(z)=\dfrac{B(z)}{A(z)}$의 개루프 전달함수를 가질 때, 제어기 게인(Kp)의 변화(0에서 ∞)에 따른 전체 폐루프시스템의 극점의 위치궤적

을 z-평면상에 그리는 것을 의미한다.

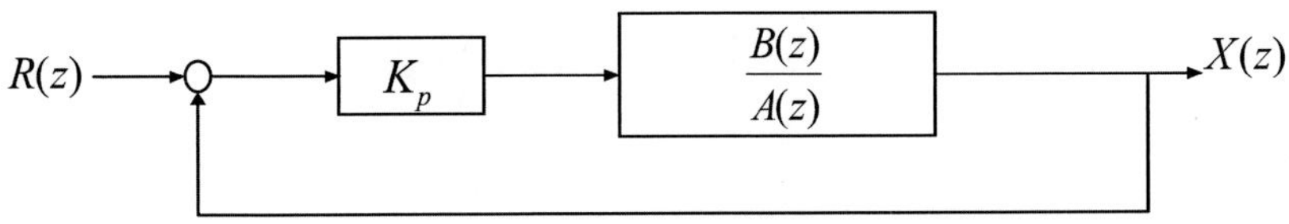

그림 15.11 폐루프시스템

따라서 전체 폐루프시스템의 극점은 다음과 같은 특성방정식의 근이 된다.

$$1 + K_p \frac{B(z)}{A(z)} = 0 \tag{15.28}$$

이러한 근 궤적 선도를 제어 시스템 설계도구 중 하나인 MATLAB을 이용하여 그려 본다.

리스트 15.2는 식(15.19)의 개루프 전달함수를 갖는 폐루프시스템의 근 궤적 선도를 그리기 위한 MATLB 코드이다.

리스트 15.2 근궤적 선도를 그리기 위한 MATLAB 실행 코드

list7_rootlocus.m

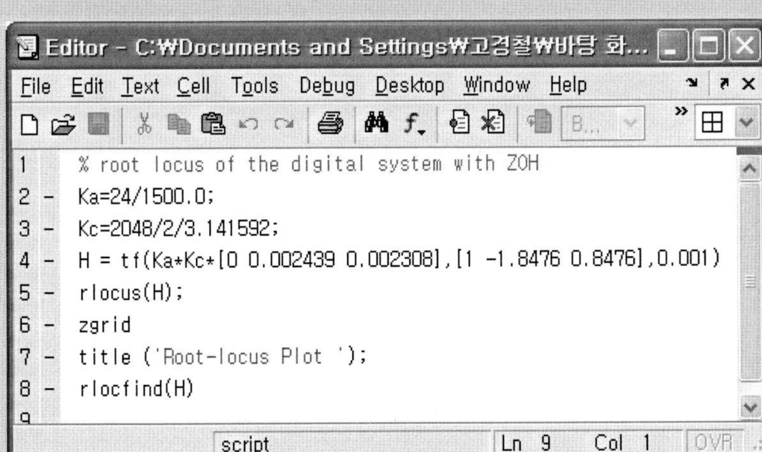

그림 15.12는 리스트 15.2의 실행결과이다. 그리고 그림 15.13은 이때의 MATLAB 명령창을 보여준다. 그림 15.13으로부터 절대 안정도를 보장하는 K_P의 최대값이

12임을 보여준다.

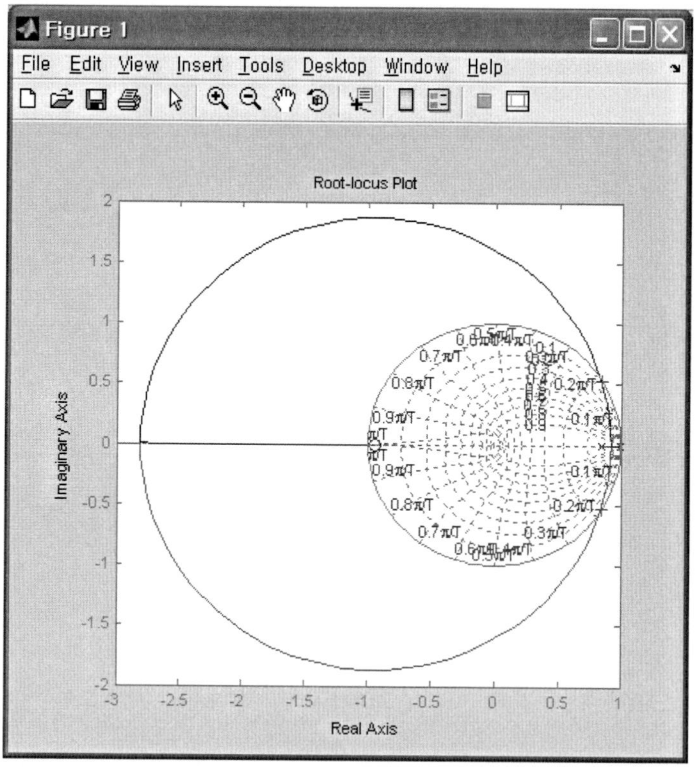

그림 15.12 비례 제어 시스템의 근 궤적 선도

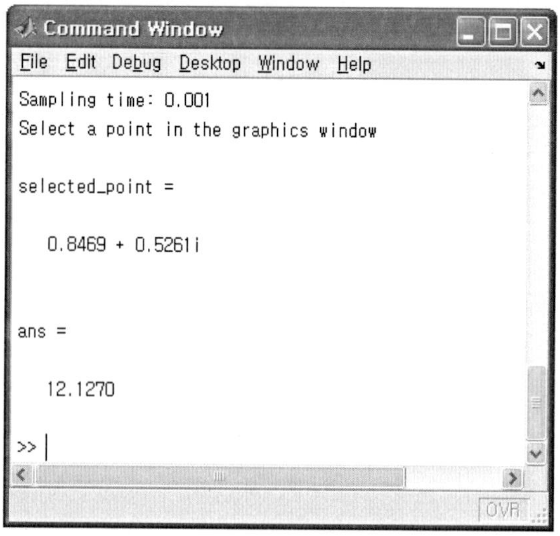

그림 15.13 리스트 15.2의 실행 창

15.4 비례미분 제어기의 안정성

제어기가 비례미분 제어기로 설계될 때, 전체 시스템은 다음과 같다.

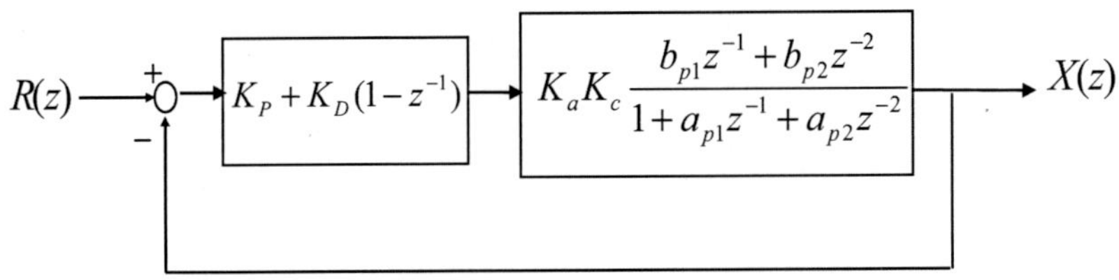

그림 15.14 비례미분 제어기를 갖는 시스템 블록도

그림 15.14의 폐루프시스템의 개루프 전달함수는 다음과 같이 얻을 수 있다.

$$K_a K_c G_c(z) G_p(z) = (K_P + K_D - K_D z^{-1}) \frac{K_a K_c (b_{p1} z^{-1} + b_{p2} z^{-2})}{1 + a_{p1} z^{-1} + a_{p2} z^{-2}} \tag{15.29}$$

그리고 식(15.29)로부터 특성방정식을 구하면 다음과 같다.

$$\begin{aligned} &1 + a_1 z^{-1} + a_2 z^{-2} + K_P K_a K_c (b_1 z^{-1} + b_2 z^{-2}) \\ &\quad + K_D K_a K_c (1 - z^{-1})(b_1 z^{-1} + b_2 z^{-2}) = 0 \end{aligned} \tag{15.30}$$

식(15.30)을 다시 쓰면 다음과 같다.

$$\begin{aligned} &1 + (a_1 + K_P K_a K_c b_1) z^{-1} + (a_2 + K_P K_a K_c b_2) z^{-2} \\ &\quad + K_D K_a K_c (1 - z^{-1})(b_1 z^{-1} + b_2 z^{-2}) = 0 \end{aligned} \tag{15.31}$$

식(15.31)식으로부터 등가 개루프 전달함수를 구하면 다음과 같다.

$$G_{eq}(z) = \frac{K_D K_a K_c (1 - z^{-1})(b_1 z^{-1} + b_2 z^{-2})}{1 + (a_1 + K_P K_a K_c b_1) z^{-1} + (a_2 + K_P K_a K_c b_2) z^{-2}} \tag{15.32}$$

예제 15.4

그림 5.3에서의 플랜트모델과 식(15.32)로 주어지는 등가 개루프시스템에 대해 P게인을 2로 하였을 때, D게인의 변화에 따른 근궤적선도를 그리는 매트랩 코드를 작성하고, 이를 실행하여 근궤적선도를 그려보시오.

[풀이]

예제 15.4의 풀이화면은 그림 15.15와 같다.

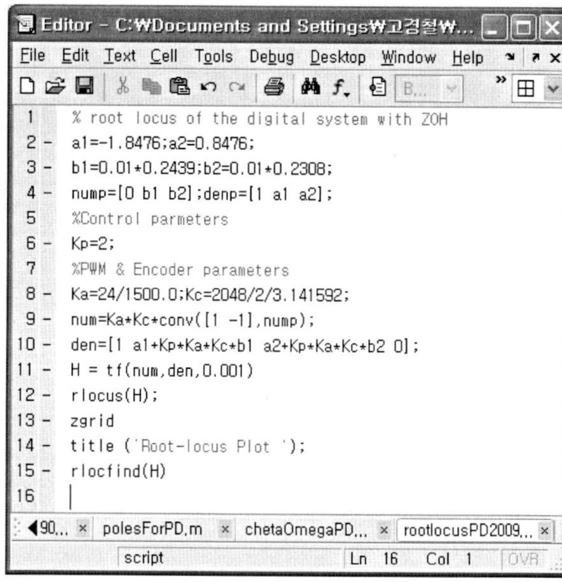

그림 15.15 예제 15.4의 풀이 화면

그림 15.15로 주어지는 매트랩 코드의 실행결과는 그림 15.16과 같다.

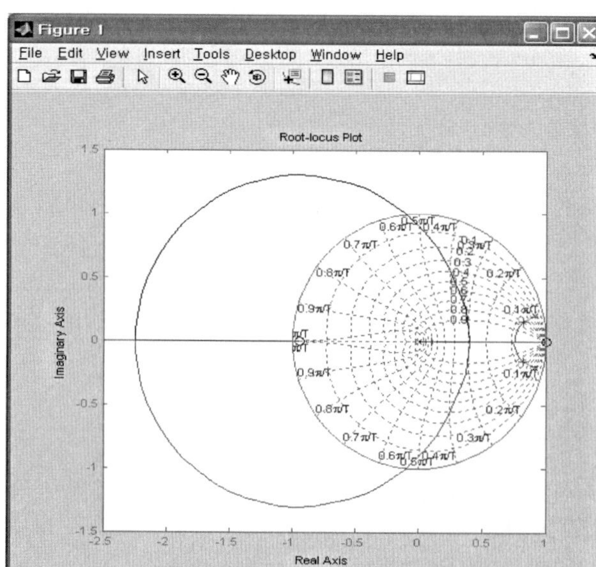

그림 15.16 그림 15.5의 매트랩 코드 실행결과(근궤적선도)

예제 15.5

그림 5.3에서의 플랜트모델과 식(15.32)로 주어지는 등가 개루프시스템에 대해 P게인을 2로 하였을 때, 안정성을 보장하는 D게인을 구하여 보시오.

[풀이]

그림 15.15의 매트랩 코드를 실행하면 그림 15.16의 그림 위에 커서가 나타난다. 이 커서는 그림 15.15의 매트랩 코드 중 15번째 줄의 rlockfind(H)라는 명령어에 의해 나타난다. 이 커서를 그림 15.16에서 근궤적이 원호를 지나가는 교차점에 놓고 클릭하면 그림 15.17과 같은 실행화면이 나타난다. 이를 통해 D게인 5.8493일 때, 시스템은 임계적으로 안정한 것을 알 수 있다.

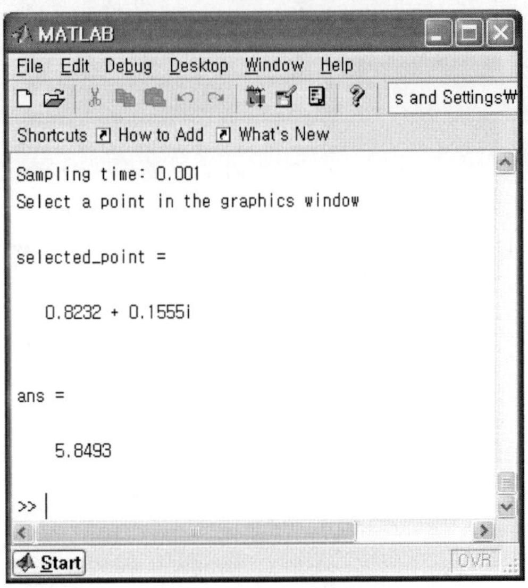

그림 15.17 커서를 클릭하였을 때 실행화면

15.5 비례적분 제어기의 안정성

모터 제어 시스템이 다음과 같이 비례적분 제어기(PI-controller)를 가질 때,

$$G_C(z) = K_P + \frac{K_I}{1-z^{-1}} = \frac{K_P + K_I - K_P z^{-1}}{1-z^{-1}} \tag{15.33}$$

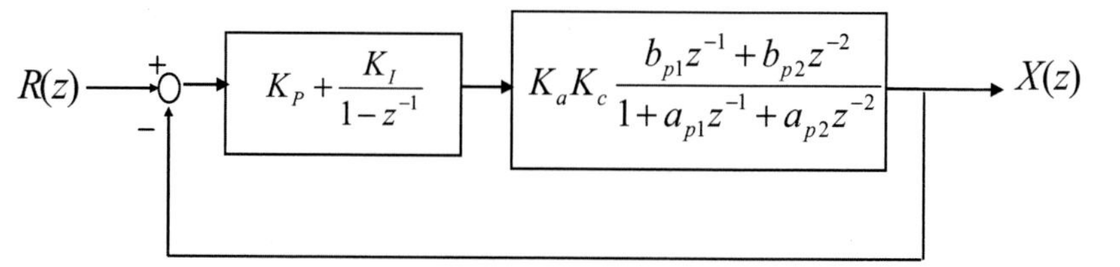

그림 15.18 비례적분 제어기를 갖는 모터 제어 시스템

전체 폐루프시스템의 펄스 전달함수는 다음과 같이 얻어진다.

$$G\ \ (z) = \frac{K_a K_c G_C(z) G_p(Z)}{1 + K_a K_c G_C(z) G_p(Z)} \tag{15.34}$$

식(15.33)과 식(6.61)으로부터 그림 15.18의 폐루프시스템의 개루프 전달함수는 다음과 얻을 수 있다.

$$K_a K_c G_c(z) G_p(z) = \frac{K_a K_c (K_p + K_I - K_P z^{-1})(b_1 z^{-1} + b_2 z^{-2})}{(1 - z^{-1})(1 + a_1 z^{-1} + a_2 z^{-2})} \tag{15.35}$$

그리고 식(15.35)로부터 특성방정식을 구하면 다음과 같다.

$$\begin{aligned}&(1 - z^{-1})(1 + a_1 z^{-1} + a_2 z^{-2}) + K_I K_a K_c (b_1 z^{-1} + b_2 z^{-2}) \\ &\quad + K_P K_a K_c (1 - z^{-1})(b_1 z^{-1} + b_2 z^{-2}) = 0\end{aligned} \tag{15.36}$$

식(15.36)을 다시 쓰면 다음과 같다.

$$\begin{aligned}&(1 - z^{-1})(1 + (a_1 + K_P K_a K_c b_1) z^{-1} + (a_2 + K_P K_a K_c b_2) z^{-2}) \\ &\quad + K_I K_a K_c (b_1 z^{-1} + b_2 z^{-2}) = 0\end{aligned} \tag{15.37}$$

따라서 식(15.37)식으로부터 등가 개루프 전달함수를 구하면 다음과 같다.

$$G_{eq}(z) = \frac{K_I K_a K_c (b_1 z^{-1} + b_2 z^{-2})}{(1 - z^{-1})(1 + (a_1 + K_P K_a K_c b_1) z^{-1} + (a_2 + K_P K_a K_c b_2) z^{-2})} \tag{15.38}$$

예제 15.6

그림 5.3에서의 플랜트 모델에 대해, 식(6.71)로 주어지는 등가 개루프시스템의 근궤적 선도를 그려보시오.

[풀이]

예제 15.6의 풀이결과는 그림 15.19와 같다.

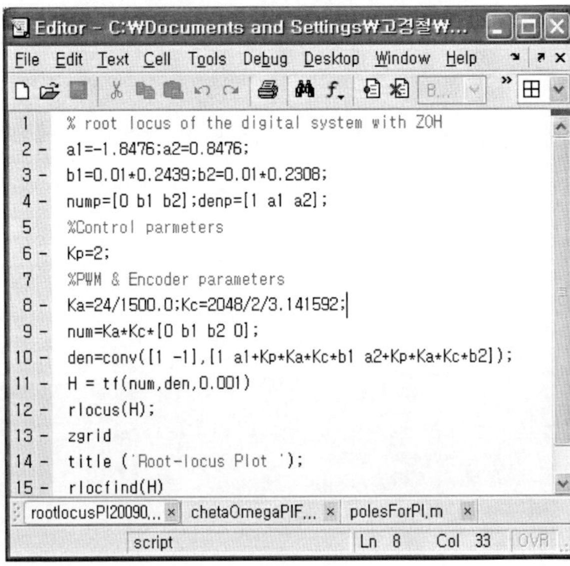

그림 15.19 예제 15.6의 풀이결과 화면

그림 15.19의 매트랩 코드의 실행결과는 그림 15.20과 같다.

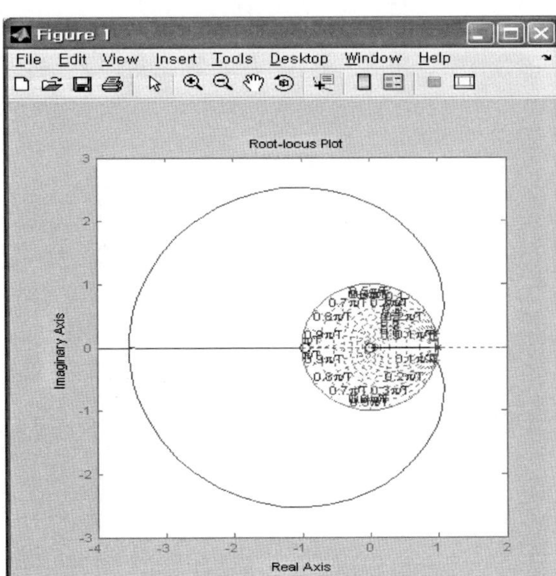

그림 15.20 예제 15.6의 근궤적 선도

15.6 요약

시스템 안정도는 제어 시스템 설계에 있어 고려해야 할 가장 요소이다. 이 장에서는 이산 제어 시스템의 안정도를 판별하기 위해, 극점의 위치를 Z평면 상에서 검사하는 방법을 소개하였다. 그리고 단위 시간 응답 시뮬레이션을 통해 결과를 비교하였다. 3차 이상의 고차 시스템의 안정도 해석을 위해 컴퓨터 기반 제어 시스템 설계용 상용 S/W의 하나인 MATLAB을 이용하는 방법을 간략히 소개하였다. 또한 예제로서, 산업용 제어기에서 가장 넓게 응용되는 PID 제어기의 설계를 안정도 해석을 통해 연습하였다.

연습문제

15.1 그림 15.5의 시스템의 단위 계단 시간 응답을 계산하는 컴퓨터 프로그램을 C언어를 사용하여 작성하시오. 이 프로그램을 실행 시켜 그림 15.6의 결과가 나오는지 확인하여 보시오.

15.2 그림 15.5의 시스템에서 Kp=8로 하였을 때의 단위 계단 시간 응답을 계산하는 컴퓨터 프로그램을 C언어를 사용하여 작성하시오. 이 프로그램을 실행 시켜 그림 15.8의 결과를 확인하여 보시오.

15.3 그림 15.9와 같이 Kp=13로 하였을 때의 단위 계단 시간 응답을 계산하는 컴퓨터 프로그램을 C언어를 사용하여 작성하시오. 이 프로그램을 실행 시켜 그림 15.10의 결과를 확인하여 보시오.

15.4 문제 15.3의 프로그램을 실행시켜, 안정도를 보장하는 Kp의 최대값을 소숫점 4째 자리까지 구하시오.

15.5 그림 15.9에서 제어기가 다음과 같은 비례-적분-미분 제어기를 가질 때, 이 시스템의 근 궤적 선도를 MATLAB을 사용하여 그리고, 안정도를 보장하는 Kp의 최대값을 알아보시오.

$$G_c(z) = K_p(1 + \frac{0.1}{(1 - z^{-1})} + 0.2(1 - z^{-1}))$$

찾아보기

한글

영문

본 교재는 선문대학교 ICT – 융합 인포메카트로닉스 인력양성 사업단의 지원으로 출간되었습니다.

정가 22,000원

c언어로 구현하는 디지털제어 기술 및 실습

2016년 3월 2일 초판 인쇄
2016년 3월 10일 초판 발행
저 자 : 고경철
발행자 : 우명찬·송 준
발행처 : 홍릉과학출판사
주 소 : 서울시 강북구 인수동 455-60
142-885
등 록 : 1976년 10월 21일 제5-66호
전 화 : (02) 999-2274~5, 903-7037
팩 스 : (02) 905-6729
e-mail: hongpub@hongpub.co.kr
http://www.hongpub.co.kr
ISBN: 979-11-5600-378-6

저자와의 협의하에 인지생략